西安外国语大学资助立项教材

金融科技系列教材　　总主编 李村璞

金融科技的语言基础

——Python语言基础及金融应用初步

主编 康俊民

西安交通大学出版社
XI'AN JIAOTONG UNIVERSITY PRESS

国家一级出版社
全国百佳图书出版单位

内容简介

本书共分 12 章,以 Python 编程基础为核心,对 Python 的基础语法、程序设计方法和程序设计流程进行了介绍。具体内容包括:Python 语言概述,自然语言和 Python,Python 3 基础语法,程序设计方法,繁花曲线与序列,函数与代码重用,错误和异常的处理,文件操作,Python 基础实战——卡拉兹猜想,Python 可视化之Matplotlib,Python 科学计算之 NumPy,Python 实战。全书代码适用于 Python 3.8 及更高版本。

本书可作为普通高等院校金融专业的教学用书,也可以作为非计算机专业研究生、本科生、专科生程序设计课程的学习用书,还可以作为 Python 爱好者的自学用书。

图书在版编目(CIP)数据

金融科技的语言基础 : Python 语言基础及金融应用
初步 / 康俊民主编. — 西安 : 西安交通大学出版社,
2022.1(2023.1 重印)
　　ISBN 978 - 7 - 5693 - 2218 - 7

　　Ⅰ. ①金… Ⅱ. ①康… Ⅲ. ①软件工具-程序设计
Ⅳ. ①TP311.561

　　中国版本图书馆 CIP 数据核字(2021)第 135385 号

书　　名	金融科技的语言基础——Python 语言基础及金融应用初步
	JINRONG KEJI DE YUYAN JICHU——Python YUYAN JICHU
	JI JINRONG YINGYONG CHUBU
主　　编	康俊民
责任编辑	王建洪
责任校对	史菲菲
装帧设计	伍　胜

出版发行	西安交通大学出版社
	(西安市兴庆南路 1 号　邮政编码 710048)
网　　址	http://www.xjtupress.com
电　　话	(029)82668357　82667874(市场营销中心)
	(029)82668315(总编办)
传　　真	(029)82668280
印　　刷	陕西天意印务有限责任公司

开　　本	787mm×1092mm　1/16　印张　19.5　字数　484 千字
版次印次	2022 年 1 月第 1 版　　2023 年 1 月第 2 次印刷
书　　号	ISBN 978 - 7 - 5693 - 2218 - 7
定　　价	59.80 元

金融科技系列教材

编写委员会

总　主　编：李村璞

编委会委员：庞加兰　田　径　王新霞

高　妮　康俊民　刘昌菊

熊　洁　杜　颖　黄仁全

张伟亮

策　　　划：王建洪

序

　　金融科技系列教材终于要出版了,这是西安外国语大学经济金融学院组织编写的第一套教材。我相信很多读者一定会有一个疑问,外语类院校中一个非主流的经济金融学院怎么能编写出一套合格的金融科技系列教材呢?对于这个疑问的回答,也就形成了这篇序言。

　　西安外国语大学经济金融学院是一个年轻的学院,学院设立刚刚10年时间。学院的老师很年轻,平均年龄36岁,这是我们的优势,也是我们的劣势。在强手如林的国内经济学界,我们要想有一点显示度,必须要励精图治,精心策划。我们这群年轻人经过认真的调研和考量,在众多的领域内选定了金融科技作为主攻方向。2018年,学院就开始了全面的筹划和实施,首先要解决的是"人"的问题。金融科技是一个新兴的领域,人才的培养并没有及时地跟上,同时一个地处西部的外语类院校要想引进金融科技的专业人才是非常困难的。我们凭借着热情和冲动,凭借着涉猎了几本书籍的薄弱基础,怀揣着对金融科技的懵懂认识,先后引进了无人驾驶汽车方向的博士、地对空导弹方向的博士、卫星图像识别方向的博士、计算机算法方向的博士,以及三个数学方向的博士和十几个金融方向的博士,按照我们初步的设想,金融科技的教学研究团队基本形成。团队形成后,首先想到的就是编写教材,一是团队想率先建立金融科技的教材体系,占领这个空白的领域;二是想系统性地梳理总结相关的内容,希望编写教材成为团队学习提高的过程。团队参考了很多学者前期的成果,很有收获,同时团队也觉得要面向市场需求,要搞清楚金融科技在相关领域的发展状态。2019年夏天,学院资助五名优秀学生前往美国华尔街,开展了为期一个月的金融科技实习活动,反馈的信息让我们清晰地触摸到了金融科技在现实商业活动中的应用状况,正是基于市场中的应用和现实需求,产生了这套金融科技系列教材体系的雏形。

　　这套金融科技系列教材既考虑了市场的真实需求,也是三年来教学环节反复实践的结果。这个系列由9本教材组成,包括《金融科技的语言基础——Python语言基础及金融应用初步》《大数据时代·金融营销》《大数据与金融》《智能金融》《金融科技概论》《区块链金融》《金融科技与现代金融市场》《量化投资技术》《监管科技》。在编写这套教材的初期,我们就赋予了它"全媒体的概念",希望把这套教材打造成一个金融科技的全媒体学习平台,而不仅仅是一套纸质的教科书,第一版不一定能实现我们的目标,但这是我们努力的方向。

　　对于一个外语类院校的经济金融学院来说,编写一套金融科技教材应该是可以骄傲一回的,当我们站上讲台时,我们可以骄傲地对学生说,你们的老师一直在努力追求卓越。这套教材也许有很多不尽如人意的地方,也许还会有错误,我们真诚希望得到您的指正。

李村璞

2021年7月于长安

前　言

  Python 语言自诞生以来,迅速得到了各行业人士的欢迎。经过几十年的快速发展,Python语言已经拥有良好的社区,在应用上已经渗透到几乎所有的专业和领域,尤其是人工智能、机器学习和深度学习等新兴领域。

  Python 是一门用户体验良好、与自然语言关系紧密、免费、开源、跨平台的高级计算机编程语言。Python 语言的入门非常容易。其他编程语言需要做大量准备工作、编写大量代码才能实现的功能,在 Python 中可能只需要几行代码就能实现,大幅降低了入门难度,提升了用户的学习信心,同时让代码更容易维护。学习 Python 语言,用户只需要将主要精力放在问题的分析、逻辑的设计、算法的实现上就可以了。Python 语言社区中各种功能强大的扩展库涉及各行业领域,让学生、工程师、策划人员和管理人员能够快速验证自己的思路、创意与推测,并在开发速度和运行效率之间达到平衡。

  本书共分 12 章,以 Python 编程基础为核心,对 Python 的基础语法、程序设计方法和程序设计流程进行了介绍。具体内容包括:Python 语言概述,自然语言和Python,Python 3 基础语法,程序设计方法,繁花曲线与序列,函数与代码重用,错误和异常的处理,文件操作,Python基础实战——卡拉兹猜想,Python 可视化之Matplotlib,Python 科学计算之 NumPy,Python实战。全书代码适用于 Python 3.8 及更高版本。本书选择了生活中常见的实例作为编程实例,难度由浅入深,读者在阅读时一定要亲自动手多多练习。

  为提升读者逻辑思维、问题分析、实践动手等方面的能力,提升读者的科学素养,本书采用文字、图片和视频三种形式讲解知识点,力求为读者提供一个良好的学习平台。书中插入了大量线上资源,读者可以扫描二维码后观看。同时,本书的部分内容已在智慧树网站以公开课的形式公开,并按期开课,读者如有需要,可以去网上学习(课程网址为 https://coursehome.zhihuishu.com/courseHome/1000008415)。

  感谢每一位在茫茫书海中选择了本书的读者,衷心祝愿您能够从本书中受益,学到需要的知识。Python 语言是一门计算机编程语言,它和我们从小学习的自然语言一样,需要不断地练习才能熟练掌握程序设计的方法、思路和算法。限于编者水平,书中难免存在不足之处,恳请读者和同行专家批评指正。

康俊民

2021 年 5 月

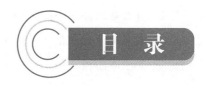

目　录

1

第 **1** 章

Python 语言概述

Python 语言作为一种脚本类的语言,以快速解决问题而著称。它的特点在于提供了丰富的内置对象、运算符和广泛的开源的标准库。同时在若干个面向全世界的开源社区当中提供的扩展库,更是增强了 Python 语言的各种功能。这些千姿百态的功能,拓展了 Python 的使用领域,它的应用已经渗透到了几乎所有的领域和学科,并且贯穿从研究到应用的始终。本章介绍 Python 语言的特点和版本,开发环境的下载、安装和使用,以及更新源的配置。

1.1 Python 语言简介

Python 语言目前的官方网址为 www.python.org,本书使用的 Python 语言版本、开发软件、帮助文档等内容都来自官方网站。

Python 是由 Guido van Rossum 于 20 世纪 80 年代末和 90 年代初在荷兰国家数学和计算机科学研究所设计出来的,目前由 Python Software Foundation 开发和管理。它主要是为了强调代码可读性而开发的,其语法允许程序员用更少的代码行来表达概念。

Python 语言介绍

Python 是一种高层次的结合了解释性、编译性、互动性和面向对象的脚本语言,它具有比其他语言更有特色的语法结构。总的来说,Python是一种跨平台的、开源免费的、解释性的高级动态计算机编程语言,是一种通用的计算机编程语言。Python 支持基于命令和函数的编程,同时也支持面向对象的程序设计方法;它的语言语法简洁清晰,且功能非常强大,同时易学易用易维护;最重要的是,开源社区令Python拥有支持几乎所有领域使用的扩展库。

Python 语言还拥有一个强大的功能,就是通常所说的"胶水"功能。它可以把多种不同的计算机编程语言编写的程序融合到一起,实现无缝拼接,能够更好地发挥不同语言和工具的优势,满足不同应用领域的具体需求。自 Python 诞生以来,在不到 40 年的时间里,它所涉及的领域有软件开发、密集计算、教育辅助、嵌入式设计等,比如,大型软件开发、移动终端的 App 开发、微信小程序的开发、网站设计、统计分析、机器学习、人工智能、科学计算、图像计算、密码学、大数据处理、医疗信息处理、天文信息处理、生物信息处理、计算机辅助设计、教育辅助、电子电路设计、嵌入式设计等。

从 Python 官方网站可以看到,目前 Python 有两个主要发行版本,即 Python 2 和 Python 3。

这两个版本是有一定差异的。据官方介绍,Python 2 将会逐步停止更新,所以本书建议大家学习 Python 的 3.x 版本。

Python 的 3.x 版本一般被直接称为"Python 3",这个版本被视为 Python 的未来,是目前正在开发中的语言版本。作为一项重大改革,Python 3 于 2008 年末发布,以修正以前语言版本的内在设计缺陷。Python 3 开发的重点是清理代码库的同时删除冗余,清晰地表明只能用一种方式来执行给定的任务。

对 Python 3.0 的修改主要包括将 print 语句更改为内置函数,改进整数分割的方式,并对 Unicode 提供更多的支持。为了让读者不会感到困惑,本书只介绍 Python 3.0 的内容。

Python 有很多语言的特点,如简单易学、免费开源等,这些都是 Python 容易上手且扩展迅速的原因。接下来我们介绍一下它的特点,让大家对 Python 有一个更加深入的了解。

(1)简单易学。Python 是一种代表简单主义思想的语言,非常容易上手。阅读一个良好的 Python 程序就感觉像是在读英语一样,尽管这个英语的要求非常严格! Python 的这种伪代码本质是它最大的优点之一。它使你能够专注于解决问题而不是去搞明白语言本身。

(2)免费开源。Python 是自由/开源软件(Free/Libre and Open Source Software,FLOSS)之一。简单地说,你可以自由地发布这个软件的拷贝、阅读它的源代码、对它做改动、把它的一部分用于新的自由软件中。FLOSS 是基于一个团体分享知识的概念。这是为什么 Python 如此优秀的原因之一——它是由一群希望看到一个更加优秀的 Python 的人创造并不断改进的。

(3)高层语言。当你用 Python 语言编写程序的时候,你无须考虑诸如如何管理你的程序使用的内存一类的底层细节。

(4)可移植性。由于开源本质,Python 已经被移植到许多平台上。如果你小心地避免使用依赖于系统的特性,那么你的所有 Python 程序无须修改就可以在任何平台上面运行。

(5)跨平台语言。Python 与编译性语言不同。Python 语言编写的程序不需要编译成二进制代码,可以直接从源代码运行程序。由于不再需要担心如何编译程序、如何确保连接和引用正确的库等基本内容,因此使用 Python 编写程序更加简单。你只需要把你的 Python 程序拷贝到另外一台计算机上,它就可以工作了,而不用去考虑计算机的操作系统、链接库、处理器架构等问题。

(6)面向对象。Python 既支持面向过程的编程,也支持面向对象的编程。在面向过程的语言中,程序是由过程或仅仅是可重用代码的函数构建起来的。在面向对象的语言中,程序是由数据和功能组合而成的对象构建起来的。与其他语言如 C++和 Java 相比,Python 以一种非常强大又简单的方式实现面向对象的编程。

(7)可扩展性。如果你需要你的一段关键代码运行得更快或者希望某些算法不公开,你可以把你的部分程序用 C 或 C++编写,然后在你的 Python 程序中使用它们。

(8)丰富的库。Python 扩展库非常庞大。它可以帮助你处理各种工作,包括正则表达式、文档生成、单元测试、线程、数据库、网页浏览器、CGI、FTP、电子邮件、XML、XML-RPC、HT-ML、WAV 文件、密码系统、GUI(图形用户界面)、TK 和其他与系统有关的操作。只要安装了 Python,这些功能都是可用的。这就是 Python"功能齐全"的理念。

(9)规范的代码。Python 采用强制缩进的方式使得代码具有极佳的可读性。

(10)运行速度慢。相对于平台专用限制的编译型语言,Python 的执行效率偏低,所以如果有速度要求的话,可以用 C 或 C＋＋改写关键部分。

1.2　Python 开发环境的下载、安装与配置

Python 的开发环境有很多,比如 Anaconda、PyCharm、Eclipse 等,这些开发环境都是非常专业的软件开发环境,Python 语言仅仅是它们众多支持语言当中的一种。

在这里,我们将重点介绍 Python 官方自带的开发环境——IDLE。IDLE 应该是最原始甚至最简陋的 Python 开发环境之一,它仅仅包含了 Python 的核心标准库,不像 Anaconda 中集成了几乎所有的扩展库,也不具备像 PyCharm 一样强大的项目管理功能。但是,正是因为简单,才让 IDLE 跟操作系统之间的关联性降到了极低,所以通常情况下,IDLE 安装之后都是能够直接使用的。在笔者接触的几千名学生中,仅仅发现两例 IDLE 环境不能运行,仅能在记事本编写代码,在系统的命令提示符中手动运行的情况。

在 Python 的官方网站中,我们可以看到一个很明显的下载标志。在本书编写时,Python 3.9 版本已经发布,但由于扩展库没有完成适配,所以我们这里主推 Python 3.8 版本。如果你看到本书时官方出了更新的版本,建议读者们选择更新的版本。

在 Python 官网下载

1.2.1　IDLE 的下载

按照官方网站的指引,打开 Python 的官方网站 www.python.org,显示内容如图 1-1 所示。

图 1-1　Python 官方网站

在 Python 官方网站中,中间部分有 Downloads 链接对应着下载页面。这里要注意的是,如果将鼠标放在上面的 Downloads 下载链接上,会显示出一个最新版本的下载链接,如果需

要手动选择其他版本,可以选弹出菜单中的"All release",去选择其他版本,如图1-2所示。

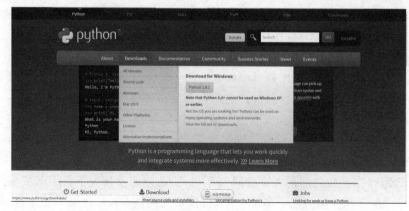

图1-2 Python版本

点击"All release"后,弹出的页面上部和前面的图一样,我们将页面向下滚动一点,就可以发现以前版本的Python的列表,在其中找到Python 3.7.6版本,然后下载,如图1-3所示。

图1-3 选择需要的版本

找到列表中的Python 3.7.6版本位置,点击它后面的Download链接,会弹出一个新的页面,如图1-4所示。这个页面包含了Python 3.7.6版本的所有平台、所有形式的下载链接。

图1-4 本书使用的版本

如果你是Windows系统,如Win 10,那么你可以点击"Windows x86 executable installer"下载32位的安装包;如果你能确定你的系统是64位系统,那么你可以点击"Windows x86 -

64 executable installer"下载 64 位的安装包。如果你的电脑是苹果的 Mac OS 系统,那么你可以选择下载"MacOS 64-bit/32bit installer",要注意这个包对应 Mac OS X 10.6 及以后的系统;或者下载"MacOS 64 - bit installer",要注意这个包对应 Mac OS X 10.9 及以后的系统。

　　本书下载"Windows x86 - 64 executable installer"版本,由于 Python 的服务器在国外,可能下载速度比较慢,好在安装包不大。如果你是从其他非官方网站下载的安装包,则需要注意以下信息,可以和图片中的内容进行比对,如果有差异,就要小心是不是被嵌入了木马或者其他病毒。

　　第一张图片(见图 1 - 5)显示了安装包的压缩信息,这里要注意的是安装包的文件数量和压缩模块的大小。

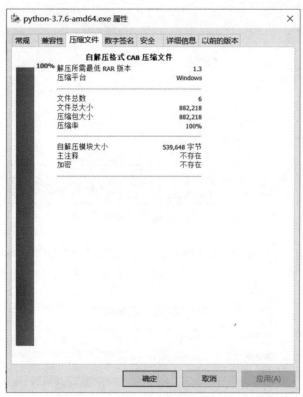

图 1 - 5　安装包属性

　　第二张图片(见图 1 - 6)展示了安装包的数字签名,这里显示摘要算法是"sha256"。双击签名信息后,会弹出第三张图(见图 1 - 7),更详细的信息可以从第三张图中得到。

图 1-6　安装包的数字签名

在第三张图(见图 1-7)中,可以看到安装包的签名者是"Python Software Foundation",签名时间"2019 年 12 月 19 日 8：47：45"。点击高级选项卡后,会有更加详细的说明。

图 1-7　安装包签名详情

第四张图片(见图 1-8)展示了安装包的属性,可以看到产品的版本号、产品的大小等内容,安装包的大小为 25.5 MB。

属性	值
说明	
文件说明	Python 3.7.6 (64-bit)
类型	应用程序
文件版本	3.7.6150.0
产品名称	Python 3.7.6 (64-bit)
产品版本	3.7.6150.0
版权	Copyright (c) Python Software Foundation. All r...
大小	25.5 MB
修改日期	2020/1/7 18:31
语言	英语(美国)
原始文件名	python-3.7.6-amd64.exe

图 1-8　安装包详细属性

安装包下载完成后,在其上面点击右键,选择"以管理员身份运行"。随后弹出用户控制对话框,选择"是",开始进入安装界面。

Python 的安装

1.2.2　自动全新安装

全新安装也需要先用右键点击,然后选择"以管理员身份运行",此时弹出的安装界面与升级安装不同,如图 1-9 所示。

图 1-9　全新安装的第一步

这是第一个界面,在这个界面一定要勾选最下面的"Add Python 3.7 to PATH",这是为了将 Python 与相关程序的安装路径添加到操作系统,方便后期的使用。安装包内包含了 IDLE、PIP 和相关的文档等,将安装目录添加到系统目录后,在系统的命令窗口或者运行对话框就可以直接调用相关命令了。就像你到学校以后,告诉你的同学你在图书馆的哪一层、哪个阅览室看书,有事情可以去那里找你一样。

随后,点击"Install Now",开始正式安装,大约 5 分钟以后安装完成。

1.2.3 自定义的全新安装

以上的安装是默认安装,安装位置在当前用户的一个隐藏目录当中,一般情况下在电脑的
C 盘。如果你不想安装在默认目录,想更换安装位置,那么就必须选择第二项"Customize
installation"开启自定义安装。

从图 1-10 中可以看出,官方安装包里面包含了很多的内容。

(1)Documentation:包含了 Python 的相关说明和使用手册。

(2)pip:管理 Python 扩展包的工具,后面要安装的 Spyder 就需要通过 pip 安装。利用
pip,不需要考虑扩展包的依赖文件、版本配合等问题,非常方便。

(3)tcl/tk and IDLE:后期主要使用的 Python 开发环境。

(4)Python test suite:Python 程序的测试套件。测试工作是软件开发中的重要一环,当
软件工程很大,自动测试就变得更重要了。

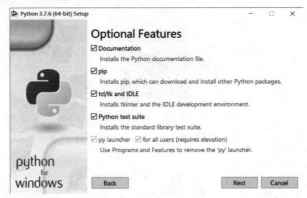

图 1-10   全新安装第二步

随后点击"Next"继续下一步,下一步的图形界面如图 1-11 所示。

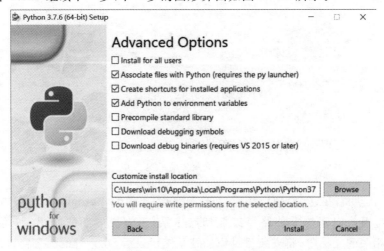

图 1-11   全新安装第三步

在图 1-11 这个界面上,点击"Install for all users",意味着需要将 Python 安装给所有的

用户使用,安装包自动更改安装目录到 C 盘的普通程序目录中,如图 1-12 所示。

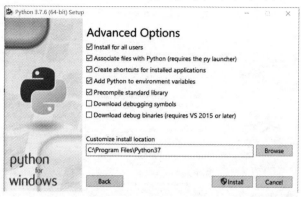

图 1-12　全新安装第四步

接着点击"Install"开始正式安装,大约 5 分钟以后,安装完成,如图 1-13 所示。

图 1-13　安装成功

1.2.4　版本升级安装

这里需要注意,如果之前已经安装过低版本的安装包,那么会出现升级当前版本到 Python 3.7.6的界面,如图 1-14 所示。如果看到了这个界面,那么你要考虑以下问题,你是要重新安装开发环境还是想运行 IDLE? 如果想运行 IDLE,请看后面的章节"IDLE 的使用"。

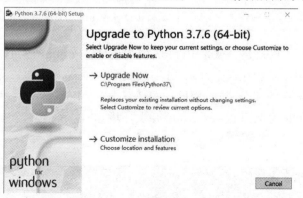

图 1-14　升级安装提示

　　此时,直接点击"Upgrade Now"开始升级,升级不会更改原有版本的所有设置。但是,不要忘记关闭正处于打开状态的 IDLE 窗口。等待大约 5 分钟,升级工作就可以完成,如图1-15所示。

图 1-15　升级成功

　　安装完成后,在"C:\Program Files\Python37"目录下的文件情况见图 1-16。

名称	修改日期	类型
DLLs	2020/1/7 20:36	文件夹
Doc	2020/1/7 20:35	文件夹
etc	2019/12/21 14:20	文件夹
include	2020/1/7 20:35	文件夹
Lib	2020/1/7 20:35	文件夹
libs	2020/1/7 20:35	文件夹
Scripts	2020/1/6 9:35	文件夹
share	2020/1/5 20:52	文件夹
tcl	2020/1/7 20:36	文件夹
Tools	2020/1/7 20:35	文件夹
LICENSE.txt	2019/12/19 0:45	文本文档
NEWS.txt	2019/12/19 0:45	文本文档
python.exe	2019/12/19 0:43	应用程序
python3.dll	2019/12/19 0:43	应用程序扩展
python37.dll	2019/12/19 0:42	应用程序扩展
pythonw.exe	2019/12/19 0:43	应用程序
vcruntime140.dll	2019/12/18 23:42	应用程序扩展

图 1-16　安装目录列表

　　在文件列表中,"python.exe"就是 Python 的主程序;"Scripts"存放的是扩展程序命令,比如后面要安装的 Spyder 就放在这个目录;"Lib"目录存放的是扩展包。

　　为了验证 Python 是否安装成功,用鼠标左键双击"python.exe"后,将自动打开 Windows 系统下的命令窗口,同时会自动进入 Python 开发环境,并显示一些 Python 的基本信息,如图1-17 所示。

图 1-17　Python 安装成功的标志

可以看到,给出的提示信息显示当前的 Python 版本为 3.7.6 版本,安装的是 64bit 版本。同时,第三行出现了三个大于号和一个下划线短横,这里的三个大于号是 Python 开发环境的提示符,如果是脚本代码,就可以直接写在这里了。这个窗口的出现,表明 Python 已经安装成功。

至此,我们完成了 Python 核心功能的安装工作,接下来可以利用 IDLE 开始 Python 程序开发工作了。但是,为了后续的学习工作更加流畅,我们还需要对 Python 进行一些配置。着急的读者,可以直接去看"IDLE 的使用"章节。

由于 IDLE 的使用是离散式的,很多读者不习惯,所以我们这里对 IDLE 进行优化,优化 Python 第一步需要做的,就是更换 Python 扩展程序包的安装更新源。

1.3　Python 更新源的更换与 Spyder 的安装

Python 的扩展程序包利用 PyPI 管理,PyPI 的全称为"Python Package Index",对应网站为 https://pypi.org/,在这个网站中可以查找、安装甚至是发布自己设计的扩展包。网站页面截图如图 1-18 所示。

图 1-18　Python 扩展库管理网站

你可以在搜索框中搜索自己需要的扩展包或者安装程序,但是这个网站的访问速度实在是太慢了。不用担心,在 Python 强大的开源特性下,中国使用 Python 的程序员数量超乎你的想象,怎么能忍受这么慢的下载速度呢? 在国内,镜像的更新源有:①清华,https://pypi. tuna. tsinghua. edu. cn/simple;②阿里云,http://mirrors. aliyun. com/pypi/simple/;③中国科技大学,https://pypi. mirrors. ustc. edu. cn/simple;④豆瓣,http://pypi. douban. com/ simple/。

考虑到本书的读者大多数都是在校学生,因此在这里我们介绍如何更换清华更新源。

清华大学的 PyPI 镜像每 5 分钟和 PyPI 官方库同步一次,基本能够保证实时更新。更换 pip 的安装源到国内的清华源,可以极大地提高库的下载速度。

如果你还没有关闭刚才打开的"python. exe"程序窗口,那么在窗口中输入"exit()"并按回车键后,窗口将关闭。因为这个窗口是 Python 命令的输入窗口,不是安装窗口。真正的安装窗口是 Windows 系统工具中的"命令提示符",你可以在开始菜单中的"Windows 系统"目录里找到它,在它的图标中显示了一个"C:_"的命令提示符,如图 1-19 所示。

图 1-19　命令提示符在开始菜单的位置

在这里,我们右键点击"命令提示符",选择"更多",然后选择"以管理员身份运行",打开一个"命令提示符"窗口,如图 1-20 所示。这里为了截图方便,专门将其调整小了,每个电脑打开这个窗口的大小都不一样。这里要注意的是,在标题栏里面显示了"管理员"三个字,有这三个字才代表是"以管理员身份运行"的。切记,这一点很重要,因为 Python 安装在 C 盘,如果不用管理员身份运行,有可能会造成扩展包安装失败。

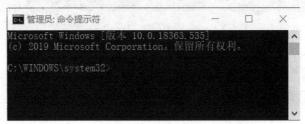

图 1-20　以管理员身份打开的命令提示符

1.3.1　临时使用清华源

如果是临时更新某个库,可以用下面的命令。但是要注意,使用的协议是 https,而不是普通的 http。另外,链接地址最后面的 simple 不能少,它是地址的一部分。最后的 some-package 才是表示你要安装的包,可以替换成你需要的名字。

```
pip install -i https://pypi.tuna.tsinghua.edu.cn/simple some-package
```

比如,我们要利用清华源安装扩展库"NumPy",安装命令为

```
pip install -i https://pypi.tuna.tsinghua.edu.cn/simple numpy
```

执行命令后的结果如图 1-21 所示。这里有个小技巧,如果你害怕把命令敲错,可以在记

事本中编辑好命令,然后复制,在"命令提示符"窗口中点击鼠标右键,就会自动粘贴到窗口内,敲下回车键就可以执行命令了。

图 1 - 21　临时使用清华源安装 NumPy

安装时,你会发现下载速度很快,这是由于文件过多,本书采用先下载缓存了安装包,然后再次安装的方法,所以显示得比较简洁。如果你没有缓存过安装包,会出现很多下载信息,但图 1 - 22 显示的每一行内容一定会有。

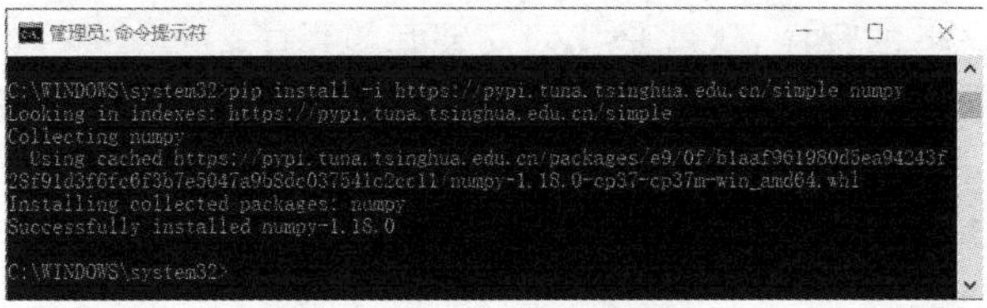

图 1 - 22　安装成功的标志

以上是临时安装扩展库使用的方法,如果你需要安装大量的扩展库,或者为了以后更新扩展库,那么可以将清华源设置为默认安装和更新源。以后再次安装或者更新扩展库时,就不用再指定路径了。比如,在设定了更新源后的命令为

```
pip install numpy
```

1.3.2　设置清华源为默认源

如果你打算以后就用国内的源了,也可以将清华源设置为默认选项,但是要先升级 pip 到最新的版本。下面的命令中,第一条表示升级 pip 到最新的版本(≥10.0.0),第二条表示设置 pip 的更新源为清华源。如果你需要设置为阿里云源或者中国科技大学源,只需要更新 https 部分即可。

```
pip install pip-U
pip config set global.index-url https://pypi.tuna.tsinghua.edu.cn/simple
```

但是,上面的第一条 pip 升级命令中并没有使用清华源,如果你到 pip 默认源的网络连接较差,也可以临时使用清华源来升级 pip,命令如下

```
pip install -i https://pypi.tuna.tsinghua.edu.cn/simple pip -U
pip config set global.index-url https://pypi.tuna.tsinghua.edu.cn/simple
```

升级 pip 的时候要注意,在 command 窗口中输入升级命令后,在升级过程中可能会出现红字,不用担心,可以在红字结束后再次升级,往往在第二次运行时,你会发现 pip 已经升级到最新版了。在编写本书的时候,pip 的最新版本为 19.3.1 版本。

1.3.3　Spyder 的下载与安装

设定国内安装更新源之后,不但可以安装扩展包,还可以安装一些扩展软件,比如前面提到的 Spyder 就可以通过国内的更新源进行安装。安装命令为

```
pip install Spyder
```

当前 Spyder 的版本为 4.0.1 版本,其使用界面与 3.0 版本差别不大,但是在配色上有了很大的改进,更加美观,同时在使用当中,Spyder 也可以再添加一些扩展包,方便编写程序时使用。

输入命令之后,pip 会自动检查 Spyder 当前的版本,以及 Spyder 相关的关联包的对应版本。如果都找到了,就开始逐一下载安装包,在安装的过程当中,软件会先下载必需的关联包,最后才会安装 Spyder 程序。安装完成后,在 C 盘 Python 的安装目录之下,Scripts 目录当中会出现一个 Spyder3.exe 的程序,这就是我们安装好的程序。

随后可以通过双击 Spyder3.exe 打开 Spyder,也可以在"命令提示符"窗口输入 Spyder3 打开 Spyder,还可以将 Spyder3.exe 添加快捷方式到桌面,然后双击打开 Spyder。这里采用在"命令提示符"窗口输入 Spyder3 打开 Spyder 的方式,打开之后的界面如图 1-23 所示。

图 1-23　Spyder 主界面

和普通 Windows 软件一样,Spyder 由标题栏、菜单栏、工具栏、编辑区、状态栏等组成,具体的使用方式将在后面章节介绍。

1.4　扩展库的安装

扩展库是 Python 的重要特色之一,Python 有很多爱好者开发的函数或者类,他们将其打包后公开发布在开源网站上,世界各地的使用者可以免费使用,PyPI 就是其中之一。只是这些网站大部分在国外,所以国内的清华大学、阿里云等提供了一些镜像网站。这些镜像网站通常在几分钟之内就会检查国外的各大开源网站是否有内容更新,如果有,则同步更新到本地。这样,我们在寻找扩展库时,可以直接在国内开源网站上寻找,既方便,又快速。

接下来,我们演示一下扩展库的安装方式,前面已经将清华大学的开源服务器设置为

Python扩展库的搜索目的地,故安装时程序将自动在清华源上寻找。在此,我们用扩展库 tushare 给大家演示一下扩展库的安装。

　　tushare 是一个免费、开源的 Python 财经数据接口包,主要实现对股票等金融数据从数据采集、清洗加工到数据存储的过程,能够为金融分析人员提供快速、整洁和多样的便于分析的数据,极大地减轻了他们在数据获取方面的工作量,使他们更加专注于策略和模型的研究与实现。考虑到 Python pandas 包在金融量化分析中体现出的优势,tushare 返回的绝大部分的数据格式都是 pandas DataFrame 类型,非常便于用 pandas/NumPy/Matplotlib 进行数据分析和可视化。

　　tushare 有两个网站地址:www. tushare. org,tushare. org,前者是正常的商业网站形式,后者的内容更像是一个说明书。如果你需要查询一些函数的使用手册,使用后一个网站会更有效率;如果你想要了解 tushare 的一些官方信息,前一个网站会给你更多内容。

　　要安装 tushare 扩展库,首先,需要打开一个"以管理员身份打开"的命令提示符。因为我们的扩展库一般会安装在操作系统的目录里面,用管理员身份会比较方便。

　　其次,利用安装 Python 程序时一起安装的工具 pip 安装 tushare 扩展库。安装命令为

```
pip install tushare
```

　　如图 1 - 24 所示。

图 1 - 24　输入安装命令

　　再次,输入回车键,就会开始自动安装 tushare 和其他相关联的扩展库,如果关联库已经安装过,也会有对应的提示信息。注意,我们在介绍中一直使用全小写的名字 tushare,这是因为 tushare 是官方库里面的名字,而首字母大写的 Tushare 是它的网站上的官方名字。从图 1 - 25 中我们可以看到,tushare 被安装的版本为针对 Python 3 的 1. 2. 62 版本。

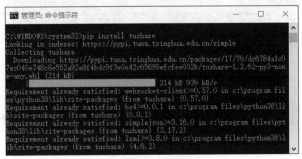

图 1 - 25　安装过程

最后，我们验证一下 tushare 是否安装成功。

在命令提示符窗口中直接输入下面三行代码

```
python                    ♯ 进入 Python 命令行交互环境
import tushare            ♯ 调入 tushare 库
print(tushare._version_)  ♯ 打印 tushare 扩展库的版本号
```

运行的结果如图 1-26 所示。

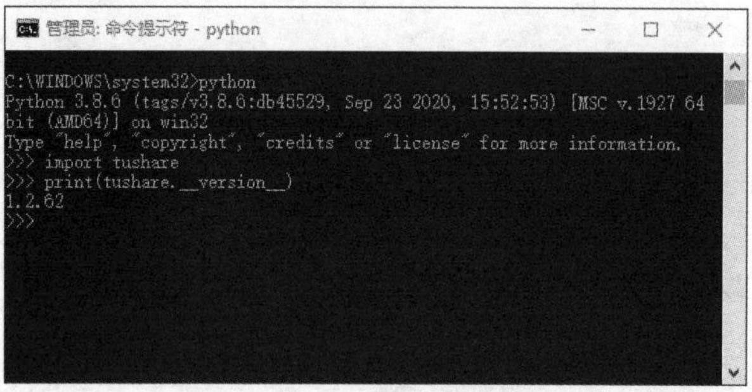

图 1-26   验证 tushare 扩展库

由图 1-26 可以看到，命令提示符窗口中正确输出了 tushare 的版本号 1.2.62，表明安装成功。

接下来可以初步尝试使用 tushare，看看 Python 中扩展库是如何使用的。

假设我们希望获得中国 A 股市场上股票代码为 000001、公司名为中国平安的股票交易历史数据，可以在刚才的命令提示符窗口中输入以下代码。如果你已经关闭了命令提示符窗口，可以重新打开一个新的命令提示符窗口，记得先输入 Python 命令进入 Python 的交互环境。

```
import tushare as ts
ts.get_hist_data('000001')
```

上述代码的第一行是调用 tushare 库，并给它一个新的名字 ts。第二行则是利用 tushare 中获取历史数据的函数 get_hist_data 获取对应股票号码的所有历史交易数据。运行结果如图 1-27 所示。

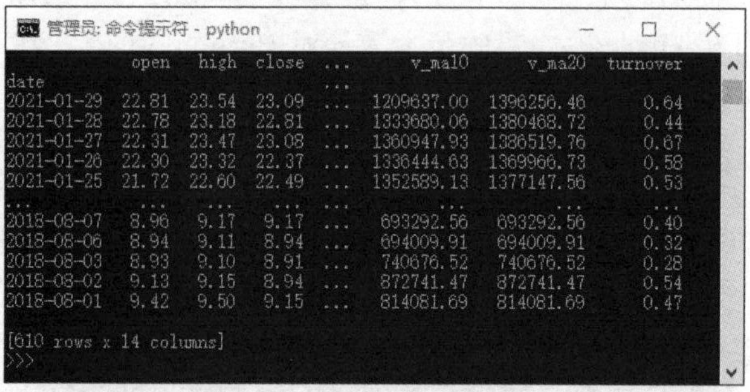

图 1-27   抓取到的数据

历史交易数据已经获取完毕，我们可以看到有 date 代表的交易日期，open 代表的当天开盘价,high 代表的当天最高价等内容,由于行数和列数都太多,为了方便显示,中间利用了省略号。

这里需要提醒大家的是,很多读者在接触 Python 语言之前一直认为 Python 是一个抓取网络信息的爬虫,这里我们更正一下:Python 是一种计算机编程语言,它可以编写爬虫程序,但爬虫不是 Python。

如果你想使用的数据是有规律的,有官方负责维护数据,那么你最好看看是否有成熟的扩展库可以使用,而不必自己开发。例如这里的 tushare 扩展库,除了提供财经数据之外,还提供宏观经济数据、新闻事件数据、银行间同业拆借数据、电影票房数据等内容。

1.5　kite 的下载与安装

Python 的核心程序和千千万万的扩展包中包含了成千上万的指令、函数、方法等内容,绝大多数程序员只能够记住大概的指令作用、指令名称或者指令的首字母等,为了加快程序设计进程和减轻程序员负担,很多针对 Python 的辅助程序被开发出来。这些程序最大的作用就是帮助程序员索引扩展包的指令、函数和方法,减轻程序员负担。

这里给大家推荐一个编程辅助工具"kite"。kite 是一个 Python 开发环境的插件,俗称"PlugIN"。最新版的 kite 更新的"Intelligent Snippets"功能,旨在给予开发者更加完美的敲代码体验。在这之前,大部分开发人员会选择静态自动补全代码的方式,作为提高在 Python 中调用函数效率的解决方案。但这一方法也有局限,它无法随开发者编写过程而自动适应,需要手动修改参数和子语句。新版 kite 的"Intelligent Snippets"是基于 kite 在代码库中找到的代码模式实时生成。该引擎可以根据正在使用的代码动态生成片段,会自动检测代码库中开发者所使用的常见模式,并在编写代码时建议使用相关模式。

Intelligent Snippets 构建在 kite 代码补全核心代码引擎上。首先,kite 会索引开发者的代码库,并学习函数常用模式。然后,当开发者调用函数时,kite 会为该函数提供一些片段,以补全该部分代码。同时,kite 的自动补全功能仍然为每个参数提供补充代码的建议。Intelligent Snippets 不仅可以节省编写代码的时间,还可以减少开发者查找文档的次数。

除此之外,新版 kite 还支持一键检索功能,只需点击代码即可查阅对应的文档,其中包含了 800 多个 Python 库和代码 Demo。新版 kite 除了支持之前的 Windows、Mac、Linux 编辑器之外,还支持更多的编辑器,而且更多语言正在扩展中。新增支持编辑器有:Atom、PyCharm、Sublime、VS Code、Vim、IntelliJ。

kite 的官方网站为 https://kite.com/,虽然它不是开源的,但是可以免费使用。在官网下载完成后开始安装,首先会给出一个界面,要求你填写邮箱信息,随后安装完成就可以使用了。安装完成之后,打开 Spyder,会自动弹出一个 kite 教程,跟着练习一遍,你就能对 kite 有一个比较深刻地理解了。

1.6　Python 开发环境的使用

本节我们介绍 Python 开发环境的使用,按照安装的顺序,先介绍 IDLE。图 1 - 28 是 IDLE的主窗口界面,我们在开始菜单中点击 IDLE 图标时,启动的就是它。

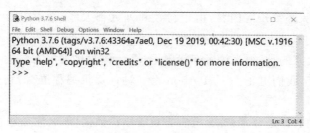

图 1-28　IDLE 主界面

和普通的 Windows 程序一样,IDLE 遵循了默认的布局,由上到下分别是标题栏、菜单栏、编辑栏、状态栏。

菜单栏是控制 IDLE 功能的地方,文件菜单中存放的是和文件相关的命令,如打开、关闭、保存、另存为等。编辑菜单里面是粘贴、复制、拷贝等命令。选项菜单里面是 IDLE 配置的相关菜单。

编辑栏是 IDLE 输入 Python 脚本的地方,">>>"作为提示符,提示编写者在其后输入 Python 命令,按回车键后直接显示执行结果。注意,执行结果前面是没有">>>"提示符的。

1.6.1　IDLE 的使用

Python 作为一种脚本语言,可以不需要复杂的准备工作,可以直接编写一些简单的代码。这里我们尝试在 IDLE 的编辑栏里面利用 Python 语言进行简单的计算。

1. IDLE 的脚本模式

比如,股票 000001 连续三天的收盘价为 $x = (10.15, 10.25, 10.36)$,那么这三天的算数平均价格是多少? 算数平均值的计算公式为

$$\bar{x} = \frac{1}{n} \sum_{i=1}^{n} x_i$$

这里是连续三天的收盘价,假设每一天的收盘价为 x_i,则均值计算公式为

$$(x_1 + x_2 + x_3)/3$$

将具体的数值代入,我们在 IDLE 编辑栏里面输入的命令为

$$(10.15 + 10.25 + 10.36)/3$$

我们将其输入编辑栏中">>>"的后面并按回车键,即可得到结果为 10.253333333333332,具体的结果见图 1-29。

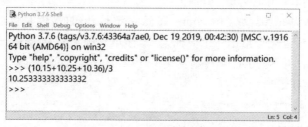

图 1-29　算数平均数结果

从图 1-29 中可知,在 IDLE 里面,命令行前面是有">>>"作为提示符的,而结果行没有;同时,在 IDLE 中,结果输出是色彩高亮的。

接下来我们继续练习使用 IDLE,刚才计算了算数平均数,下面计算一下连续三天收盘价的调和平均数。调和平均数的公式为

$$\overline{x} = \frac{n}{\sum\limits_{i=1}^{n} \frac{1}{x_i}}$$

读者可以自行将公式展开,这里我们直接将其转换为 Python 的命令,具体如下
$$3/(1/10.15 + 1/10.25 + 1/10.36)$$
将 该 命 令 继 续 输 入 IDLE 的 编 辑 栏 之 中,并 按 回 车 键,可 以 得 到 输 出 结 果 为
10.252616275843701,具体的内容如图 1-30 所示。

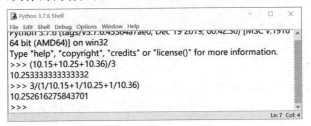

图 1-30　调和平均数结果

看到这里,很多读者可能就有疑惑了,难道在 IDLE 当中只能这样一行一行输入吗?如果遇到非常长的命令行,非常容易出错。而且,如果内容非常多,比如说有好几十行,可能输入到后面就忘记前面的内容是什么功能,这会带来很多麻烦。其实,IDLE 作为开发环境之一,也是有自己长处的。比如,如果急需要用到计算器,就可以打开 IDLE,临时在编辑栏里输入一些计算的命令。当遇到需要大规模程序编写的时候,就要用到 IDLE 的另外一种模式——文件执行模式。

2. IDLE 文件执行模式

点击"File"打开文件菜单,选择"New File"功能,可以打开一个很简单的、类似记事本一样的文本编辑器,我们可以将刚才的命令输入文本编辑器中,每条命令一行。由于篇幅的原因,本书将文本编辑器窗口调小,如图 1-31 所示。各位读者在新建文件的时候可能会弹出一个比较大的文本编辑器窗口,请注意一下。

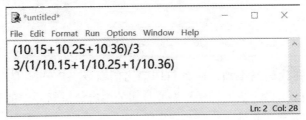

图 1-31　在文件中写代码

如图 1-31 所示,标题栏当中的文件名为未命名,意思是说当前文件还没有保存。因为代码文件需要保存后才能够运行,所以这里需要先保存一下。保存的菜单依然在文件菜单中,在"File"菜单中选择"Save"命令,会出来一个对话框,需要你选择文件保存的位置、填写文件名、选择文件的扩展名等操作。请注意,Python 语言的代码文件用".py"表示,而这种文件类型是

IDLE自带的,所以一般情况下你只需要简单地选择一个 Python 的工作目录用以存放代码文件就好。

本书将这个代码文件命名为 average_stock.py,如图 1-32 所示。

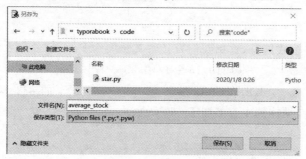

图 1-32　保存文件

随后,在文本编辑器窗口的菜单中选择"Run"菜单下的"Run Module",就可以执行当前文本编辑器里面的代码了。当然,你也可以通过按"F5"实现程序的运行,如图 1-33 所示。

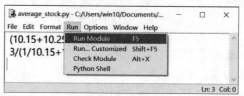

图 1-33　打开运行菜单

运行程序后,在 IDLE 的脚本窗口中的反馈如图 1-34 所示,我们发现程序虽然运行了,但是并没有显示出结果。这就是以脚本的方式运行和以文件的方式运行的最大差别。在脚本模式下,每一行命令的输入都会及时给予反馈,而在文件模式下,如果文件当中没有命令要求输出计算的结果,那么计算的结果将不会被输出。

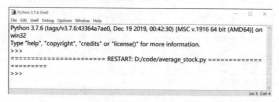

图 1-34　运行结果

既然这样,我们在代码当中加入两条打印输出的命令。Python 的打印输出命令非常简单,就是一个简单的 print()。我们只要将需要打印的内容放进括号中就好,所以,可以将上面的代码改成如图 1-35 所示格式。

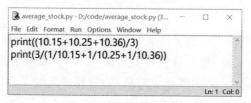

图 1-35　添加打印函数

再一次运行程序,得到的结果如图 1-36 所示。这次有了和脚本模式相同的输出,证明了代码的正确性。

图 1-36 输出计算结果

在 Windows 系统桌面上同时打开文件窗口和 Shell 窗口,它们是两个独立的窗口,你可以将屏幕分成左右两部分,排列在一起的样子如图 1-37 所示。

图 1-37 窗口并排放置

以上就是 IDLE 脚本模式与文件执行模式两种使用方式的简单介绍。两种使用方式都有各自的特点,如果需要编写的代码结构比较复杂,建议用文件执行模式。

3. IDLE 的快捷键

表 1-1 是 IDLE 的一些常用快捷键,请大家熟记,学会使用快捷键将极大提高编程效率。当然,不同的集成编辑环境都有自己的快捷键位,但一些基础的快捷键一般都是统一的。

表 1-1 IDLE 快捷键

快捷键	说 明	适用范围
F1	打开 Python 帮助文档	Python 文件窗口和 Shell 窗口均可用
Alt+P	浏览历史命令(上一条)	仅 Python Shell 窗口可用
Alt+N	浏览历史命令(下一条)	仅 Python Shell 窗口可用
Alt+3	注释代码块	仅 Python 文件窗口可用
Alt+4	取消代码块注释	仅 Python 文件窗口可用
Alt+g	转到某一行	仅 Python 文件窗口可用
Ctrl+Z	撤销一步操作	Python 文件窗口和 Shell 窗口均可用
Ctrl+Shift+Z	恢复上一次的撤销操作	Python 文件窗口和 Shell 窗口均可用
Ctrl+S	保存文件	Python 文件窗口和 Shell 窗口均可用

续表

快捷键	说 明	适用范围
Ctrl+]	缩进代码块	仅 Python 文件窗口可用
Ctrl+[	取消代码块缩进	仅 Python 文件窗口可用
Ctrl+F6	重新启动 Python Shell	仅 Python Shell 窗口可用

"Alt+/"这个快捷键比较特殊,其作用是自动补全前面曾经出现过的单词,如果之前有多个单词具有相同前缀,可以连续按下该快捷键,在多个单词中间循环选择。同时,这个快捷键在 Python 文件窗口和 Shell 窗口均可用。

1.6.2 Spyder 的使用

Spyder 是一个用 Python 编写的强大科学环境,由科学家、工程师和数据分析师设计。它将综合开发工具的高级编辑、性能分析、调试和分析功能、数据探索、交互式执行、深度检查,以及科学软件包的美观可视化功能相结合。

除了它的许多内置功能外,它的功能还可以通过其插件系统和 API 进一步扩展。此外,Spyder 还可以用作 PyQt 5 扩展库,允许开发人员在其功能的基础上构建并将其组件(如交互式控制台)嵌入他们自己的 PyQt 软件中。

Spyder 的界面设计和 Matlab 十分相似,熟悉 Matlab 的读者可以很快的习惯使用Spyder,但也有些许不同,需要注意。官方给出的 Spyder 界面为深色主题(见图 1 - 38),Spyder和许多扩展程序进行了链接,最突出的就是 Spyder 为了增强代码补偿能力,直接集成了 kite 等辅助软件。这使得在 Spyder 中写代码变得非常简单,就像有个智能助手在辅助你。

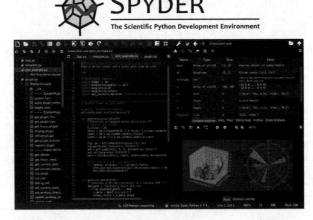

图 1 - 38　Spyder 官方界面

在前面已经讲过如何打开 Spyder,这里我们打开自己安装的 Spyder。Spyder 默认界面如图 1 - 39 所示,默认的界面配色为深色,如果你不喜欢,可以自行更改配色。菜单语言自动跟随系统,所以这里我们打开之后,所有的菜单都是中文的。

图 1-39　Spyder 默认界面

窗口的上部是菜单栏和工具栏,对初学者来说,菜单栏几乎很少用到,反而工具栏用得比较多。新建文件、保存文件、运行、停止等功能都可以在工具栏实现。如果说用得最多的功能,应该是工具栏中的绿色箭头了,它是用来运行程序的。当绿色箭头被按下,当前活动的代码文件将会被先保存,然后从第一行开始执行,遇到错误则停止运行,否则执行到文件结束。

窗口的左侧是代码编辑窗口,类似于 IDLE 的文本编辑器,每次打开 Spyder 都会自动创建一个 tamp.py 的文件,也会打开你上次关闭 Spyder 时的文件。

窗口的右上角是变量管理器、帮助、绘图和文件管理的复合窗口。在这里我们可以获知当前程序运行过程中变量的变化情况。当然,只有添加断点,才能获知中间结果,否则只能看到变量最后的结果。

窗口的右下角是 Python 控制台和 Python 命令历史窗口。控制台窗口和 IDLE 的脚本输入窗口类似,可以直接输入单行代码。历史窗口保存了最近使用的命令,要注意的是,这里的命令不一定是 Python 代码,只有在控制台直接输入的 Python 代码,才会完整地保存在历史窗口,如果你运行的是一个文件,则不会保留。

在控制台窗口的标题栏上分布着一些非常重要的功能。"控制台"三个字左边的按钮的功能是新建一个控制台,经常用来调试不同的代码,防止反复运行不同的程序,造成输出结果混淆。标题栏的最右侧分布了两个按钮和一个菜单。两个按钮分别是"停止当前命令"和"删除所有变量"。其中,"停止当前命令"的功能是当 Spyder 陷入某种未知,没有任何反应时使用,类似于其他软件的"Ctrl+C"的含义;"删除所有变量"功能类似于清除重新启动 Python 解释器,但仅仅是清除所有的变量。最右侧的菜单中,最重要的功能就是"重启 IPython 内核",这个功能将停止当前的一切操作,相当于关闭了 Spyder 并重新打开。

"停止当前命令""删除所有变量""重启 IPython 内核"三个命令的严格程度层层递进,逐步升高,在使用过程中要注意选择合适的命令。

1.6.3　Spyder 插件

Spyder 相对于 IDLE 已经有了巨大的进步,但是在使用过程中仍然存在一些不足,这时就需要利用插件进行弥补。本书列举了 3 种有用、常用的插件,建议大家下载安装。

1. notebook 插件

notebook 格式是目前很流行的一种代码编写格式,它兼容 markdown 语法,允许你在编写程序代码的同时,编写一些说明性的文档内容。对比传统的程序代码加注释的结构,

notebook格式在可读性上要好很多,以至于很多程序员都用它来编写教程相互交流。但是,对于新接触 Python 的读者来说,notebook 的使用比较复杂,还涉及操作系统,所以本书没有以 notebook为主。为了方便大家使用网络上日益增多的 notebook 类型的学习资料,这里推荐大家在 Spyder 中安装 notebook 插件。notebook 插件的安装命令为

```
pip install Spyder-notebook
```

2. 系统终端插件

很多时候,即使我们使用了 Spyder,也可能因为频繁的文件操作、磁盘操作等需要在 Spyder和系统的"命令提示符"之间来回切换。"命令提示符"就是 Windows 系统中的 DOS 终端,或者 Mac OS 中的 terminal。这个插件系统终端直接嵌入 Spyder 当中,使得程序员免受窗口切换之苦。其安装命令为

```
pip install Spyder-terminal
```

3. 程序报告插件

在 Python 程序编写的过程中,我们需要经常性地检查变量的值,以确定程序确实是按照设计思路在运行。检查的方式有多种,可以打印输出或者以图形化方式输出。当程序完成后,我们需要将其整理成一个报告,比如编写了什么代码,这些代码的输出是什么样的,代码的解释内容是什么等。程序报告插件就是帮助你完成这个工作的,你不用再去修改代码的格式、注释的风格、图形的排版等。程序报告插件的安装命令如下

```
pip install Spyder-reports
```

小结

本章我们重点介绍了 Python 语言的发展历程和现状、使用的软件开发集成环境和一些使用技巧,同时给想要学习 Python 语言的读者推荐 IDLE 作为初始上手的开发环境。当你了解和掌握了 IDLE 的交互式编程和文本式编程的操作之后,可以使用 Spyder 作为进阶的集成开发环境。

Spyder 实际上是将 IDLE 的终端窗口与代码编辑窗口结合在一个界面中,Spyder 软件具有语法检查功能,在 kite 的辅助下能够给新手提供代码编写帮助,对于新手来说是比较友好的开发工具。

在安装 Spyder 之前,最好能够将安装源更换为国内的源,这样安装速度会比较快。Python有很多的扩展库,它们从几 KB 大小到几百 MB 大小不等,一个快速稳定的安装源将会给你带来很大的帮助。

习题

1. 下载安装 Python。
2. 设置 pip 工具的安装更新源为国内源。
3. 使用 pip 工具安装 Spyder 及其相关扩展库。
4. 简述 IDLE 两种使用模式的优缺点和使用场景。

第 **2** 章

自然语言和 Python

2.1 自然语言与 Python 语言的关系

自然语言通常是指一种自然地跟随文化演化的语言。自然语言是人类交流和思维的主要工具,是人类智慧的结晶。但是,如果仔细研究自然语言,会发现随着地域、使用习惯、发音习惯等的不同,自然语言存在着很大的差异。这个问题对跨文化、跨地域使用自然语言造成了一定的困难。

计算机是一种标准化程度非常高的系统。现在全世界使用的计算机体系或者类别在数量上是极有限的,因此,对于计算机语言来说,其复杂度远低于自然语言。

Python 语言是一种程序设计语言,也可把它称为计算机编程语言,计算机编程语言的主要用途是让计算机能够理解和识别人们的算法思想,完成既定的工作。

2.1.1 计算机语言的分类

计算机编程语言是一个非常大的类,包含着很多种程序设计语言,这些程序设计语言工作在不同的层次上。计算机语言从层次上可以分为机器语言、低级语言、高级语言三类,见图 2-1。

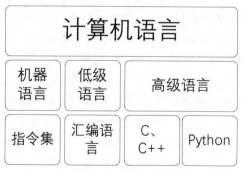

图 2-1 计算机语言的大致分类

1. 机器语言

机器语言是指一台计算机全部的指令集合。电子计算机所使用的是由"0"和"1"组成的二进制数,二进制是计算机语言的基础。计算机发明之初,人们写出一串串由"0"和"1"组成的指令序列交由计算机执行,这种计算机能够认识的语言,就是机器语言。使用机器语言是十分痛苦的,特别是在程序有错需要修改时,更是如此。

对于计算机来说,机器语言和计算机的指令集是密不可分的,指令集中的指令是计算机不可分割的最小功能单元。一条机器语言对应一条指令集中的指令。而且,由于每台计算机的指令系统往往各不相同,如现在流行的指令集有 MIPS、X86、X86-64、ARM 等,所以,在一台计算机上执行的程序,要想跨平台在另一台计算机上执行,必须另编程序,造成了重复工作。但是,由于使用的是针对特定型号计算机的语言,故而机器语言的运算效率是所有语言中最高的。机器语言是第一代计算机语言。

2. 低级语言

这里的低级语言特指汇编语言。为了减轻使用机器语言编程的烦恼,人们进行了一种有益的改进:用一些简洁的英文字母、符号串来替代一个特定的指令的二进制串,比如,用"ADD"代表加法,用"MOV"代表数据传递等,这样一来,人们很容易读懂并理解程序在干什么,纠错及维护都变得方便了,这种程序设计语言称为汇编语言,即第二代计算机语言。然而计算机是不认识这些符号的,这就需要一个专门的程序,专门负责将这些符号翻译成二进制数的机器语言,这种翻译程序称为汇编程序。

汇编语言同样十分依赖于机器硬件,其移植性不好,但效率仍十分高。针对计算机特定硬件而编制的汇编语言程序,能准确发挥计算机硬件的功能和特长,程序精炼且质量高,至今仍是一种常用而强有力的软件开发工具。

汇编语言的实质和机器语言是相同的,都是直接对硬件操作,只不过指令采用了英文缩写的标识符,更容易识别和记忆。它同样需要编程者将每一步具体的操作用命令的形式写出来。

汇编程序的每一句指令只能对应实际操作过程中的一个很细微的动作,如移动、自增,因此汇编源程序一般比较冗长、复杂,容易出错,而且使用汇编语言编程需要有更多的计算机专业知识。但汇编语言的优点也是显而易见的,用汇编语言所能完成的操作不是一般高级语言所能实现的,且源程序经汇编生成的可执行文件不仅比较小,而且执行速度很快。

3. 高级语言

高级语言有 Basic(True basic、Qbasic、Virtual Basic)、C、C++、PASCAL、FORTRAN、智能化语言(LISP、Prolog、CLIPS、OpenCyc、Fazzy)、动态语言(Python、PHP、Ruby、Lua)等。高级语言源程序可以用解释、编译两种方式执行,通常用后一种。

高级语言是绝大多数编程者的选择。和汇编语言相比,它不仅将许多相关的机器指令合成为单条指令,而且去掉了与具体操作有关但与完成工作无关的细节,如使用堆栈、寄存器等,这样就大大简化了程序中的指令。由于省略了很多细节,所以编程者也不需要具备太多的专业知识。高级语言主要相对于汇编语言而言,它并不是特指某一种具体的语言,而是包括了很多编程语言,如 VB、VC、FoxPro、Delphi 等,这些语言的语法、命令格式都各不相同。

高级语言还可以按照应用分为软件设计语言、硬件设计语言和专用语言。

软件设计语言,顾名思义,就是专用于设计各种类型的软件的语言,大到操作系统、小到脚本程序,从开源软件到私有软件,这些语言包括前面提到的各种高级语言。

硬件设计语言主要是指为了设计开发硬件而出现的语言。其应用最广泛的是设计集成电路的硬件描述语言(hardware design language,HDL),典型代表有 verilog、VHDL 和 AHDL,

前两种是民用集成电路开发语言,后一种是军用集成电路开发语言。不过,随着信息技术的发展,软件硬件化的趋势越来越明显。为了应对巨大的人才需求,现在又出现了一种模糊软件设计语言和硬件设计语言的所谓"高级综合技术"(high level synthesis,HLS)。基于高级综合技术,传统的软件工程师可以用很低的成本穿透软硬件设计壁垒,这样就极大地缓解了目前专业硬件设计人员缺乏的问题。

专用语言特指专门使用于某个特殊领域的语言,如数控机床编程语言等,这里不再详细讨论。

2.1.2　计算机语言的发展

在 C 语言诞生以前,计算机的系统软件主要是用汇编语言编写的。由于汇编语言程序依赖于计算机硬件,其可读性和可移植性都很差,甚至没有移植的可能,但一般的高级语言又难以实现对计算机硬件的直接操作(这正是汇编语言的优势),于是人们盼望有一种兼有汇编语言和高级语言特性的新语言,于是 C 语言出现了。C 语言的出现打通了高级语言与计算机硬件的分界线,让计算机语言向自然语言跨越了一大步,极大地推动了计算机语言的发展。

C 语言是 Dennis Ritchie 于 20 世纪 70 年代创建的,它功能更强大且与它的"前辈"功能兼容,同时更精巧、更简单,适于编写系统级的程序,如操作系统。在此之前,操作系统是使用汇编语言编写的,而且不可移植。C 语言是第一个使得系统级代码移植成为可能的编程语言。其优点是有益于编写小而快的程序;很容易与汇编语言结合;具有很高的标准化,与其他平台上的各版本非常相似。其缺点也很明显,如不容易支持面向对象技术;语法有时会非常难以理解,并造成滥用;在移植性方面,C 语言的核心以及 ANSI 函数调用都具有移植性,但仅限于流程控制、内存管理和简单的文件处理,且其他的东西都跟平台有关,比如说,为 Windows 和 Mac 开发可移植的程序,用户界面部分就需要用到与系统相关的函数调用。这一般意味着你必须写两次用户界面代码,不过还好有一些库可以减轻工作量。

为了增加 C 语言面向对象的编程能力,研究者开发了 C++语言,所以 C++语言是具有面向对象特性的 C 语言的继承者。面向对象编程是结构化编程的下一步。面向对象程序由对象组成,其中的对象是数据和函数离散集合。有许多可用的对象库存在,这使得编程简单,只需要将一些程序"建筑材料"堆在一起(至少理论上是这样)。比如说,程序界面上的各种按钮、文本框、标签等内容,它们的功能在字体、颜色、行为等方面是统一的,那么这些按钮、文本框、标签等就可以作为一个对象存在,所有其他有名字的具体的按钮、文本框、标签等就是从基本对象实例化出来的具体功能个体。

C++语言的优点是组织大型程序时比 C 语言好得多,很好地支持面向对象机制;通用数据结构,如由链表和可增长的阵列组成的库减轻了处理低层细节的负担。C++语言的缺点是为了照顾各种对象之间的关联操作,变得非常大而复杂,同时与 C 语言一样存在语法滥用问题,还比 C 语言的执行效率更慢。目前流行的大多数编译器没有把整个 C++语言的语法正确地实现。从移植性上来说,C++语言比 C 语言好很多,虽然由于平台的限制不可能一套代码完全重用,但至少可以通过调用重名对象的形式实现间接性的调用,大多数可移植性用户界面库都使用 C++对象实现。

总的来说,高级语言的发展经历了从早期语言到结构化程序设计语言,从面向过程到非过程化程序语言的过程。相应地,软件的开发也由最初的个体手工作坊式的封闭式生产,发展为产业化、流水线式的工业化生产。目前,高级语言在各种应用领域蓬勃发展,计算机语言不断在简单与复杂、高层与底层之间来回碰撞,研究人员一直希望能有一种语言既有高级语言的容易理解、容易掌握的特点,又有底层语言的简洁高效。

高级语言的下一个发展目标是面向应用,也就是说,只需要告诉程序你要干什么,程序就能自动生成算法,自动进行处理,这就是非过程化的程序语言。

基于这种目的,产生了一种被称为脚本语言(script language)的计算机语言。脚本语言是为了缩短传统的编写、编译、链接、运行(edit-compile-link-run)过程而创建的计算机编程语言。脚本语言一般都有相应的专用脚本解释器来解释执行。脚本语言通常都有简单、易学、易用的特性,目的就是希望能让程序员快速完成程序的编写工作。

既然有专用的解释器负责解释执行代码,那么在代码编写的层面上,不同平台的程序就可以做到代码统一了,同时也可以做到更加贴近自然语言。前面提到的动态语言Python、PHP、Ruby、Lua都是脚本语言,除了Python之外,PHP等语言都是某种专用语言,如网站开发、格式化等。Python语言汇聚了脚本语言的易学易懂、灵活方便,以及超强的"粘结"能力等优点,也汇聚了高级语言贴近自然语言的特性和强大的应用范围等特点;既可以编写大型系统级软件,也可以做网页开发,甚至是微信小程序,还可以开发嵌入式系统;同时,各种复杂科学计算更是Python的应用主场。不管应用目的是什么,Python语言都比其他高级语言要更加贴近自然语言。

Python的几大特点是:通用、脚本、开源、跨平台、多模型。同时对于以非英语为母语的读者来说,Python还有一个最重要的特点,就是Python对中文的支持能力是目前所有高级语言当中最强的。

2.1.3   从自然语言到Python

Python语言和C语言等程序设计语言一样,是最接近自然语言的一类计算机编程语言。当然,从人的角度来说,最好的程序设计语言就是人类自身掌握的自然类的语言。有人可能会问,那为什么我们不用自然语言作为人和计算机沟通的桥梁呢?其主要原因是自然语言具有丰富的语气色彩、感情色彩和文学色彩。也就是说,自然语言在不同的环境当中,有不同的含义。

为了更好地描述自然语言与Python语言之间的关系,在这里先举一个例子,我们将莫言先生说过的一句话在风格上进行改变。

自然语言与Python

原话是这样的:"当你的才华还撑不起你的野心的时候,你就应该静下心来学习!"这句话来自莫言先生的获奖感言,整段原话如下:"当你的才华还撑不起你的野心的时候,你就应该静下心来学习;当你的能力还驾驭不了你的目标时,就应该沉下心来历练;梦想,不是浮躁,而是沉淀和积累,只有拼出来的美丽,没有等出来的辉煌,机会永远是留给最渴望的那个人,学会与内心深处的你对话,问问自己,想要怎样的人生,静心学习,耐心沉淀,送给自己,共勉。"

我们将它的格式更改为如下格式

> 当
> 你的才华 还撑不起 你的野心
> 你就应该 静下心来学习

我们将这段话重新断句,删除了部分不影响主题的词,如"的时候",同时还在某些词后面添加了间隔用的空格符号。虽然改动较大,但我们发现经过重新断句以及删除部分内容后,其含义跟原文是一致的,不存在歧义。这是非常感性的一段话,虽然我们始终搞不清楚"你的才华""你的野心"到底是什么,但是我们都明白这一句话的意思:如果"你的才华"相比于"你的野心"还不太够,那么你就需要通过学习来增加你的才华。但是这个"还不太够"的表述让人感觉很模糊,所以在下一次的改动当中,我们给"你的才华"和"你的野心"一个具体的量化值。

接下来我们将上面一句话改成下面这样

> 你的才华 等于 60
> 你的野心 等于 80
> 当 你的才华 还撑不起 你的野心
> 你就应该 静下心来学习

此时我们读这一段话,能够获得的认知是这样的:"你的才华"只有 60 分,但是"你的野心"需要 80 分的才华,所以"你的才华"还撑不起"你的野心",那么你就需要静下心来学习,增长你的才华。

在这一段话里,我们发现还有一些不是很准确的描述,比如说"还撑不起"这 4 个字。虽然我们都知道"还撑不起"是"小于"的意思或者"少"的意思,但是很多读者可能会听成"还称不起",从而造成理解上的偏差。所以,需要把它换成一种更加理性的没有歧义的表达。

为了将这一段话修改得没有歧义,我们再一次用更加标准的理性的说法将它改成如下形式

> 你的才华 等于 60
> 你的野心 等于 80
> 当 你的才华 小于 你的野心
> 你就应该 静下心来学习

我们将"还撑不起"4 个字换成关系运算当中的"小于",此时再读这一段话,就不会产生歧义了。说到"小于",大家都能明白是一种什么样的逻辑关系。

在上面这一段话里,很显然"等于""小于"都是中文的表达,不能够被其他的程序或者语言所接受。我们需要进行再一次的改进,用通用的数学符号来表示"等于"和"小于",这样即使在不同的语言环境中,至少也能基于数学通用的符号了解这段话的意思。经过改进后,这一段话变成如下的形式

```
你的才华 = 60
你的野心 = 80
当 你的才华 ＜ 你的野心
你就应该 静下心来学习
```

在这里,新的问题产生了,虽然将"小于"换成"＜"之后,这一段话的含义没有改变,但是发现"当"字在交流时容易听不清,或者在逻辑上不够明晰,因此继续将上述段落更改为

```
你的才华 = 60
你的野心 = 80
如果 你的才华 ＜ 你的野心
你就应该 静下心来学习
```

我们将"当"换成了"如果",非常明显地体现出了一种"选择判断"的操作。听到"如果"两个字,我们会自然而然地关注后面跟着的"条件",以及"那么"后面跟着的结果。很多情况下,在选择结构中可以只出现"如果",不用出现"那么""就"等串联结果的词,也不会出现歧义。我们已经用单独一行表示了条件,所以就不再出现连接结果的词,这里仅仅将"如果"换为较为通用的英文表达"if"。

```
你的才华 = 60
你的野心 = 80
if 你的才华 ＜ 你的野心
你就应该 静下心来学习
```

这时候莫言先生的一句话被我们改成了中英文混排的"现代诗"的结构风格。这种风格对于初次接触 Phton 的读者来说似乎很是怪异,难以接受,甚至感觉像是那些在沟通中喜欢偶尔冒出一个半个英语单词的画风,让人感觉不适。但是从结构上来看,利用断句、间隔、不同的表达形式,突显了这段话的逻辑关系,弱化了具体的名称与内容。

我们继续往下看,发现"你就应该"和"静下心来学习"这两句似乎也可以进行进一步的修改。"静下心来学习"其实是"你就应该"做的事情的一种情况,"你就应该"还可以包含很多种其他的情况。同时,我们很轻易地发现了一个新的问题:既然是"你的才华 ＜ 你的野心"条件成立,就需要"静下心来学习",那么相对地,当条件不成立又该怎么办呢?很明显,这是一个逻辑漏洞,因此,我们接下来补全这个逻辑漏洞,添加一个新的行为"锻炼身体",作为其他多种情况的代表。补全后的结构如下

```
你的才华 = 60
你的野心 = 80
if 你的才华 ＜ 你的野心
你就应该 = 静下心来学习
else
你就应该 = 锻炼身体
```

为了表示"你就应该静下心来学习"是"你的才华"小于"你的野心"这个条件满足的时候才执行的动作，我们在这里尝试用一个四个空格宽的"缩进"来表示这种关系。同时为了避免产生当"你的才华"大于"你的野心"时，你应该做的事情是一个空洞这种困惑，我们又添加了一句，当"你的才华＞你的野心"时，你可以去"锻炼身体"，当然，这里"锻炼身体"只是若干种选择当中的一种。我们在这句的前面用"else"表示"你的才华＜你的野心"这个条件不满足的情况，同时也增加四个空格的"缩进"来表示"你就应该锻炼身体"是这个条件不满足后的操作。

改到这里，我们发现从结构、语法上，似乎都没有更多的改进空间了。很多读者可能都会有一个想法：我们把这一句话从前到后改了这么长时间，改成现在这个样子到底是想干什么？到底表达了一个什么样的意思？

从含义上看，修改之前和修改之后的含义并没有特别大的变化。从逻辑上看，修改前和修改后也并没有冲突，甚至感觉修改后的语句逻辑感更强了。那么，到底为什么要修改成现在的样子呢？难道仅仅是为了突出逻辑感？

在这里，我们将莫言先生的这一句话改成中英文混合的"现代诗"的风格，同时还增加了量化的数据以及更严密的逻辑关系。莫言先生的一句话就从自然语言转变成了自然语言和程序设计语言之间的一种状态，我们将这种状态称为伪代码。

2.2　伪代码

伪代码是自然语言和计算机语言之间的一个重要形态，既有自然语言的良好可读性，也有计算机语言的强逻辑性。同时，特殊的格式带来了很强的表现力，不同类型的字符表现更加突出了结构。在学习计算机语言的时候，伪代码是很有用的一种方法。掌握了伪代码的设计方法，就掌握了学习计算机语言的最基本的分析方法。

```
你的才华 = 60
你的野心 = 80
if 你的才华 < 你的野心
你就应该 = 静下心来学习
else
你就应该 = 锻炼身体
```

以上这段伪代码具有极强的逻辑性，我们可以这样理解这 6 行内容。

(1) 在第 1 行给一个叫"你的才华"的存在赋值为 60。

(2) 在第 2 行给一个叫"你的野心"的存在赋值为 80。

(3) 对这两个存在进行了比较，判断依据是"你的才华"小于"你的野心"。

(4) 如果判断结果为真，那么你就应该做的事情是"静下心来学习"。

(5) 如果判断结果为假，那么你就应该做的事情是"锻炼身体"。

(6) 把判断的结果放在了"你就应该"里面。

可以看出，上面的 6 行代码非常明晰地表现出了我们的逻辑思想。

伪代码是用自然语言和计算机语言的文字和符号（包括数学符号）混合式来描述一个问题的算法。在伪代码的编写过程中，需要遵循一些基本的规则，如：每一个行为或者每一个动作的描述都独占一行;动作和行为之间的关联关系用不同长度的缩进或者括号来表达;更严格的情况下,在每一段伪代码的开始和结束都有对应的标志符。

例如,有这样一个问题:输入 3 个数,打印输出其中最大的数。可用如下的伪代码表示

```
Begin(算法开始)
输入 A,B,C
IF A>B 则 A→Max
否则 B→Max
IF C>Max 则 C→Max
Print Max
End(算法结束)
```

使用伪代码的目的是使被描述的算法可以容易地以任何一种编程语言实现。因此,伪代码必须结构清晰、代码简单、可读性好,并且类似自然语言。伪代码是一种非正式的,类似于英语结构的,用于描述模块结构图的语言。人们在用不同的编程语言实现同一个算法时意识到,它们的实现很不同。尤其是对于那些熟练于不同编程语言的程序员要理解一个(用其他编程语言编写的程序)功能时可能很难,因为程序语言的形式限制了程序员对程序关键部分的理解,这样伪代码就应运而生了。伪代码提供了更多的设计信息,每一个模块的描述都必须与设计结构图一起出现。

伪代码介于自然语言与编程语言之间,以编程语言的书写形式指明算法职能。使用伪代码不用拘泥于具体实现,相比程序语言,它更类似自然语言。它是半格式化、不标准的语言,可以将整个算法运行过程的结构用接近自然语言的形式(可以使用任何一种你熟悉的文字,关键是把程序的意思表达出来)描述出来。

伪代码只是像流程图一样用在程序设计的初期,帮助程序员写出程序流程。简单的程序一般都不用写流程、写思路,但是复杂的代码,最好还是把流程写下来,总体上去考虑整个功能如何实现。写完以后不仅可以用来作为以后测试、维护的基础,还可用来与他人交流。但是,如果把全部的东西写下来必定会浪费很多时间,那么这个时候可以采用伪代码方式。这样不但可以达到文档的效果,同时可以节约时间,更重要的是使结构比较清晰,表达方式更加直观。

伪代码语言在某些方面可能显得不太正规,但是给我们描述问题的算法提供了很多方便,并且可以使我们忽略算法实现中很多麻烦的细节。通常每个算法开始时都要描述它的输入和输出,而且算法中的每一行都要编上号码,在解释算法的过程中会经常使用算法步骤中的行号来指代算法的步骤。算法的伪代码在描述形式上并不是非常严格,其主要特性和通常的规定如下:

(1)算法中出现的变量可以是任何类型。通常这些类型从算法的上下文来看是清楚的,不需要额外加以说明或者考虑类型转换。

(2)算法中的某些指令或子任务可以用文字来叙述,例如,“设 x 是 A 中的最大项”,或者“将 x 插入 L 中”,这样可以避免与主要问题无关的细节使算法主体杂乱无章。

(3)算术表达式可以使用通常的算术运算符,逻辑表达式可以使用关系运算符 $=$,$\neq$,$<$,$>$,$\leqslant$ 和 $\geqslant$,以及逻辑运算符与(and)、或(or)、非(not)。

(4)赋值语句是如下形式的语句:a$<-$b。这里 a 是变量,b 是算术表达式、逻辑表达式或

其他表达式。

(5)若 a 和 b 都是变量,那么记号"a$<->$b"表示互换 a 和 b 的内容。

(6)如果代码中有重复或者跳转,可以使用 goto 语句实现。如 goto line(goto 行号),它将下一次执行的语句转向指定行号的语句,也可以是某个标号的语句。

(7)算法中的注释被括在"/ * …… * /"之中,或者其他的注释形式,如"%""♯"等。

(8)条件语句可以使用"if…then…else…"表示,具体为下面两种方式,使用时用具体的条件和语句进行替换。

```
if <条件语句> then
<过程语句>
endif
if <条件语句> then
<过程语句>
else
<过程语句>
endif
```

(9)循环语句可以根据需求选择当型循环或者直到型循环,当型循环的表达方式为"while (condition) do … end",直到型循环的表达方式为"do … until (condition)",具体为下面两种方式,使用时用具体的条件和语句进行替换。

```
while <条件语句> do
<过程语句>
endwhile
do
<过程语句>
until <条件语句>
```

(10)当循环是无条件的,且具体循环次数是明确的,那么可以使用 for 语句实现,表达方式为"for … to … step … do … endfor",具体为下面的方式,使用时用具体的条件和语句进行替换。

```
for 变量名称　变量初值 to 变量终止值 step 变量步进值 do
<过程语句>
endfor
```

(11)若在循环中遇到特定情况需要临时退出当次循环,可以用判断语句"if <条件语句> then continue endif"。

(12)若在循环中遇到特定情况需要临时退出所有后续循环,可以用判断语句"if <条件语句> then break endif"。

(13)若在循环中遇到条件满足时需要返回运算结果并退出循环,可以用判断语句"if <条件语句> then return 变量 endif"。

　　下面的二维码是一篇科研论文中的伪代码,大家可以尝试研读一下,看看自己是否能够理解其中包含的流程顺序。这个例子的伪代码分为"伪代码的 latex 代码"和"pdf 格式的伪代码"两部分,图片中的伪代码是 latex 编译后的 pdf 文件截图,内容还是比较好理解的,但是要看懂 latex 代码文件,就需要有一些 latex 的语法规则知识了。latex 是一种非常优秀的排版软件,在国际出版业中非常流行。大家可以自行搜索学习一下 latex 相关资料。

一个伪代码的实例

2.3　伪代码变 Python 代码

　　伪代码怎样变成我们对应的计算机语言呢?本节我们来讨论从伪代码转变为 Python 语言的方法。

　　在上述的伪代码中,我们发现除了一些逻辑之外,还有很明显的一个框架。这个框架有"="" if "" < "等符号。在这个框架里,我们将"你的野心""你的才华""你就应该""静下心来学习"等词换为其他的词之后,各个部分之间的逻辑关系并没有发生改变,依然是复制之后进行一个关系判断,然后将判断的结果保存下来。

　　比如我们将其更改为下列内容

```
空气湿度 = 50
下雨湿度 = 65
if 下雨湿度 < 空气湿度
你就需要 = 带雨伞
else
你就需要 = 防晒
```

　　这一段话的意思是,经验说下雨时空气湿度是 65,如果今天的空气湿度大于下雨湿度,那么你就需要带上雨伞,否则你可能就需要防晒。在这里我们用同样的一个逻辑框架,换上不同的内容,表达了一个与"你的野心""你的能力"等完全不同的场景。同样,我们还可以将其更换为其他的内容来表达不同的算法思想。这种概念是计算机语言当中非常重要的一个概念,叫作"重用"。

　　将伪代码转换为某一种具体的程序设计语言时,需要将伪代码当中的逻辑控制部分也就是它的框架用具体的计算机语言的框架描述符号进行替换,框架描述符号可以是保留字、操作符和命名规则,或者其他的语法规则所约定的内容,这样就实现了从伪代码到某种具体的计算机语言的转换。当然,在某些计算机程序设计语言中,如果它不支持中文符号,那么就不能够出现中文的字符。

　　在 Python 语言当中,赋值使用"="实现;小于使用"<"实现;"如果"使用"if"表示;语句

之间的层次关系用 4 个空格的缩进表示；代码块或者子功能之前需要有一个冒号":"。依据 Python 语言的框架语法，我们将前述命令更改为 Python 语言的形式，代码如下

```
你的才华 = 60
你的野心 = 80
if (你的才华 < 你的野心):
①②③④你就应该 = "静下心来学习"
else:
①②③④你就应该 = "锻炼身体"
print("你就应该")
```

上述代码就是一段标准的 Python 程序。注意到代码中有几个特殊的字符"①②③④"，它们在这里代表 4 个英文半角输入的"空格"，在使用时，需要将"①②③④"替换为 4 个英文半角的空格。

你可以将上述代码拷贝出来，粘贴在 IDLE 当中去尝试运行一下。如果出现错误，你可能需要对代码进行一些修整，注意观察是否是标点符号的问题、缩进问题或者是变量名称的问题等。如果一切顺利，你还可以尝试换一下"你的才华"和"你的野心"对应的数值，看看最后的输出结果是否有所变化。这里我们给出代码的截图，见图 2-2，大家可以对照着检查。

```
1    你的才华 = 60
2    你的野心 = 80
3    if (你的才华 < 你的野心):
4        你就应该 = "静下心来学习"
5    else:
6        你就应该 = "锻炼身体"
7    print("你就应该")
```

图 2-2 代码截图

对于 Python 语言来说，上述代码当中的"if else"是 Python 语言的保留关键字，"print"既是 Python 语言的保留关键字，也是 Python 语言的一个内置函数。现在对上述代码进行分析，具体如下：

(1)"你的才华""你的野心""你就应该"是 Python 中的变量。

(2)等号在 Python 语言当中用于对 Python 的变量进行赋值。

(3)60、80 在 Python 当中被称为数值。

(4)if…else…在 Python 语言当中是作为"选择结构"出现的，if 后面的括号表示当前语句的条件。

(5)括号内部"你的才华 < 你的野心"，表示的是一个具体的条件表达式。

(6)冒号表示下面所有具有相同缩进的内容都属于条件满足之后的操作。

(7)print 语句表示将"你就应该"这个变量里面的内容打印出来。

这个程序中更多的语法内容请扫下面二维码。

Python 的一些基础语法要素

2.4 将问题转换为伪代码

伪代码的写法没有明确的格式要求,可以按照自己的阅读习惯编制,因为在解决问题的初期,我们编写伪代码的目的是整理自己的思路,所以先用自己的风格。当我们需要和其他人交流解题思路时,就需要采用某种标准格式的伪代码了,否则可能会产生歧义,或者在讨论时会让别人感觉你说的和写的思想不一致。这里我们遵循 Python 的语法要求来编写伪代码(题目是将英尺转换为米),借此机会让大家熟悉 Python 的语法。

"将英尺转换为米"的核心要素是"英尺"和"米"之间的转换关系,假设转换关系是

$$1 \text{ 英尺} = n \text{ 米}$$

知道转换关系后,假设要把英尺转换为米就可以用某个字母代替,如

$$A \text{ 英尺} = A \cdot n \text{ 米}$$

所以,伪代码的核心语句可以表示如下

```
#英尺转换为米
ft = A * n
```

这里的第一行是伪代码的用途说明,"#"表示第一行为注释内容;第二行是伪代码的核心内容,由于没有任何层次要求,所以直接顶格写,"ft"表示保存表达式 $A \cdot n$ 的结果。

具体的核心要素有了,随后就要考虑几个问题:n 到底是多少,如何获得呢? A 到底是多少,如何获得呢? 最后的结果 ft 如何才能完美地显示出来呢?

接下来我们逐一解释这三个问题。当我们将这三个问题补全,整个问题的伪代码就完整了,解决问题的思路也就理了一遍。

第一个问题:n 到底是多少,如何获得呢? 在信息科技蓬勃发展的现代社会,获取信息的通道不胜枚举,搜索引擎是个很好的信息获取渠道。在百度上搜索"单位转换",即可得到

$$1 \text{ 英尺(ft)} = 0.3048 \text{ 米(m)}$$

所以,伪代码中从英尺换算到米的参数为 0.3048,那么我们的伪代码可以改进为

```
#英尺转换为米
ft=A*0.3048
```

第二个问题:A 到底是多少,如何获得呢? 在这里,如果发散思维,你可能会有很多种获取 A 的方法,比如问其他人、自己随便想一个……但是不管用哪种方式,最终我们都会将其写在程序当中。而一旦成为程序,它就只有一种方式,就是类似前面"你的能力=60"的那种赋值方式,而不用在乎数值的具体来源。这种方式被称为"直接赋值",60 在这里被称为"常数"或者

"立即数"。因此,在这里我们也可以直接对字母 A 进行赋值,比如

```
A＝60
```

忽略了来源问题,还需要解决数值范围问题,就是需要转换的英尺的数值区间范围是多少呢? 是"开区间"还是"闭区间"? 和数值的来源方式相比,这个问题更加重要! 前面我们讨论了这里要写的伪代码实际上和数据的输入方式并没有直接关系,从逻辑关系上来看,二者是断开的。但是,数值的范围问题是算法必须注意的核心问题。在讨论一些非线性问题时,数值的范围就异常重要。例如,在 $\theta = [0, 0.001]$ 的弧度范围内讨论 $\sin(\theta)$ 的值,此时可以将 $\sin(\theta)$ 看作线性函数,而当 θ 逐渐增大,$\sin(\theta)$ 就不能再看作线性函数,对应的算法就需要变化。所以,数值的区间需要和算法中的具体函数配套,也需要和实际情况配套。

如果你觉得这里的 A 不好理解,甚至可以将 A 更换为一个更容易理解的名字。比如,为了方便理解,我们可以更改为

```
要转换的英尺＝60
```

有些人可能会疑惑,这里不是要用 Python 的语法吗? 怎么能这么直接地用"要转换的英尺"作为名字呢? 这里的中文名字是 Python 的一个重要特色,Python 是支持全中文变量名称的。

所以,伪代码被修改为

```
♯英尺转换为米
要转换的英尺 ＝ 60
ft ＝要转换的英尺 * 0.3048
```

进行到这里,我们可以想想运行之后,问题是否得到了解决。很显然,我们将"要转换的英尺"与"转换系数"相乘后存放在了"ft"里面。可是问题中的最终需求是什么呢? 从问题本身来看,"将英尺转换为米"这个问题似乎到这里就处理完成了,但是我们仔细想一想,这个问题是否可以扩展一下呢? 也许这个问题来自某个问题的一个很小的子问题,而问题的最初模样可能是:某极限运动爱好者正在飞翼滑翔,请将高度英尺转换为米,并将其显示在……上;某架自成都飞往拉萨的飞机正在崇山峻岭中飞行,请将高度英尺转换为米,并将其发送给微信(QQ,叮叮……)的某个账号;每天凌晨 0 点 0 分 0 秒,将昨日××条生产线生产的某型号钢材的长度从英尺转换为米,并将结果通过邮件自动发送到公司总部的采购部门及其相关人员……

这些问题的来源和使用环境各不相同,但核心问题都是将英尺转换为米。虽然不同的使用环境可能需要将输出结果送往不同的地方,可能会对输出结果的要求有所不同,如不同的精度要求。但是,可以确定的是,只要保证"ft"的计算结果正确,则这段程序就是正确的。因此,如果没有明确的需求说明,我们就采用最简单的方式将"ft"的内容打印输出即可,目的是方便我们判断结果是否正确。

我们可以在伪代码中添加一句打印命令,整个伪代码变为

```
#英尺转换为米
要转换的英尺 = 60
ft =要转换的英尺 * 0.3048
print(ft)
```

伪代码写到这里,我们发现,如果用 Python 语言的语法来理解,似乎没有什么异常,是可以直接运行的。所以,我们直接打开 IDLE 环境,将上面的代码输入,每一行输入完成需要跟随一个"回车"符号。输入的过程如图 2-3 所示。

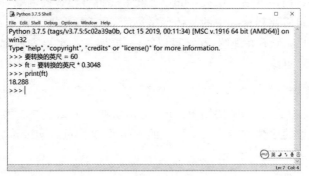

图 2-3　在 IDLE 中运行代码

IDLE 的 shell 出现之后会自带由三个大于号组成的提示符,可以在后面直接输入代码。第一行是注释,不具备语法意义,所以没有输入。第二行直接输入后按回车键,会出现另外三个大于号的提示符,可以继续输入代码。当第四行代码输入完成并按回车键以后,ft 的内容用蓝色字体打印输出了,结果为 18.288,即 60 英尺转换为米的结果。

这里体现了 Python 的一个很重要的特征,即 Python 对中文的支持是很到位的,很多的表述可以直接用中文实现,甚至写出来的伪代码和正式的 Python 代码之间没有差别,可以直接运行! 当然,另一个主要原因是我们这里的问题过于简单。你可以想象一下,对于判断句等逻辑性很强的语句,伪代码和正式的 Python 代码就会有很大的区别了。

小结

"伪代码"是逻辑思维的具体展现。大家在分析问题时,总是从自身已有的知识认知出发,运用自己的逻辑思维能力将完整的问题逐步分解为一系列自身能够理解的"小问题"。将这个逐步细化的思路逐条记录下来,并按照解决问题的逻辑顺序排列,就形成了原始的"伪代码"。

读者在刚开始练习的时候,可以特意选择一些简单的问题进行练习,如果还是感觉困难,则可以选择一些类似的编程软件,如 MIT 开发的 Scratch 软件;如果仍然感觉找不到练习的问题,可以尝试寻找一些比较基础的编程游戏,如"指令农场"。

习题

下面给出一些练习题,不需要写出代码,这里只希望大家能用自己的方式将这些问题的伪代码描述出来。

一、一些简单问题

1.将英尺转换为米。

2.输入三个点的坐标,求三点之间的距离并输出。

3.输入三个点的坐标,判断三点之间是否是三角形。

4.输入三个点的坐标,求三点之间围成的面积。

二、需要用到条件的问题

1.叙述一下今天的计划:假设下雪,在校园内玩雪;否则,在宿舍学习。

2.丢硬币决定今晚:正面,吃火锅、K 歌;反面,看电影、逛街;立着,学 Python。

3.看天气选择衣服:太晒,擦防晒,穿短袖、短裙;不晒,穿长袖、长裙。

4.求函数值:$y = \begin{cases} \dfrac{1}{2}, & x > 0 \\ 0, & x = 0 \\ -\dfrac{1}{2}, & x < 0 \end{cases}$

5.求函数值:$y = \begin{cases} -x, & 0 \leqslant x < 4 \\ x^3 + 1, & 4 \leqslant x < 16 \\ \sqrt{x + 10}, & 16 \leqslant x < 44 \\ \dfrac{1}{2x + 3}, & x \geqslant 44 \end{cases}$

6.输入一元二次方程 $ax^2 + bx + c = 0$ 的各项系数,并依据各系数值的情况,分别进行求解。

7.输入个人月收入总额,计算出本月应缴税款。

三、使用循环的问题

1.求 $1 + 2 + 3 + \cdots + 100$ 。

2.输出 $1/3 - 3/5 + 5/7 - 7/9 + \cdots + 19/21$ 的结果。

3.一个数恰好等于它的因子之和,这个数就称为"完数"。请找出 1000 以内的全部完数。

4.输出 1000 以内的全部左右读音相同的回文数。

5.鸡翁一,值钱五,鸡母一,值钱三,鸡雏三,值钱一,百钱买百鸡,怎样买?

第 **3** 章

Python 3 基础语法

在前面的章节,我们并没有深入讲解 Python 的语法规则,因为那是十分枯燥的。前面章节讨论的 Python 程序都十分简单,虽说和自然语言很接近,但是想要解决稍微复杂的问题,初学的读者还是感觉很困难,原因就是没有掌握足够多的与自然语言相对应的 Python 语法规则。

本章我们将从稍微复杂的问题出发继续介绍 Python 程序,但是为了让读者有足够的兴趣看下去,且不会感觉枯燥乏味,我们先尝试解决一些可以所见即所得的一些问题。出于这样的考虑,后面我们将使用我们自己设计的 Python 语言,让计算机在屏幕上绘制一些我们设计好的图形。

在继续下面的内容之前,有一些必要的计算机知识需要大家了解一下,这里我们以二维码的形式插入,大家扫码后可以观看视频。

一些计算机基础知识

下面来看一个问题:利用 Python 画一个五角星,五角星的边线为红色,五角星内填充颜色为红色。

对于没有接触过 Python 的读者来说,看着这个问题,完全不知道从哪里下手。感觉这个问题没有头没有尾,很可能会发出疑问:在哪里画?画多大?用什么颜色画?

在这里我们先做一个假设,假设大家都对五角星有直观的认识,都知道五角星的具体形式、具体样式,知道五角星的几何特性,比如每个角的度数是 36°,每条边长都相等,五角星的内接图形和外接图形是正五边形等。

不管大家的知识背景如何,按照问题的要求:红色外框,红色填充,我们要画的图形见图 3-1。如果你想象不到,可以扫描二维码查看原始图像。

红色五角星

图 3-1　普通红色五角星

3.1　思路的统一

按照上面给出的图形,我们脑海里对问题有了更加清晰的认识。在解决问题的过程中,我们总是希望用最简便的方法完整地解决问题。注意,这里最简便的可能并不是最简单的,或者说这个最简便可能并不是使用资源最少的。这里的最简便指的是程序设计中逻辑最清晰、实现最方便、容易理解并具有一定的通用性的方法。

题目里只给出要求说要画一个五角星,但是没有告诉五角星的具体样式!我相信读者们肯定对五角星有不同的认知,最典型的可能是下面两种五角星(见图 3-2)。

双绿色五角星

图 3-2　两种形状的五角星

这两种五角星差异巨大,第一种具有严格的几何结构,边长、内外角度都有严格的几何定义。第二种在画面上显得比较饱满些,很显然,两种五角星的画法是完全不同的。

在这里,我们在阐述问题的时候直接给出了要画的图样是第一种五角星,首先从概念上进行了统一认知。

我们已经统一了要画的五角星的形状,接下来要统一的是怎么画的思想,就是你在画五角星的时候,笔在纸上是怎么运动的。有的读者可能会奇怪,这有什么好讲的,大家的画法还不一样吗?其实真不一样,画五角星不管从哪里起笔,至少有下面两种画法(见图 3-3)。

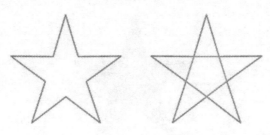

图 3-3　普通五角星的绘制方法

　　假设都是从某个角开始画,都是一笔画完,是不是两种不一样的画法？采用第一种画法的人可能会想:"我用 10 条线段就画完了!"而采用第二种画法的人可能会想:"我用 5 条线段就画完了!"如果两个人不介绍自己的绘画步骤,只讲结果,可能谁也不能说服谁。因为第一个人觉得,虽然我用了 10 条线段,但是线段总长度短;第二个人也会觉得,虽然我的总长度长,但是线段少。这就是思想没有统一的问题。

　　其实大家说的都对! 那是不是这里随便指定一种就可以实现思想统一了呢？是,但是不全对。用计算机语言编写程序,除了要看程序本身的精简程度以外,还有一个很重要的指标叫"重用",就是一段代码是否能够在别的项目里面继续使用,以及要使用的成本情况。能够越简单地实现重用,说明程序代码的质量越好。重用的注意事项很多,需要根据每个程序的具体情况而定。因为不同的实现方式,在不同的使用场合可能会产生不同的结果,所以,思想和实现方式的统一其实是合二为一的。比如,两种画法在实现上的差别并不大,真正巨大的差别在于实现的结果上,这两种画法在 Windows 系统和 Mac OS 系统上绘制出来的最终填充图形是不一样的,感兴趣的读者可以去探索一下。

　　在这里,我们将统一的结果表示出来,如图 3-4 所示,即我们用 5 条线段的画法画轮廓,然后通过填充红色,画出最后的结果。

图 3-4　绘制完成的五角星

　　我们先将相关的代码展示出来,随后在后面叙述中对代码的每一行进行解释。

```
# _ * _ coding：utf-8 _ * _
import turtle as t
scale ＝0.5
边长 ＝ 200
外角 ＝ 144
t.setup(0.5,0.5)
t.color('red','red')
t.begin_fill()
for _ in range(5)：
    t.fd(边长)
    t.right(外角)
t.end_fill()
t.hideturtle()
```

3.2　编码

第 1 行指定了程序代码文件的编码字符集。默认情况下,Python 3 源码文件以 utf-8 编码,所有字符串都是 unicode 字符串。也就是说,你编写的这个代码文件当中的字符,存储在计算机上的时候用的编码是 utf-8 字符编码集。当然,你也可以为源码文件指定不同的编码

```
# _ * _ coding：cp-1252 _ * _
```

上述定义允许在源文件中使用 Windows－1252 字符集中的字符编码,对应适合语言为保加利亚语、白俄罗斯语、马其顿语、俄语、塞尔维亚语。标准英文字符的显示没有问题,指定字符集主要是保证注释性的内容能够正确解码,不会发生由非法字符产生而导致程序不能正确运行的情况。

3.3　注释

我们注意到,第 1 行代码的第一个字符为“♯”。在 Python 中,单行注释以“♯”开头,注释内容仅仅是帮助程序员阅读程序,理解程序设计思路。注意,Python 的解释器对注释内容是视而不见的,比如下面这段代码

```
♯第一个注释
print("Hello, Python!")
♯第二个注释
```

执行以上代码,输出结果为

```
Hello, Python!
```

如果注释比较多,可以采用在每行前面都写一个“♯”的方式,也可以采用三个连续引号的

方式,比如 `'''……'''` 和 `"""……"""`,中间的省略号代表注释内容。这两种方式下,注释内容可以换行,可以分段。在某些集成环境中,三个引号之间的注释内容还可以带格式,比如颜色、字体粗细、倾斜、下划线等,甚至还可以使用 latex 格式添加公式。要注意的是,两种引号不能够混合使用! 比如,注释开头用单引号,注释结束用双引号是不允许的;反过来也是不允许的。单引号(`'''`)和双引号(`"""`)代码如下

```
'''
这是多行注释,用三个单引号
这是多行注释,用三个单引号
这是多行注释,用三个单引号
'''
print("Hello, World!")
"""
这是多行注释,用三个双引号
这是多行注释,用三个双引号
这是多行注释,用三个双引号
"""
print("Hello, World!")
```

3.4   扩展库的调用

第 2 行代码的意思是,使用了一个名称为 turtle 的扩展库,但是在当前程序里,turtle 这个名字被更改为 t。改名字的目的是方便使用,当然也可以更改为别的名字。例如

```
import turtle as t
```

上述语句将 turtle 更改为 t,那么随后调用 turtle 库的方法时,就可以使用更改后的 t。

在 Python 中,扩展库的调用方式主要有两种:①import ... [as];②from ... import [as]。这两种方法中,方括号中的 as 可以省略,表示不更改名称。假设现在有一个模块的名称为 somemodule,其中有个函数的名称为 somefunc、firstfunc、secondfunc、thirdfunc,则

(1)将整个模块导入且不更改名称,格式为

import somemodule

(2)从模块中导入某个函数,格式为

from somemodule import somefunc

(3)从模块中导入多个函数,格式为

from somemodule import firstfunc, secondfunc, thirdfunc

(4)将模块中的全部函数导入,格式为

from somemodule import *

第 2 行代码就是第(1)种用法,将 turtle 扩展库完全导入,表示将要使用 turtle 扩展库中的所有函数方法。

如果想使用 math 库中的所有函数和方法,可以这样导入 math 库

```
import math
```

代码中的第 6 行内容如下，它调用了 turtle 库中的名为 setup 的函数。

```
t.setup(0.5,0.5)
```

可以看出，turtle 扩展库被改名为 t 之后，程序代码中直接使用了 t 代表 turtle 扩展库。当进一步使用 turtle 扩展库内部的函数时，需要在函数库名称后面加一个点"."，就是英文的句号！某些集成环境中，当你在扩展库后敲了个点，会自动将扩展库中所有的函数和方法的名称都罗列出来供你选择，这个功能是代码补全中的一种。比如第 1 章安装了 Spyder 之后又安装了 kite 工具，kite 就是专门用来做代码补全的。

代码中的第 6、7、8、10、11、12、13 行的用法都是这样的。

3.5　标识符命名规则

代码中的第 3、4、5 行内容在语法上是一致的，都是将一个数值赋值给一个变量。这个变量的名称是程序员自己定义的。在一段程序代码中，除了变量之外，还有很多内容需要程序员自行命名。为了不出现大的混乱，Python 给出了一些纲领性的命名规定。这些规定属于边界性的，如果违背了，就相当于违背了 Python 的基本规则，Python 程序将无法运行。具体的命名规则定义如下：

（1）第一个字符不能是数字。

（2）由字母、数字、下划线和中文字符组成。

（3）名称对大小写敏感。

（4）名称中间不允许有空格。

注意，在 Python 3 中，可以用中文作为变量名，非 ASCII 标识符也是允许的。

虽然 Python 的命名规则看起来非常宽松，那是不是就可以随便命名了呢？很显然不是！第一，Python 本身需要使用一些名字，且这些名字往往有它独特的含义，为了不冲突，我们在编写程序的时候就不能使用这些名字作为自己变量的名字。第二，如果你以后需要经常和程序代码打交道，甚至成了一名程序员，那么你更要知道，一个优秀的名字对代码来说是非常重要的一件事。因为一个优秀、容易识别、容易理解的名字，不但看起来赏心悦目，更重要的是便于沟通交流，更便于程序代码的维护。所以，正规的软件公司都对代码的命名格式，甚至代码书写格式有详细的规定，并要求所有程序员都要遵守。

在本例的代码中，我们将数值赋值给了英文名称的变量和中文名称的变量，而赋值的内容都是数值。在 Python 中，数值也分为很多类型。后面我们将详细介绍 Python 的数值类型。

3.6　Python 保留字

被 Python 使用的名字叫作保留字或者关键字，英文称为 keyword。在任意情况下，我们不能把保留字用作任何自定义标识符的名称。

为了让程序员能够掌握当前程序中到底有哪些保留字，Python 的标准库提供了一个 keyword 模块，可以输出当前版本的所有保留字，如图 3-5 所示。

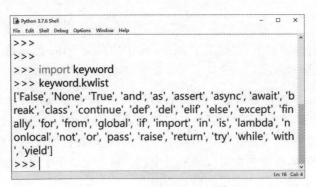

图 3-5　Python 核心保留字

表 3-1 是对保留字的解释。

表 3-1　Python 核心保留字说明

保留字	说　明
and	用于表达式运算,逻辑与操作
as	用于类型转换
assert	断言,用于判断变量或条件表达式的值是否为真
break	中断循环语句的执行
class	用于定义类
continue	继续执行下一次循环
def	用于定义函数或方法
del	删除变量或序列的值
elif	条件语句,与 if,else 结合使用
else	条件语句,与 if,elif 结合使用,也可用于异常和循环语句
except	except 包含捕获异常后的操作代码块,与 try,finally 结合使用
exec	用于执行 Python 语句
for	for 循环语句
finally	用于异常语句,出现异常后,始终要执行 finally,与 try,except 结合使用
from	用于导入模块,与 import 结合使用
globe	定义全局变量
if	条件语句,与 else,elif 结合使用
import	用于导入模块,与 from 结合使用
in	判断变量是否在序列中
is	判断变量是否为某个类的实例
lambda	定义匿名变量
not	用于表达式运算,逻辑非操作

保留字	说　明
or	用于表达式运算,逻辑或操作
pass	空的类、方法、函数的占位符
print	打印语句
raise	异常抛出操作
return	用于从函数返回计算结果
try	try 包含可能会出现异常的语句,与 except,finally 结合使用
while	while 的循环语句
with	简化 Python 的语句
yield	用于从函数依次返回值
nonlocal	
false	

要注意的是,这些保留字仅仅是 Python 最小核心中的保留字。保留字的目的是告诉程序员这些名字已经被用了,在后面写程序的时候不能使用。同时,我们要从广义的角度来理解这个问题,那就是,使用过的名字不能重复使用!

除了上述名字外,所有扩展库的名字、扩展库中函数和方法的名字等,都不能再次使用。尤其是在同一个项目文件当中,不能出现重复的名字。

3.7　数字(Number)类型

Python 中的数字有四种类型:整数、浮点数、复数和布尔值。

数值类型的操作

int(整数),也被称为整型,可以是正或负整数,不带小数点。Python 3 中的整型是没有大小限制的,可以当作其他计算机编程语言中的 Long 类型整数使用,所以 Python 3 没有 Python 2的 Long 类型。

float(浮点数),由整数部分与小数部分组成,浮点数也可以使用科学计数法表示为如下表达式

$$2.5e2 = 2.5 * 10^{\wedge}2 = 250.0$$

要特别注意上述表达式当中的小数点。

complex(复数),由实数部分和虚数部分构成,可以用 $a + bj$ 或者 complex(a,b)表示,复数的实部 a 和虚部 b 都是浮点数,如

$$1+2j$$
$$1.1+2.2j$$
$$2-5e-3j$$
$$2-5e+2j$$

从上述 4 个表达式可以看出,复数的实部和虚部对数值类型没有要求。整数、浮点数和复数举例如表 3-2 所示。

表 3-2　整数、浮点数和复数举例

int	float	complex
10	0.0	$3.14j$
100	15.20	$45.j$
-786	-21.9	$9.322e-36j$
080	32.3e+18	$.876j$
-0490	$-90.$	$-.6545+0J$
$-0x260$	$-32.54e100$	$3e+26J$
0x69	70.2E-12	$4.53e-7j$

3.7.1　整数的进制

在前面我们介绍的整数类型中,所有的数值都是采用十进制的方法表示的,即采用 0～9 的组合表示一个数值。专业一点的说法是此时的基数为 0～9,而基本进率是 10。这样,任何一个十进制数都可以展开为基数和进率的表达式,比如:

$$1234=1\times1000+2\times100+3\times10+4\times1$$

这里的 1000,100,10,1 就是千、百、十、个位对应的数位。为什么不是 4、3、2、1 呢?因为基本进率是 10,每一位都需要满 10 进 1,所以上面的数位是千、百、十、个,表示:千位由个、十、百 3 个数位满 10 得到,所以是 3 个 10 相乘;百位就需要个、十数位满 10,所以是 2 个 10 相乘;而十位就只需要个位满 10 即可,所以是 1 个 10;最后的个位是自然数最基本的单位,不能继续细分,所以是 0 个 10 相乘。

这样,我们就知道了在 10 进制规则下,如果要将一个数值展开,仅仅需要按照从低位到高位的顺序,依次用对应数位的数值与 10 的位数次幂相乘、累加即可,就是从低到高依次与 $10^0,10^1,10^2,10^3\cdots$ 相乘即可。

对于计算机来说,10 进制的计算和存储都太复杂了,必须简化到一定程度才可以。经过研究,当采用基本进率为 2 的计数法时,基数就仅仅包含 0、1 两个数值,而 0、1 恰好可以在计算机中用一个存储位的"有电"和"没电"表示。如果你对数字逻辑有所了解,可能会知道 0、1 在数字逻辑中可以用一个触发器的没电和有电表示。其实在计算机中,就是用没电和有电来表示 0、1 的,或者可以简化为没有和有两种情况。比如,内存里用有电和没电,磁盘上用南极和北极,光盘上用透光和不透光等表示。当然,这些说法都是一些简化的说法,真实原理要复杂得多。

自然语言常用 10 进制,计算机系统常用 2 进制。那么,是不是还有其他进制呢?进制之间又是怎么转化的呢？

在计算机应用领域，常用的进制还有 8 进制和 16 进制。这里列出各种进制的基数和位权，并给出对应的示例，如表 3-3 所示。

表 3-3　常用进制

进制	基数	进率	举例
2 进制	0、1	2	$110 = 1 \times 2^2 + 1 \times 2^1 + 0 \times 2^2 = 6$
8 进制	0~7	8	$110 = 1 \times 8^2 + 1 \times 8^1 + 0 \times 8^2 = 72$
10 进制	0~9	10	$110 = 1 \times 10^2 + 1 \times 10 + 0 \times 10^2 = 110$
16 进制	0~9、A、B、C、D、E、F	16	$110 = 1 \times 16^2 + 1 \times 16^1 + 0 \times 16^2 = 272$

从上面的示例中可以看出，其他进制的数值都可以通过进率转换为 10 进制。这里我们简单讨论一下从 10 进制转换为 2 进制的转换方式。

从 10 进制转换为 2 进制，是从 10 进制数值的最低位开始计算，得到的结果也从 2 进制数值的最低位开始。整个过程可以用一句话描述：10 进制数除 2 的余数写在 2 进制数值的左边高位，直到 10 进制数被除完。上述过程写成伪代码的形式如下

```
目标:10 进制转换为 2 进制
输入:10 进制数值存入 DEC
输出:2 进制数值存入 BIN
----------------------------------------
DEC<--十进制数值 # <-- 表示给变量 DEC 赋值一个十进制数值
if (DEC>0)
  BIN<--BIN 整体右移,将(DEC 模 2)放入 BIN 最左边
    DEC<--取整(DEC 除 2)
Else
    打印输出 BIN
```

上面的伪代码采用了更接近计算机操作的写法，可能不太好理解。我们用一个实际的例子进行解释，如将 10 进制的 9 转换为 2 进制，如表 3-4 所示。

表 3-4　10 进制 9 转为 2 进制

进制	第一次	第二次	第三次	第四次	第五次
10 进制	9	4	2	1	0
2 进制	1	01	001	1001	
说明	商 4 余 1	商 2 余 0	商 1 余 0	商 0 余 1	
注释	直接写	放左边	放左边	放左边	打印输出

通过上面的例子，你应该对 10 进制到 2 进制的转换有了比较清晰的认识，可以自行练习一下，比如手动计算一下 9、10、11、12、13 等数值的 2 进制转换。

8 进制和 16 进制可以看作是 2 进制的浓缩形式。8 进制可以用 3 位 2 进制表示,16 进制可以用 4 位 2 进制表示,这里不再重复。至于是否还有其他进制? 这个问题的回答是:有,而且很多,但是大多数用在某些不公开的私密操作系统上,或者作为某种加密方式存在。

既然存在这么多常用进制,那么计算机怎么识别和区分呢? 比如前面示例当中的"110",计算机如何区分是 10 进制的"一百一十"还是 2 进制的"一一零"呢? 又如何区分正负数呢?

3.7.2 整数进制的表达方式

在 Python 中,对不同进制的表示有着严格的区分。对于不同的数值类型,Python 利用前导符号来进行区分,如表 3-5 所示。

表 3-5   常用进制在 Python 中的表述方式

进制	前导符号	10 进制 110	10 进制 -110
2 进制	0b 或者 0B	0b1101110	-0b1101110
8 进制	0o 或者 0O(这里是英文字母 o、O)	0o156	-0o156
10 进制	无	110	-110
16 进制	0x 或者 0X	0x6e	-0x6e

在 Python 中,对所有没有前导符号的数值默认为 10 进制。对于负数的处理,Python 和其他计算机语言完全不同。在 Python 中,直接在负数左侧添加负号表示负数,而其他的语言则采用比较复杂的正数的补码表示负数,这一点一定要记住。

3.7.3 各种数值类型的表示范围

任何一种计算机语言所能表示的数值范围都是有限的,直到 Python 在 3.x 的版本和 2.7.5 的版本中引入了大整数。自那以后,从设计的角度看,在 Python 中可以表示任意大小的整数。至于具体数值范围是多少,与各自的计算机系统相关。如果你需要做大整数计算,就需要对此有所了解,可以利用 Python 的扩展库 sys 查看。具体命令如下:

(1)打开 IDLE 后,调入 sys 扩展库:import sys,如图 3-6 所示。

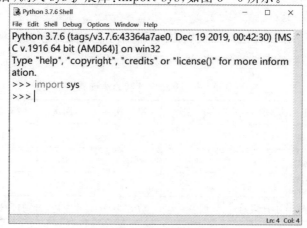

图 3-6   调用 sys 扩展库

这里用到了扩展库的 import 方法,将 sys 扩展库下的所有方法和函数都调入进来备用。

(2)输入整数信息命令:sys.int_info,如图 3-7 所示。

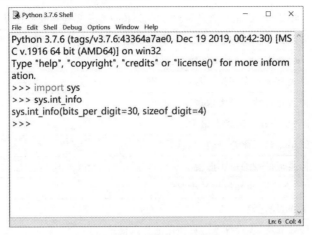

图 3-7　查看系统整数信息

命令输入之后给出一条反馈信息,其中包含两个参数的信息

```
bits_per_digit=30
sizeof_digit=4
```

这两条代码表示的含义是在当前的操作系统里面,Python 用 4 个字节,也就是 32 个 bit 中利用其中的 30 个存储整数。在某些操作系统中,这两个参数的数值可能是 15 和 2,表示利用 2 个字节,也就是 16 个 bit 中的 15 个存储整数。

(3)输入浮点信息命令:sys.float_info,如图 3-8 所示。

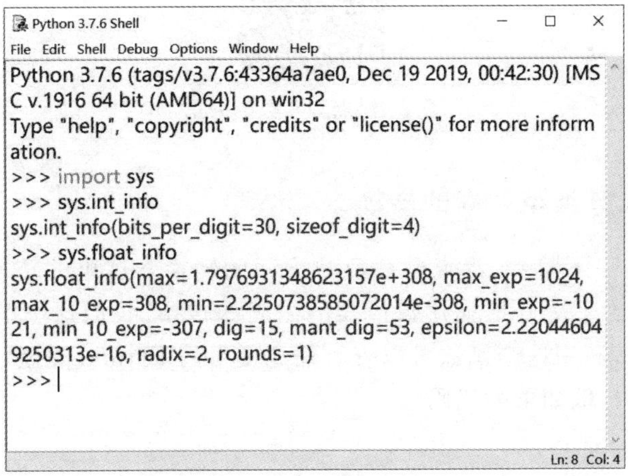

图 3-8　查看系统浮点信息

这条命令的输出结果相当丰富,包含 11 个参数,每一个参数的含义见表 3-6。

表 3-6　浮点信息解释

序号	属性	解释
1	epsilon	1 与大于 1 的最小值之间的差异,该值可表示为浮点数
2	dig	可以在浮点数中忠实表示的最大十进制数
3	mant_dig	浮动精度:浮点数中基数的位数
4	max	最大可表示有限浮点数
5	max_exp	普通幂指数的最大取值
6	max_10_exp	以 10 为底的幂指数最大取值
7	min	最小正归一化浮点数
8	min_exp	普通幂指数的最小取值
9	min_10_exp	以 10 为底的幂指数最小取值
10	radix	指数表示基数
11	rounds	整数常量,表示算术运算使用的舍入模式

整数和浮点数的这些参数说明的是数值存储在计算机上所占用的存储空间的相关参数。大家在学习 Python 基础知识的过程中不用完全弄懂相关参数的具体含义以及具体的边界在哪里,当前阶段只要记住以下几条内容即可:①Python 的整数的设计范围是无限的;②Python 的整数真实的具体范围和计算机内存大小、操作系统性质等相关;③如果在程序计算过程中产生了数值异常,一般先查找最小数值精度的相关问题。

复数虽然是一种独立的数值类型,但却是由整数和/或浮点组成的。所以,复数的数值范围和整数、浮点数直接相关,这里就不直接讨论了。

整数、浮点和复数的关系

3.7.4　各种数值类型之间的转换

这里我们再讨论一下整数、浮点数和复数之间的转换。这里的转换主要是指在 Python 中的数值类型转换。为了更好地描述数值类型之间的转换,我们这里引入一个 Python 中自带的核心函数 type(),利用这个函数可以查看任意变量的 Python 类型,只需将变量名称写入 type 的括号里面即可。例如下列代码

```
a＝44
type(a)
b＝23.5
type(b)
c＝a＋bj
type(c)
```

将这些代码写入 IDLE 的编辑器中,给出的结果如图 3−9 所示。

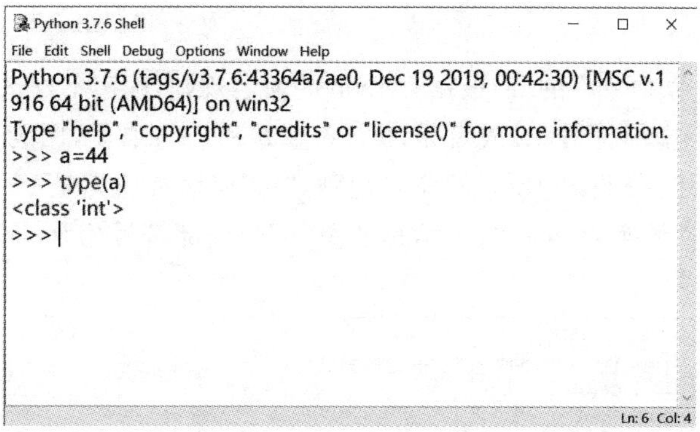

图 3−9　整数类型的表示方法

这里的<class 'int'>表示变量 a 的类型是 int 类型,也就是整型、整数。继续输入与变量 b 相关的代码,给出的运行结果如图 3−10 所示。

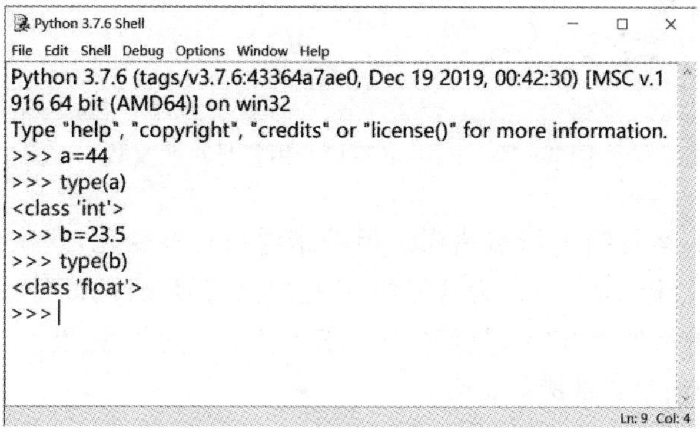

图 3−10　浮点类型的表示方法

这里的<class 'float'>表示变量 b 的类型是 float 类型,也就是浮点类型。继续输入与变量 c 相关的代码,给出的运行结果如图 3−11 所示。

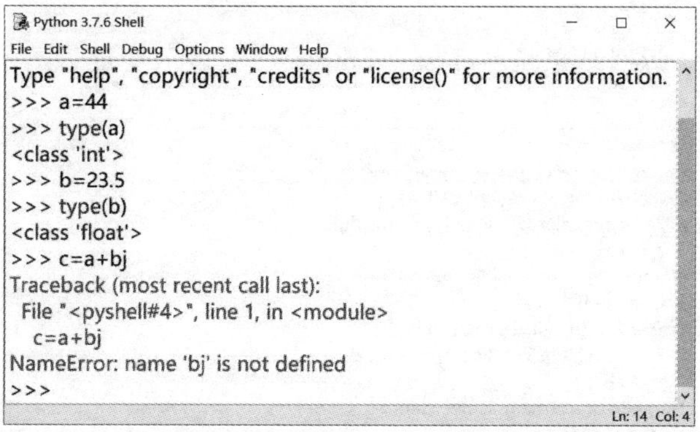

图 3−11　Python 不支持浮点的简化表示法

IDLE 给出了很多行的红颜色文字,描述的是"bj 没有定义"。这条命令原来设想的是:复数的实部和虚部是由整数和浮点数组成的,其中虚部添加符号 j 表示,所以直接将整数 a 和浮

点数 b 转换为复数 c。为了发现问题的缘由,继续输入下面的命令

```
c=a+b*j
```

原因是,考虑上一条命令中的 bj,根据 Python 的命名规则,确实不好区分是一个名字"bj",还是一个名字"b"和一个虚部符号,又或者是两个变量 b 和 j 的乘积,因为平时公式当中都是不写中间的乘号的。当然,按照 Python 的命名规则,"bj"应该被认为是一个变量名称,而不是其他的。所以这里将"bj"替换为"$b*j$",表示是变量"b"与虚部符号相乘。尝试的结果如图 3 - 12 所示。

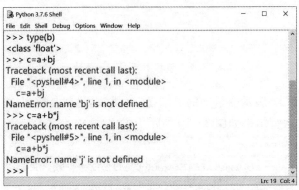

图 3 - 12　Python 不接受用符号声明复数

由图 3 - 12 可知,运行结果依然错误。但是错误信息有变化,这次的错误内容是"名称 j 没有定义"。也就是说,Python 不认为这里的"j"是虚部符号,且前面的代码中又没有定义"j",所以 Python 不知道怎么处理"j"了,只好给出错误。我们无法在这里给出什么命令,强制性地告诉 Python:代码里面的"j"是虚部符号。

该怎么办呢? 尝试输入代码

```
c=1+1j
```

发现给出的结果竟然对了,赶紧输入类型查看命令。

```
type(c)
```

结果也没有错误产生。返回结果是＜class 'complex'＞,表示变量 c 是一个复数。如图 3 - 13 所示。

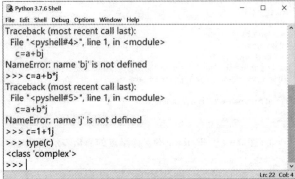

图 3 - 13　复数类型的表示

新的问题出现了:直接用数值加"j"是可以定义复数的,用变量就不可以。那么,到底怎么样才能利用已有变量创建复数呢? 经过查阅帮助文档,发现 Python 的内部核心函数 complex( )可以完成相关的动作。尝试下面的命令

```
c＝complex(a,b)
```

终于不再出错了,查看变量 c 的类型,确实是复数类型;查看变量 c 的值,IDLE 给出了(44＋23.5j),根据位置对应关系,数值确实来自变量 a 和变量 b。看来,确实完成了将已有变量转换为复数的功能。至于外面的括号,这就是 Python 的特色了,将复数用括号括起来,而不是像其他语言一样直接是数值。这样的好处就是边界比较清晰,括号里面就是复数的具体内容,而缺点就是比单纯数值形式多了两个括号字符。

根据前面 type( )函数几次输出的结果发现,复数是用 complex 表示的,complex( )就是将整数和浮点数转换为复数的函数。那么,整数和浮点数是不是也是这样定义的呢? 经过尝试发现,整数和浮点数之间的转换确实也存在着相同的方法。具体我们列出一个表格,并给出几个例子,如表 3－7 所示。

表 3－7　整数和浮点的转换

数值	自身类型 type( )	转换方法与转换结果
3	type(3) <class ' int '>	type(float(3)) <class ' float '> float(3) 3.0
3.5	type(3.5) <class ' float '>	type(int(3.5)) <class ' int '> int(3.5) 3

在上述代码中,提示符'>>>'后面的内容是手动输入的代码,没有提示符的内容是 IDLE的返回结果。由表 3－7 可以看出:①3 的类型是 int 整数,利用 float(3)转换后的类型是float,而 3 变为浮点类型后的值是 3.0;②3.5 的类型是 float 浮点,利用 int(3)转换后的类型是 int,而 3.5 变为整数后的值是 3。

同时,在转换方法与转换结果中,我们用了函数的嵌套方式,type 函数中嵌套了类型转换函数 int 或者 float。这种方法在计算机编程语言中经常使用,可以减少中间环节。大家可以尝试将 type(float(3))分开写,看看是不是需要添加一个中间变量先缓存 float(3),然后再用type 查看它的类型?

综上,整数转浮点用函数 float( );浮点转整数用函数 int( );整数、浮点转复数用函数complex( )。那么,新的问题又产生了,复数转回整数和浮点用什么方法呢? 有没有函数?

首先我们尝试使用 int、float 两个函数将刚才的变量 c 转换为整数和浮点数。为了防止其他的原因导致问题,我们直接使用整数和浮点数定义 c,然后再转换。我们尝试用下面的三条代码

```
c＝44＋23.5j
int(c)
float(c)
```

IDLE 给出的结果如图 3-14 所示。

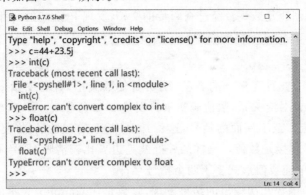

图 3-14   复数转整数和浮点的错误方法

由图 3-14 可知,三条代码中除了定义 c 的代码之外的两条类型转换命令全错!仔细观察 IDLE 给出的错误说明,除了复数不能转换为整数,复数不能转换为浮点数,再没有更多的信息!接下来,我们回顾一下整数、浮点数和复数三者之间的关系!

整数属于整数集,在数学中用符号表示;浮点数属于有理数集,在数学中用符号表示。这里我们直接画出整数数轴和浮点数数轴,如图 3-15、图 3-16 所示。

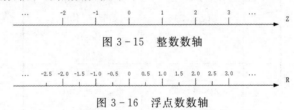

图 3-15   整数数轴

图 3-16   浮点数数轴

数轴的定义为:每个有理数都可以在数轴上用点表示。观察上面两个数轴,浮点数的整数部分和整数是一一对应的。因此,整数和浮点数在计算机语言中可以相互转换。

最后看一下复数,复数由实部和虚部两部分组成,实部和虚部可以分别用整数和浮点数表示。这时实部和虚部的两个数轴正交,组成了一个复数平面,而不是复数数轴,每一个复数实际上是复数平面上的一个点。例如前面的 c,在复数平面上的位置如图 3-17 所示。

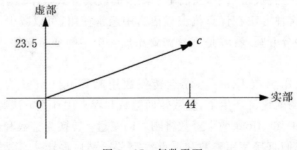

图 3-17   复数平面

复数 c 包含了三个数据信息:①实部,在实部轴上,数值大小为 44;②虚部,在虚部轴上,数值大小为 23.5;③复数的模,是一条从原点到 c 的带方向的线,数值为 $\sqrt{实部^2 + 虚部^2} = 49.88$。

那么,当我们想将复数 c 转换为整数或者浮点数时,到底是将复数 c 的哪一个数值转换为整数或者浮点数呢?

$$\text{int}(c)=\begin{cases}44, & \text{取复数的实部}\\23.5, & \text{取复数的虚部}\\49.88, & \text{取复数的模}\end{cases}$$

这是一个三选一的问题,但很显然是不对的。讲到这里,大家应该明白问题的结果了: ①整数、浮点数可以直接利用 complex() 转换为复数;②复数不能直接利用 int()、float() 转换为整数和浮点数。

那么,怎么解决这个问题呢? 在 IDLE 里面输入 c 然后加一个点“.”,就是英文的句号;随后按一下“Tab”键,IDLE 就给出了一些提示,如图 3-18 所示。

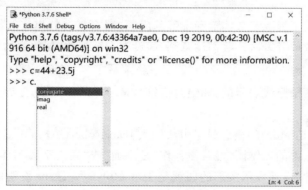

图 3-18　使用代码助手

这些提示包含函数和方法两种,它们的解释如表 3-8 所示。

表 3-8　复数的方法

名称	类型	含义
conjugate	函数	取复数的共轭
imag	方法	取复数的虚部
real	方法	取复数的实部

既然两个方法分别对应复数的实部和虚部,一个函数对应着复数的共轭。那么,我们尝试使用它们提取复数对应的内容

```
int(c.real)
int(c.imag)
float(c.real)
float(c.imag)
```

得到的结果如图 3-19 所示,我们完整提取了想要的内容,并将其转换为整数或者浮点数。我们实现了将复数转换为整数和/或浮点数,仅仅需要指明需要复数的哪一部分即可。

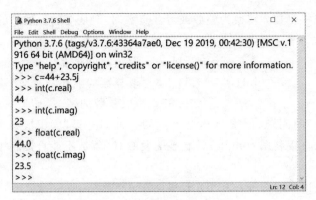

图 3-19　提取复数元素

上面的代码解决了提取复数实部和虚部的问题,那么复数的模怎么提取呢? 复数并没有给出与模相关的函数或者方法。我们注意到,假设有一个复数,复数模的计算公式如下

$$|z| = \sqrt{a^2 + b^2}$$

复数的模是用两条竖线表示的,和绝对值符号是一样的。那么,复数的模是不是和绝对值有什么联系?

绝对值(absolute value)的概念最早由法国人 Jean-Robert Argant 提出。表示复数的图形是一个包含实部和虚部的二维图,经常被称作"复平面"或"高斯平面",而在法国则被叫作"阿冈图",纵轴表示虚部,横轴表示实部的图就是 Jean-Robert Argant 发明的。他在介绍复数的模的时候,需要一个比较形象和具体的名词,专门用来描述某个数在数轴或复平面上某个点到原点的距离,所以他从拉丁语中借来用于表示"松开、无约束"的词根"solute",表示复数是复平面上任意一点;又和表示"朝向、方向"的"ab"拼接在一起,形成了"absolute",用于表示从原点到复平面上任意一点的距离,而对应的数值就叫作"absolute value"。

需要注意的是,"absolute value"的值都是正数,一方面是因为正数在生活中有具体的形象,另一方面是因为正数并没有其他的附带条件。所以,用"absolute value"表示那些添加了某种条件的,但是到原点的距离相等的数值。

所以,整数、浮点数等的绝对值其实是复数的一种特例,采用了相同的数学符号。在计算机语言中,求复数模的方法和求其他数值绝对值的方法是一样的。这里我们直接给出求绝对值的函数,并求复数 c 的绝对值。为了有所对比,我们也给出按照公式求绝对值的代码。这里使用了 math 扩展库的开平方函数 sqrt(),还使用了数学指数运算的运算符"**"。代码如下

```
import math
c=44+23.5j
math.sqrt(44**2+23.5**2)
abs(c)
```

IDLE 返回的结果表示两种方法的结果是一致的,如图 3-20 所示。

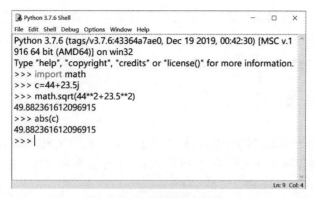

图 3-20　求复数的绝对值

综上,复数转换为整数和/或浮点数的三种方式为:①转换实部,int(z. real),float(z. real);②转换虚部,int(z. imag),float(z. imag);③转换模,int(abs(z)),float(abs(z))。

3.7.5　数值运算的操作符

这里说的数值运算的操作符是算术运算符,即算术运算符号,是完成基本算术运算的(arithmetic operators)符号,也就是用来处理四则运算的符号。这里的操作符是常用数学符号的子集,因为有些算术运算的操作过于复杂,在 Python 中也不好直接表示,比如绝对值和阶乘等,这一类都需要用一段 Python 代码表示。

接下来假设有两个数值

```
a=3
b=5
```

对 a,b 分别进行数值运算,如表 3-9 所示。

表 3-9　Python 的数值运算

运算符	描述	实例
＋	加:两个对象相加	$a + b = 8$
－	减:得到负数或是一个数减去另一个数	$a - b = -2$
*	乘:两个数相乘或是返回一个被重复若干次的字符串	$a * b = 15$
/	除:被除数除以除数	$b / a = 1.67$
%	取模:返回除法的余数	$b \% a = 2$
* *	幂:返回底数的指数次幂	$a * * b = 243$
//	取整除:向下取接近除数的整数	$b//a = 1$
pow(a,b)	幂:底数 a 的 b 次幂	pow(3,5)=243
abs(b)	绝对值:返回 b 的绝对值	abs(b)=5
divmod(a,b)	整数商、余数:返回 a 除 b 的整数商和余数	divmod(5,3)=(1,0)

这里要注意以下几点:
①取模。这个取模和前面的复数的模不是一个概念,这里可以理解为求除法的余数。
②取整除。这里取整除的含义是仅仅取商的整数部分,不四舍五入。

③取模和取整除。取模和承整除可以合并为 divmod()函数。

上述的算术运算符是 Python 中能够直接用符号表示的基本运算符，在 Python 的扩展库中有很多算术运算，感兴趣的读者可以自己找来学习一下。

3.8　语句的排版

在本章开始绘制五角星的代码中，我们使用了分立的语句实现。实际上，我们可以在一行中书写多条语句。在某些特殊操作中，如赋值语句，还有更多的方式。接下来，我们讨论一下语句的书写格式。

3.8.1　同一行显示多条语句

Python 可以在同一行中使用多条语句，语句之间使用分号（;）分割，比如我们可以把绘制五角星代码的三行赋值语句写在一行

```
scale ＝0.5;边长 ＝ 200;外角 ＝ 144;
```

在 IDLE 中执行以上代码，输出结果如图 3 - 21 所示。

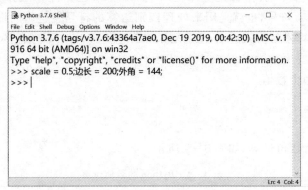

图 3 - 21　Python 支持一行多语句

如果是单纯的赋值语句，还可以将上面的三行代码写成如下格式

```
scale,边长,外角 ＝ 0.5,200,144;
```

在 IDLE 中执行上述代码，输出结果如图 3 - 22 所示。

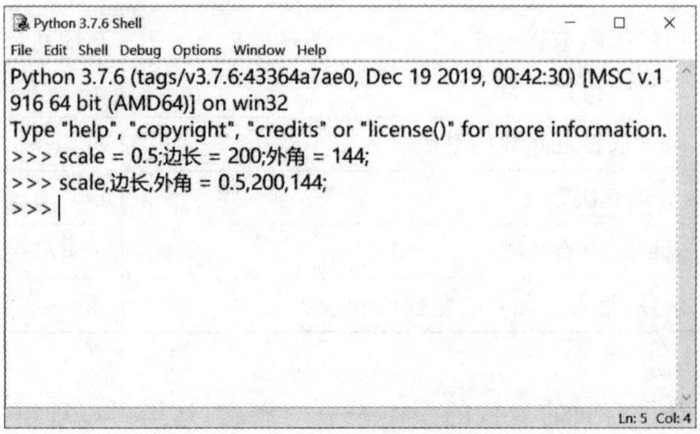

图 3 - 22　Python 支持同步赋值

以上这种赋值方法叫同步赋值,将被赋值的变量写在赋值符号左侧,将赋值内容写在赋值符号的右侧,双方数量保持一致,多个内容之间以英文半角逗号分隔。赋值操作将按照位置匹配被赋值变量和赋值内容,如上面的代码给 scale 赋值 0.5,给边长赋值 200,给外角赋值 144。

这种同步赋值法如果用在变量传递中将会有特殊效果,如

```
scale,边长=边长,scale;
```

上述代码执行后的结果如图 3-23 所示。上面的代码将 scale 和边长两个变量中的内容进行了互换。在其他语句中,如果要实现两个变量的互换,必须要有一个中间变量作为中转站临时保存被替换的内容。在 Python 的同步赋值语句中,可以用这种简单的交换赋值实现两个变量内容的互换。

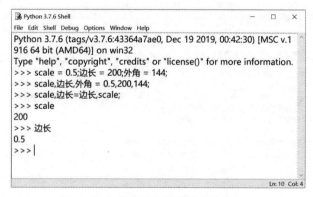

图 3-23　利用同步赋值完成数据交换

如果用 x,y 来表示通用变量,则上述代码可以表示为

```
x,y = y,x
```

3.8.2　多行语句

Python 通常是一行写完一条语句,但如果语句很长,我们可以使用反斜杠\'\\\'来实现将一行超长语句拆分为多行语句。例如,我们将前面这句话打印出来的 Python 代码如下

```
print('Python 通常是一行写完一条语句,但如果语句很长,我们可以使用反斜杠\'\\\'来实现将一行超长语句拆分为多行语句')
```

这句代码实在是太长了,在很多编辑器里面都不好显示,或者和别的代码语句相比太长了。比如,写在 IDLE 里面如图 3-24 所示。虽然运行的结果没错,但是太长了,总是感觉怪怪的,是不是能够分成很多行呢? 至少能显得短一点。

所以,我们尝试将上面的代码改成下面的样子,即

```
print('Python 通常是一行写完一条语句,
但如果语句很长,我们可以使用反斜杠\'\\\'
来实现将一行超长语句拆分为多行语句')
```

将代码粘贴到 IDLE 里面没有报错,但是执行后却给出了错误提示,如图 3-25 所示。

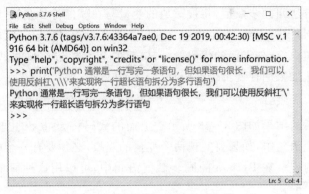

图 3-24　执行一行很长的代码

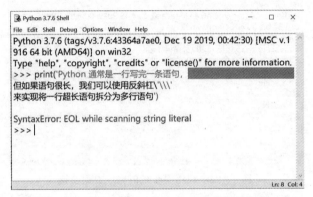

图 3-25　Python 不能在交互式中截断代码

错误提示说：按照字符串的字面表达没有找到相应的结束符号。意思是说，已经根据单引号识别出了一个字符串，但是没有找到字符串的结束位置。看来，直接将超长的代码硬性断开为几行是不可以的。那么，手动输入是不是可以呢？

在 IDLE 里面直接输入第一行内容，然后回车尝试输入第二行。结果回车刚刚按下，就出现了相同的错误，如图 3-26 所示。

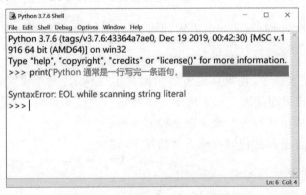

图 3-26　回车截断字符串会出错

实际上，如果写代码的时候需要重新换一行继续写，可以在当前行最后的位置加一个反斜杠"\"。按照写代码的基本规则，最好在行的最后添加一个空格，然后再写反斜杠，不过切记的是,反斜杠后面不要再写其他内容!

还是第一部分,在最后位置添加一个空格和一个反斜杠,在 IDLE 里面的运行结果如图 3 - 27 所示。

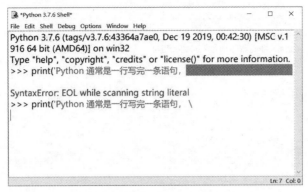

图 3 - 27 利用接续符号实现分行

在反斜杠后面什么也不写,直接回车后,发现光标提示符跳到了下一行,IDLE 没有出错。继续写第二、三行内容,发现第二行被正常识别为绿色的文本内容,在第二行最后添加空格和反斜杠,第三行最后的引号被正确识别为字符串的结束,最后的括号被正确识别为 print 函数的结束,如图 3 - 28 所示。

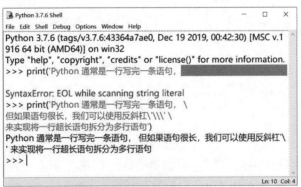

图 3 - 28 利用接续符号完成长语句输入

可见,在 Python 中将一行超长代码分割为若干行的方法就是在需要断行的地方加入一个反斜杠。

在 Python 中也有些例外的情况,如后面会讲到的元组、列表、字典等类型,这些类型往往都包含有很多元素,基本不可能写在一行,所以在写这些内容的时候,要特别注意。在写这些内容时,可以随时换行,Python 会实时检查相关语法内容,如果不符合类型定义就会出错,而当类型的结束符号出现,Python 也会自动检测。例如,对于列表 b 可以写成下面这样

```
b=[1,2,33,
4,5]
```

上面的换行就没有用反斜杠,因为 Python 会自动检测当前的输入,发现不是列表类型的结束符号"]",所以默认继续输入列表元素。但是,如果你输入不符合列表类型的语法,仍然会

出现错误。比如，列表中利用逗号区分相邻元素，如果你忘记两个元素之间的逗号，或者将一个数值分开写，就会出现错误，如图 3-29 所示。

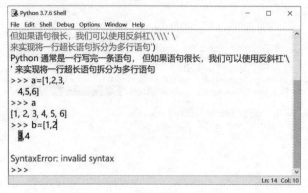

图 3-29　不能拆分一个元素

这里给出的错误是：无效语法的错误。因为 Python 本来以为你还要继续写，结果你给了个空行，表示输出完成。然后 Python 检查语法时，发现在 2 和 3 之间没有逗号，但是又换了行，所以给出了语法错误。

因此，在元组、列表、字典等类型中，可以直接换行，但是要保证元素的完整性和语法的正确性。例如

```
b = ['item_1', 'item_2',
'item_3',
'item_5',
'item_5']
```

3.8.3　空行

前面讨论换行的时候给出了一个空行的概念，在 IDLE 的脚本模式里面，空行表示输入的结束，是有语法意义的，要小心使用。

在 Python 代码的其他地方，空行表示一段新的代码的开始，或者突出显示某些代码。

空行与代码缩进不同，空行并不是 Python 语法的一部分。书写时不插入空行，Python 解释器运行也不会出错。但是，空行的作用在于分隔两段不同功能或含义的代码，对日后代码的维护或重构具有重要意义。所以，大家请记住：空行也是程序代码的一部分。

3.9　扩展库内部函数的使用

从本章开始例子的第 6 行开始直到最后，出现了大量的结构类似的语句，这些语句都以 't.' 开头，在点的后面跟着不同的函数，带着不同的参数。这里的 't.' 实际上指的是"turtle"扩展库，而点后面的函数都是"turtle"扩展库中的绘画函数。

在 Python 中，如果一个变量代表了比较复杂的类型，例如这里的"turtle"类型，或者是前面讲过的整数、复数等，都包含有自己类型的方法或者函数。例子中第 6 行的"setup"就是

"turtle"扩展库中建立画布的函数,后面括号里面的参数是用来配置画布的具体参数;前面复数的 real 方法、imag 方法、conjugate 函数都是复数的内部方法,整数没有 real 方法。

在 Python 中,调用这些方法或函数的时候就在对应的变量后面加一个点,将需要的函数和方法写在后面,这样可以明确指定所用方法或函数的来源,防止不同类型之间的同名方法或函数产生干扰。

这种用点的方法普遍存在于面向对象的计算机编程语言中。基于这种特点,现在网络上有很多非常优秀的程序员助手软件都具有代码补全功能,其实就是不断地在后台检测程序员输入的代码,如果检测到一个点跟在某个变量的后面,助手软件就会先判断变量类型,然后在点的后面给出对应类型包含的所有方法和函数,用列表的形式显示出来,让程序员选择。IDLE 也有这种功能,只是没有那么自动,需要在程序员写了点之后按一下"Tab"键,才会弹出方法和函数列表。

同学们在学习计算机编程的时候可以多关注一下程序员助手软件,如前面提到的 kite 软件。程序员助手软件能让你在编程的道路上少一些坎坷,如果熟练后还能感到一点点"丝滑"。

3.10　多个语句构成代码组

在本章开头代码的第 9、10、11 行出现了和其他代码不同的格式,第 10、11 两行有相同的一个缩进,是 4 个空格。这种缩进行和前面的一行结合起来,我们说构成了一个代码块或者一个代码组。

这里是构成了一个由复合语句 for 组成的代码块,代码块具有固定的格式。这种代码块的首行以关键字开始,以冒号(:)结束,该行之后具有相同缩进的一行或多行代码。

除了 for 之外,还有 if、while、def 和 class 这样的复合语句。同时,也可以将首行及后面的代码组称为一个子句(clause)。如下实例经常出现在各种计算机编程语言的条件选择语句介绍中:

```
if <条件语句>：
    功能代码组
elif <条件语句>：
    功能代码组
else：
    功能代码组
```

上面代码段中的 if,elif,else 是 Python 条件选择复合语句的保留字。if 和 elif 后面跟着条件语句,else 作为最后的封闭选项是没有条件语句的,表示所有的条件语句都不满足的情况。条件语句之后跟了一个冒号(:),用来表示后续连续的具有相同缩进的代码语句属于当前条件语句的同一个功能代码组。

条件语句是某种关系操作,就是我们平时使用的大于、小于、等于等判断,得到的结果是真(true)或者假(false)。如果条件为真,则执行对应的功能语句组。

功能代码组是一组有一定顺序,由一句或者几句组成,完成某种功能的代码组。在条件选择复合语句中,只要有一个条件为真,就执行对应的功能代码组,然后退出。

同一个功能代码组的所有代码语句的初始缩进是一致的,在 Python 里没有硬性规定缩进的距离,但是一般情况下都用 4 个空格长度。Python 还强调初始缩进,这是为了说明语句嵌套的问题。例如,在 if 后面的功能代码组中嵌入了下一级的条件选择语句之后,下一级 if 的功能代码组的缩进必然比这一级功能代码组的缩进要更多。这样的情况会导致初学者感觉代码缩进不一致,从而做出一些错误的操作。

就像下面的代码

```
if <条件语句>:
    ...
    if <条件语句>:
        功能代码组
    elif <条件语句>:
        功能代码组
    else:
        功能代码组
...
elif <条件语句>:
    功能代码组
else:
    功能代码组
```

上面的代码段中第 2～9 行都是第 1 行 if 的功能代码组,且在这个功能代码组里,第 3～8 行又包含了一个下级 if 复合语句,第 4、6、8 行是下级 if 复合语句的功能代码组。这样,第 4、6 两行都是功能代码组,但由于级数层次不同而具有不同的缩进层次。读者们千万不能教条地将第 2～9 行的代码调整为相同的缩进,那样对于下级 if 复合语句来说就是非法格式了。

Python 最具特色的就是使用缩进来表示代码块,不需要像 C 语言那样使用大括号{}。同时,缩进的空格数是可变的,但是同一个代码块的语句必须包含相同的缩进空格数。

比如下面的例子中最后那个功能代码组中缩进的空格数不一致,会导致运行错误

```
if True:
    print("A")
    print("True")
else:
    print("B")
  print("False")    # 缩进不一致导致运行错误
```

以上程序的 else 功能代码组由于缩进不一致,执行后会出现以下错误,如图 3-30 所示。

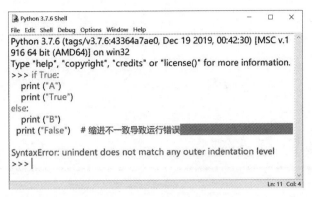

图 3-30　同组代码缩进不一致

在用{}表示代码层次关系的计算机编程语言中,程序员往往需要第二次用空格调整代码的层次,仅仅是为了阅读和维护方便。而 Python 中强制性地将缩进定义为语法结构,强制程序员在代码编写的过程中就形成方便阅读与维护的层次,这在一定程度上算是一种进步。

小结

本章介绍了 Python 最基本的语法和注意事项。Python 中存在两种最基本的语法:缩进和基本语法结构。缩进是展示和控制 Python 代码层次的基本结构,在编写代码时,一定要通过缩进仔细理解代码的层次,减少代码内部的问题。基本语法结构稍微复杂,包含 for 语句、while 语句、if 语句等,在这些语法结构中,除了各个部分的基本位置之外,尤其要注意基本的标点符号。同学们需要掌握中英文标点符号的区别,避免由于符号问题导致代码错误。

习题

1. 理解 Python 代码文件的编码集修改方式。
2. 掌握 3 种不同注释方式的具体使用。
3. 尝试调用 Python 自带的 math 库并查看 math 库中的 pi 值。
4. 尝试将 math 库中的 pi 值赋给不同的变量名称,体会变量的命名方法。
5. 尝试将数值在整数、浮点、复数之间转换。
6. 语句的不同排版代表了不同的代码风格,尝试体会单行与多行的灵活应用。
7. 理解不同层次的缩进长度与功能代码组的层次关系。

第 **4** 章

程序设计方法

4.1 什么是程序

对于计算机来说,计算机程序是一组有序的计算机指令的集合。由于计算机的中央处理器是由数字电路组成的,因此它只能识别简单"0"和"1"组合的二进制指令。

什么是程序

人类最早的编程语言是便于计算机识别的由二进制指令组成的机器语言,这种面向计算机的程序设计,使得人类的自然语言与计算机编程语言之间存在着巨大的鸿沟。设计人员必须将设计的重心放在使程序能够尽可能地被计算机接受并正确地执行,而程序是否能够被其他人理解并不重要。这时候的软件开发人员只能是极少数的专业软件工程师,而且软件开发周期长、难度大,但功能简单、界面不友好,仅仅用于科学计算。后来出现了汇编语言,它将机器指令映射为简单的英文符号帮助程序员记忆,如 ADD、SUB、MOV 等。此时的汇编语言稍稍接近人类的自然语言,但由于抽象层次太低,还是与人类的思想相差甚远,程序员还是需要考虑机器细节,所以仍然是面向计算机的程序设计。

随着计算机信息科技的进步,20 世纪 60 年代,人们为了解决汇编语言和机器语言的不足,开发设计了更接近人类思维的高级语言。高级语言抛开计算机细节,提高了抽象层次,让程序员编写程序时更容易联系到程序描述的具体事物。此时的程序设计从面向计算机转向结构化程序设计。

结构化程序设计的思想与面向计算机的程序设计是截然不同的。结构化程序设计不再采用逐一执行的方式,而是采用了自顶向下、逐步优化的方法。

结构化程序设计方法的设计思想核心是功能的分解。在用程序解决实际问题的时候,首先要做的是将问题按照功能分解为若干个模块;其次细化每个模块的具体数据存储和处理的结构;再次通过具体的数据操作过程代码对这些数据存储和处理结构进行操作;最终的程序就是由数据存储和处理的结构与对应的数据操作过程组成的。

图 4-1 展示了将问题 P 拆分为若干模块的流程。

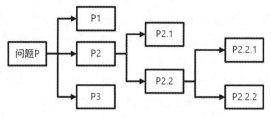

图 4-1 问题分解示意图

在结构化程序设计方法的设计思想中,问题 P 按照结构功能的连续程度被分为 P1、P2、P3,其中的 P2 部分在内部还可以按照功能的关联程度拆分为 P2.1、P2.2,然后继续拆分为 P2.2.1、P2.2.2,拆分的过程就是问题 P 逐渐细化的过程。问题越小越能让软件工程师集中注意力选择效率更高的方式实现,便于提高工作效率。

4.1.1 程序的设计流程

结构化程序设计方法与我们人类思考问题的习惯已经非常接近了,但是仍然和人类自然语言有比较大的距离。20 世纪末,各种与人类自然语言越来越接近的计算机编程语言竞相开放,Python 就是其中的佼佼者。

从 20 世纪 60 年代以来,程序设计方法也在不断演进。客观世界中的问题是错综复杂和不断变化的,因此软件开发人员开发的软件往往不是一成不变的。随着社会的发展,用户对软件提出了更多的要求,因此软件的更新速度日益加快。面向过程的程序设计由于数据与操作的分离,使程序的可重用性差,维护代价高,不便于程序的更新换代。为了克服这一缺点,人们提出了面向对象的程序设计思想。这种思想将针对某一类问题的数据存储和处理的结构与对应的数据操作过程打包在一起称为"对象",以提高程序的重用性和降低维护成本。但是,不管是面向过程的结构化程序设计方法还是面向对象的设计方法,它们在基本的程序设计流程上是趋同的。目前比较优化、效率较高的程序设计流程可以分为以下几步:分析问题,问题分解,算法制定,程序实现,调试、测试、升级维护。这 5 个程序设计步骤在不同的书中可能稍有不同,那是因为每本书涉及的重点不同。本书主要针对计算机程序设计语言的初学者,所以,这里描述的程序设计步骤侧重于设计流程的前段,前 4 步的关系如图 4-2 所示。

程序的设计流程

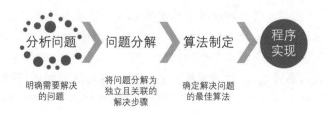

图 4-2 问题的解决流程

1.分析问题

分析问题的目的是明确需要解决的问题。每个行业都有不同的专业背景,所以有很多问题在提出时表达的可能很专业,这会让对程序设计语言非常熟悉的软件工程师很困惑。因此,通常针对原始问题需要有一个再优化分析的过程,将问题的方方面面都转化到相关软件工程师能够理解的层面,否则理解上的偏差将带来不可预知的后果。

因此,分析问题的过程也就是问题的提出方和解决方互相交接的过程。这个过程需要双方反复沟通,完成的标志是软件工程师已经完全掌握了相关知识背景、对问题的理解没有歧义、知道要处理的数据的特点、知道问题解决后输出数据的特征。

2.问题分解

问题分解的目的是将问题分解为独立且关联的解决步骤。任何一个问题都可以拆分为互相关联的阶段性步骤或者子过程,在不同的层面上,问题的颗粒度是不同的,所以问题分解一般是按照关联关系分割,而不是按照问题的大小分割。按照关联关系将问题分为若干部分,既兼顾了问题的完整性,又兼顾了问题的内部逻辑性,有利于问题在按顺序处理的过程中从前至后的验证,也有利于将问题分配给不同的软件工程师同步工作,保证问题的解决进度,方便项目管理。

问题分解的过程是软件架构分析师和软件工程师互相沟通的过程,完成的标志是问题分解的颗粒度是相当的,软件工程师的任务量是平衡的。

3.算法制定

算法制定的目的是确定解决问题的数据结构和处理流程,也就是前面提到的数据存储和处理的结构与对应的数据操作过程。在这个过程中,要尽量优化数据结构和处理流程,也就是要在尽可能少的有限步骤内求解问题的具有精确定义的一系列操作规则。

算法制定是一个由粗到细的过程,在开始阶段可以使用自然语言、伪代码和流程图等手段来描述算法。求解同一个问题可能会有很多种算法,可以使用算法的空间复杂性和时间复杂性来对算法进行评估,根据实际需求选择最优算法结构。

一个算法必须在执行有穷步之后结束,不能陷入死循环;算法的每一步必须有确切的含义,不能存在无意义操作;算法都是由小到大组合的,因此最小算法的操作总是能够精确进行的基本运算和或操作。因此,算法的每一个步骤都要仔细的设计,即先做什么,后做什么,具体的实现步骤是什么。从数据流的角度看,一个算法必须要确定原始输入数据先经过了什么算法的处理被转换为什么格式的数据,然后又经过核心算法处理转变为什么新数据,最后新数据经过什么算法以什么格式输出。

通常来说,一个算法必须考虑和前后手算法的衔接。如果不考虑衔接问题,那么每个算法内部必须有输入数据格式调整、核心处理算法、输出数据调整三大部分。所以,一个算法可能没有或者有多个输入值,有一个或者多个输出值。图 4-3 是一个简单算法的例子。预处理,即前级算法的输出数据格式处理,对于本算法来说就是输入信息处理;算法核心,即本算法主要的工作;格式转换,即本算法的结果是为了满足最终需求或者下级算法的要求而做的输出格式转换。

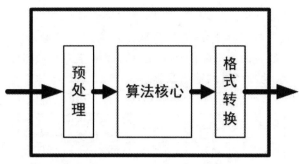

图 4 - 3　一个简单的算法

所以,在讨论一个具体问题的算法的时候,总是需要先分析清楚算法的具体使用环境,即为了获得输入数据的特征和对输出数据的要求。在两端确定后,算法的核心部分的最优解,就是最终算法了。

4. 程序实现

程序实现阶段就是将算法制定阶段设计的算法步骤逐步地转换成对应的计算机编程语言。一般情况下,程序实现是对前面制定好的算法的复刻,不允许出现任何不一致的问题。如果出现了不一致,绝大多数情况下都是算法制定环节没有对细节考虑得很清楚,导致软件无法实现。例如,数据区间的选择不正确,导致进入函数的非线性区间等。

在程序实现阶段,更加看重的是程序代码的格式化问题。好的代码格式能够为后续程序的调试、测试以及维护升级带来很大的便利,关于这一点,读者在平时写代码时一定要注意。

4.1.2　简单的问题分析方法

对于一个不存在悖论的系统,总是在一定的规则下按层次推进的,在任意时刻,系统内部总是一个确定的状态。例如,在你一天的生活里,你总有一个确定的行为,不会出现你在做的两个不同的事情。不论是按照时间线还是事件线,你这一天里的每一个状态都是可以描述的。

假设要以你一天的生活为剧本设计一个动画片,首先是开场的时间、地点、人物,这三要素作为这个动画片的输入;然后是设计动画片的剧本;最后是动画片的拍摄与输出。这样分没错,但是分得太粗了,比较好理解,不好实现。

我们把这个过程细化一下。首先是开场的时间、地点、人物三要素,时间可能需要具体到每一个事件发生的时间段;地点可能需要具体到每个时间点人物的站位;人物分为人物组成、人物三维扫描得到人物贴图,以及人物动作捕捉得到行为数据。然后是动画片剧本,按照事件的发生顺序安排每一个场景。人物从哪里进入场景,碰到什么人,做了怎样的交流,从哪里走出等。动画片拍完之后,剪辑出来可能按照不同的网络速度转换为高清、标清、流畅三个版本;也有可能按照时长剪出超长版、正常版、短片三个版本;还有可能剪辑出纪录片版本、倒叙版等。

从上面两种不同颗粒度的描述来看,第二种应该是第一种的解释和细化,但是第二种的可信度比第一种强太多了。第一种仅仅是一种想法,第二种就有一点可实现的内容了,具体的内容这里不做过多的讨论。同学们要注意的是第一种描述方式里,首先,第一部分可以看作动画片的输入数据;其次,第二部分可以看作是动画片的具体实现;最后,第三部分可以看作是动画片的数据输出部分,整个过程按照输入、处理、输出三部分描述完成。第二种方式对第一种描述进行了细化,如开场的人物数据部分,人物组成是人物部分的输入,三维扫描和动作捕捉作为人物部分的处理过程,最后的人物贴图和动作行为数据作为人物部分的输出内容,而这个人物输出数据又作为每一个动画场景的输入数据。

两种方式之间的关系就像图 4-4,如果有必要,后面还可以继续细化下去。

动画片的一天	第一种方式		第二种方式	……
	输入	时间	输入	每个事件发生的时间段	……
		地点	处理	根据…划分时间点	……
		人物	输出	时间列表	……
	处理	动画剧本	输入	入镜时间、位置	
			处理	互动过程	
			输出	出境时间、位置	
	输出	影片输出	输入	播放场合	
			处理	格式转换	
			输出	电影文件	

图 4-4　任务的分解

可见,任何没有悖论的系统,总是可以按照一定的规则细分为若干部分,每一部分包含输入、处理、输出三个基础部分,且当前部分的输出是下一个或者多个部分的输入,同时每一个部分仍然能够继续细化。

基于此,我们可以推出一种更加简化的问题分析方法,即将一个问题按照你的知识结构分割为输入、处理和输出三部分,并且不断地继续细化,直到每一部分已经简单到仅仅完成一个基本动作。如果在不断分解的过程中,你发现有一些部分按照你的知识结构已经不能再分解下去,但是感觉还没有到最简的程度,说明你的知识存在盲点,你需要有针对性地进行学习。

简单的分析方法

上述这种方法在很多地方称为 IPO 方法,IPO 是英文单词的首字母,对应的内容为:INPUT,输入;PROCESS,处理方法;OUTPUT,输出。这种方法的分析过程和计算机采用的取指令、计算、保存数据的处理流程是对应的,因此通常情况下能够利用 IPO 分解细化的问题都能够转换为伪代码,然后转换为正式的程序代码。对于一些比较复杂的问题,仅仅采用 IPO 细化已经不能满足伪代码的条理性要求,必须采用新的问题描述方法。

4.2　程序设计流程图

当问题比较复杂,需要细化的层次比较多,这个时候继续采用文字描述或者伪代码描述将是非常困难的一件事情,这时候需要有更专业的方法来描述。这里我们给大家介绍一种比较普遍的算法表达工具——程序设计流程图。

流程图是一种比较直观易用的、用图形来表达工作步骤的方法,比如普通流程图、跨职能流程图等。程序设计流程图也是流程图的一种,又称为程序框图,是用统一规定的标准符号描述程序运行具体步骤的图形表示。程序框图的设计是在处理流程的基础上,详细分析输入输出数据和处理过程,将计算机的主要运行步骤和内容变化标识出来。程序框图是进行程序设计的最基本依据,它的质量直接关系到程序设计的质量。

在前面的内容中,我们讲到算法在优化的时候,需要细化到每一条具体的有意义的步骤。当我们将描述问题的自然语言拆分到最简单的结构之后,发现自然语言通常能够被拆成顺序结构、选择结构和循环结构。这些结构描述了事件的关键节点,根据关键节点中判断条件的不同结果,事件将向不同的方向展开。

4.2.1　程序设计流程图的标准符号

程序设计流程图的符号可以分为数据处理过程和数据结构两部分,包含有很多的符号,这里我们只介绍主要符号。本书的流程图部分使用的软件是开源在线软件 draw.io,读者可以在线免费使用。

流程图的概念

1.数据处理过程

数据处理过程包含的是数据处理过程中的数据流控制节点,主要包含有:

(1)开始结束:用于指示流程图的开始和结束。每一个算法必须有也仅有一对开始和结束符号。开始符号允许一条流程输出线,结束符号允许一条流程输入线。

(2)文档:用于描述流程图中需要参考的外部技术文档、和流程图相关的输出文档。文档符号允许流程输入线和流程输出线。

(3)注释:用于对流程图中的内容进行注释说明。注释符号使用虚线作为流程线,不区分输入和输出。在用流程图描述问题处理过程时,有很多的方法或者过程受限于位置大小不能详细描述,那些为了方便交流和理解又必须说清楚的地方就需要利用注释进行说明。

(4)流程:流程符号是流程图中最常使用的符号,主要用于描述一个具体的步骤、一个算法或者一个还没有细化的想法,或者要进行的处理等。转换到代码上可以是一行代码,也可以是一段代码等。流程符号允许流程输入线和输出线。

(5)子流程:子流程符号用于控制流程图的层级结构。当一个事件流程过于复杂时,一个处理步骤可能还能够继续细化,但是在当前层次上细化出来就会让整个流程图显得特别凌乱,不利于从整体上把握整个流程图的走向,所以将仍然可以细化的处理步骤用子流程符号表示,提示用户可以在其他页面找到具体细化的部分。在微软的 Visio 软件中的子进程就是子流程,双击子进程符号,可以自动跳转到相关的细化页面。

(6)判定:判定符号是流程图设计符号中唯一的用于逻辑判定的符号。判定符号一般有一个输入流程线和两个输出流程线,输入流程线表示需要进行判定的数据,两个输出流程线分别表示输入数据判定为真的流程和判定为假的流程。通常情况下,在输出流程线上必须添加表示真、假的说明,一般用"T,F""是,否""真,假"表示。

(7)展示:展示符号一般情况下作为数据的中间显示或者最后输出的目的表示。例如,显示器、LED 屏幕等是处理结果最终展示的地方。在纯数据处理的流程中很少用到这个符号,所以特意标注的目的是考虑当前的流程输出数据是否满足最终的展示要求。

(8)并行:并行符号表示可以并行处理的步骤,或者某个数据在同一时刻进行一种以上的操作。并行操作在生活中随处可见,常见的"一边……一边……"句型就是形容的这种情况。当前计算机的 CPU 基本都是多核,为了提高处理效率,并行计算已经是一种通用的加速方法。

(9)跨页:跨页是用来表示当前的页面已经不能包含所有的流程图,需要在另外的页面上继续。要注意的是,在跨页符号中,需要对跨页的数据和新的页码进行简单的描述,同时,在新的页面上也要对输入数据和原始页码进行简单描述。

(10)流程线连接:在流程图的结构控制中,还有一个流程线连接符号,这个符号是一个圆圈,圆圈的大小由需要决定,同时,对流程输入线和流程输出线的数量也没有限制。流程线连接符号的主要目的是表示来自多方的流程线汇聚和再分配的行为。这个符号在算法中没有明确的对应行为,仅仅是为了流程图设计方便和美观。

2. 数据结构

数据结构部分包含的是数据的承载结构,就是我们程序里面的数据从哪里来、放在哪里、存到哪里去,主要包含有:

(1)数据:呈菱形的数据符号是所有种类数据符号的总代表,如果不是必须要进行区分,那么可以用数据符号代替其他所有数据符号。数据符号主要表示数据的来历、数据的去向和数据的简要说明。一般情况下,数据符号允许一条流程输入线和一条流程输出线。

(2)外部数据:当流程图中特别强调某个数据需要外部输出时采用的符号。这里的"外部"泛指那些不是来自当前流程图的数据,而不强调数据的具体来历和形式。

(3)内部存储:这里强调的是数据来自或者存储到流程系统中的某个内部存储位置中。内部凸显的是该数据在流程图的内部处理;存储凸显的是该数据来自先前存储的数据,或者当前的数据要保存给以后的流程使用;也用来表示数据的某种暂存状态。例如,数据同步处理时常用的 FIFO(FIRST-INPUT-FIRST-OUTPUT)结构。

(4)队列数据:队列数据强调的是数据的次序、顺序。和内部存储不同的是:内部存储强调时间上的不连续,队列数据强调的是数据之间的空间不连续,数据按照新的要求进行某种位置次序上的交换。

(5)数据库:数据库符号泛指一切格式的数据库,数据库是一种更高级别的内部存储和队列数据,在时间、空间上都有所调整的数据。数据库符号支持多流程输入线和多流程输出线。

(6)人工输入:人工输入符号泛指一切由人工输入的数据,强调的是人工,不管数据经过多远的传输、多少转换过程或者多少其他的情况,只要这个数据是由人工输入的就可以用这个符号。

数据结构部分的各种符号其实表示的是数据的不同来源。当数据还不知道如何获取时,可以直接使用数据符号表示;当数据获取途径还不是很清晰时,可以使用人工输入符号;当数据获取途径清晰以后,可以用专用符号表示。总的来说,在简单的非必要区分数据获取途径的流程图中,直接使用数据符号是最方便的。

4.2.2　三种基本程序结构

1. 顺序结构流程图

顺序结构流程图

　　下面我们用一个计算存款利息的例子来解释流程图。储蓄业务在一定程度上可以促进国民经济比例和结构的调整,可以聚集经济建设资金,稳定市场物价,调节货币流通,引导消费,帮助群众安排生活。这里我们讨论的存款是 M2 货币供应量中的个人储蓄存款。个人储蓄存款是指居民个人将属于其所有的人民币或者外币存入储蓄机构,储蓄机构开具存折或者存单作为凭证,个人凭存折或存单可以支取存款的本金和利息,储蓄机构依照规定支付存款本金和利息的活动。我们要计算的就是这里的利息,为了计算更方便,划定存款范围为整存整取的定期存款。

　　整存整取的利息计算公式为:

$$存款利息 = 本金 \times 利息率 \times 存款期限$$

　　假设你是存款人,本金就是你一次性存在银行的存款金额;利息率就是你选择的存款期限对应的银行计息率;存款期限就是你选择的存款时间长度。我国法律规定个人存款实行实名制,凭存款人身份证件开设储蓄和结算两种账户。法律还规定个人存款利息收入由商业银行代为扣缴 5% 的个人所得税,这里我们不考虑所得税的扣除,仅仅计算利息收入。

　　知道了利息计算公式就可以开始计算利息了。我们的程序是帮助你计算存款利息,设想整个计算过程应该包括三个部分:输入你的存款金额、存款利率、存款期限三个数值;按照利息公式计算存款利息,并加到存款本金上;输出你的本金加利息收益。

　　将上面的三部分转换为流程图的形式,如图 4-5 所示。

　　在流程图中,以开始符号表示流程图第一个符号,用结束符号表示流程图最后一个符号。开始符号之后紧跟着数据输入部分,这里用数据符号表示,含义是无论这个数据从哪里以什么方式获得都没有关系。接下来是流程符号,在这里表示了存款利息计算和存款金额累计两个步骤,这里用公式表示,在表达了计算步骤的同时也表明了计算方法。然后是输出存款金额,这里也用了流程符号,仅仅表示简单的金额输出,但具体采用什么方式,输出到什么地方并没有详细说明。输出流程之后是一个结束符号,表示整个流程结束,任务完成。

　　当然,这里是一个简化的模型,正式的利息计算模型是比较复杂的。存款收益计算的流程图分了三部分进行描述,那么,为什么要这样分成三部分呢? 分割的依据是什么呢? 回忆一下前面讲过的简单程序设计方法 IPO,这个问题的核心是计算利息,这是本程序需要解决的问题,就是 IPO 中的 process 部分。那么,input 是哪一部分呢? 很显然就是各种未知参数的获取。这个问题的未知参数的来源有很多,可以是手工输入,也可以是前面程序的输出,也可以是来自内部存储等,不管哪种来源,很明显,有很大可能性需要进行数据的预处理,但这个不是当前的主要问题。另外,output 是计算结果的输出展示,可能性也有很多,但也不是当前的主

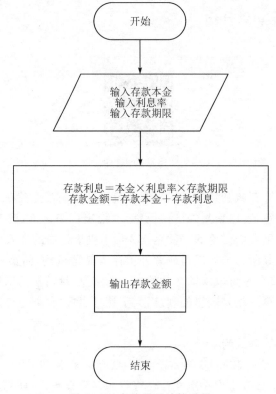

图 4-5　存款收益计算流程

要问题。这里的问题核心是存款利息的计算,所以,在流程图的设计上,将问题依据发生阶段分为符合 IPO 方法的三段:输入部分是最先发生的阶段,而且还是数据的输入,因此采用了数据符号;处理部分是中间的核心阶段,是一个处理过程,因此采用了流程符号;输出部分是最后发生的阶段,是数据结果的输出,且输出方式的复杂度未定,因此也用流程符号表示。

　　上述三部分按照顺序发生,在流程图中就按照先后顺序表示,这种结构称为顺序结构。绘制顺序结构的流程图需要注意一点:一般在顺序结构流程图中分割表示的部分之间是不可以调换顺序的。如果你发现绘制的顺序结构流程图中有两部分可以调换位置,且对结果没有任何影响,这不是对顺序结构的挑战,而是这两部分应该合并到一起。

　　2.选择结构流程图

　　刚才我们利用存款利息计算介绍了顺序结构流程图,那么这个利息的计算是否区分了本币和外币呢?从我国现行政策规定上看,本币和外币的存款期限和存款利率都是不同的,表4-1是招商银行 2019 年 9 月 29 日实行的调整后的利率表。

选择结构流程图

表 4－1　招商银行储蓄存款利率表(利率单位为 % / 年)

存期	人民币	美元	英镑	欧元	日元	港币	加拿大元	瑞士法郎	澳大利亚元	新加坡元
活期	0.30	0.05	0.05	0.005	0.0001	0.01	0.01	0.0001	0.05	0.0001
通知存款一天	0.55									
通知存款七天	1.10	0.05	0.05	0.0050	0.0005	0.01	0.01	0.0005	0.10	0.0005
整存整取一个月		0.10	0.10	0.03	0.01	0.10	0.01	0.01	0.60	0.01
整存整取三个月	1.35	0.25	0.10	0.05	0.01	0.25	0.05	0.01	0.65	0.01
整存整取半年	1.55	0.50	0.10	0.15	0.01	0.50	0.30	0.01	0.75	0.01
整存整取一年	1.75	0.70	0.10	0.20	0.01	0.70	0.40	0.01	0.85	0.01
整存整取二年	2.25	0.70	0.10	0.25	0.01	0.70	0.40	0.01	0.85	0.01

作为一个负责任的算法,在给出利息结果之前必然需要按照给定的法律条款检查所给条件是否正确。如果正确就给出计算结果,如果不正确,则需要给出对应的提示,例如,可以打印输出"存款期限错误!"等信息。这种选择对于顺序结构来说就像是一条笔直的马路走到头碰到了一个"丁字口",你必须做出向左还是向右的选择,才能继续走下去。

"丁字口"在流程图中对应的符号是判定符号。在使用判定符号时必须要有判定条件,判定条件是否合理,直接关系到算法的复杂度。这里为了方便大家理解,我们设定一个简单的判定条件:"是不是本币?"这里仅仅用这个判定条件将后续处理过程分开,因此后续的计算流程对于本币和外币是一样的。如图 4－6 所示。

在选择结构部分我们使用了两个新符号。第一个是判定符号,判定条件写在判定符号内部,要注意的是,这里仅仅表明当前的判断思路是"是不是本币",而不是具体的 Python 判定代码语句。在判定符号之后的流程被分成了两种,左侧的流程线上有个"是"字,表示后续的流程处理的是"本币的利息计算",而右侧的流程线上有个"否"字,表示后续的流程处理的是"外币的利息计算"。当两种处理流程都完成之后,流程线汇集在一个小圆圈,这个小圆圈是流程线汇聚连接符号,表示所有的输入流程线在这里汇集成输出流程线送往后续的流程;也有的地方将圆圈符号定义为页面内引用符号,常用于流程图比较复杂,当前区域已经画不下了,或者要继续画会出现流程线跨越的情况,这时用两个页面内引用符号就可以继续绘制流程图。

上面这种包含了判定结构的流程图就是通常所说的选择结构流程图。选择结构是一种很灵活的结构。上面的选择结构流程图中,判定符号似乎可以放在不同的位置,当前只是其中的一种。比如,判定符号可以放在开始符号之后,还可以放在打印输出流程之前等,是非常灵活

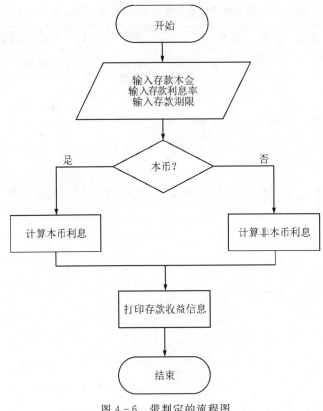

图 4-6　带判定的流程图

的。但是,这些放在不同位置的判定符号虽然判定条件都一样,但是不同的位置真的对整个流程没有任何影响吗? 读者可以自己思考一下这个问题。

注意:选择结构流程图加入了判定符号,对当前的数据流进行判定,并根据判定结果选择后续的处理流程。这种方式对于顺序执行的计算机程序来说,引入了一个非常重要的概念——优先级。

还是用这里的选择结构举例,如果流程图中需要对每一种币种进行判定,那么需要 10 个判定符号。假设判定的顺序与表 4-1 一样,那么要计算新加坡元的利息至少要经过 9 次判定。如图 4-7 所示。为什么会这样? 因为当很多的判定符号串联在一起之后,前面的判定符号必须拿出来一个输出作为下一个判定符号的输入。

读者可以考虑一下,如果在 10 万个需要计算利息的账户中有 8 万个是新加坡元,那么有多少次判定操作是没有意义的呢? 如果把新加坡元的判定符号直接提升到第一个位置,会发生什么样的变化? 这里的变化就是判定符号优先级的不同带来的变化。

第二个引入的概念是封闭。在图 4-7 中,我们画了 10 个判定符号,尤其是最后一个判定新加坡元的判定符号,是不是多余? 毕竟前面的表格中到新加坡元就结束了,最后那么生硬地加一个"错误",感觉怪怪的!

但是,最后一个判定新加坡元的操作是很有必要的。读者可以设想这样一个场景,如果"××元"是用户输入的,那么如果用户输入了一个表格中没有的货币符号,你的流程图会走到哪个流程节点上呢? 如果是正式的程序,会出现什么情况呢? 是不是一切都是未知的? 为了

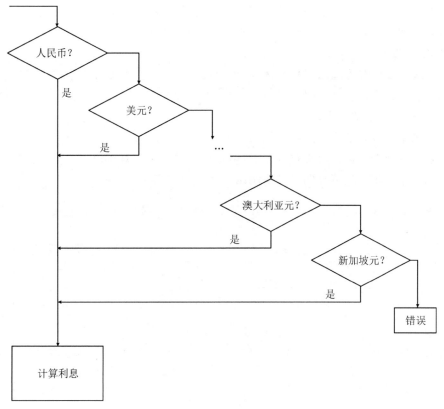

图 4 - 7　多币种联合判定

避免这些未知问题,最简单的步骤就是多添加一个判定符号,将所有的未知情况用一个错误流程覆盖。也就是说,如果遇到了不存在于列表里面的货币符号,都输出一个错误信息,这种操作就是封闭。

例如,如果今天气温高于 35 ℃,那么出门要防晒和打伞! 这句话显然没有封闭,因为气温低于 35 ℃ 的时候并没有给出解决方案。所以,封闭的完整说法可以是:如果今天气温高于 35 ℃,那么出门要防晒和打伞! 否则,出门要防晒! 这样就没有漏洞了。

读者在使用判定符号的时候一定要注意优先级,这与执行效率密切相关。同时也要注意封闭,这与程序的完整性直接相关。

3. 循环结构流程图

让我们再次回到存款利息的计算。我们为了计算存款利息,设计了顺序结构的流程图;为了区分本外币,将顺序结构流程图改扩建为选择结构流程图。如果季度末面临成百上千的账户需要刷新利息计算,该怎么处理呢? 是不是要把我们的选择结构程序反复执行:打开运行→输入参数→输出结果→填入账户?

循环结构流程图

我们来整理一下成百上千账户计算利息的问题,问题的描述应该是下面的 5 个步骤:①如果账户没有处理完,那么继续,否则退出流程;②判断是本币还是外币;③计算本币利息,输出本币利息;④计算外币利息,输出外币利息;⑤回到①。

第一步表示我们要处理的账户很多,必须检查一下是否全部处理完了,如果没有处理完就继续,否则就退出。这种操作在计算机程序设计中被称为遍历,就是要把很多的样本数据全都处理一遍,不能有遗漏的意思。

第二步到第四步是前面讲过的选择结构流程图。

第五步表示选择结构的流程执行完了,但是后面是不是还有账户需要第一步判断,所以流程图跳转到了第一步。用流程图符号绘制出来的样子如图 4-8 所示。

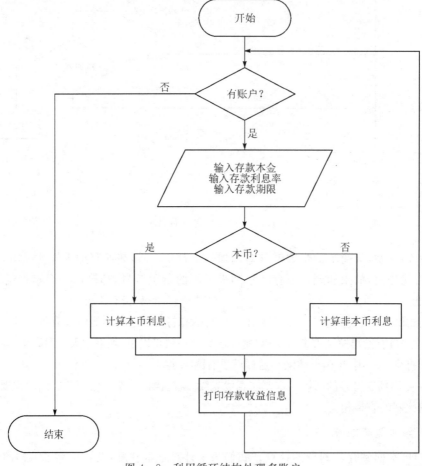

图 4-8   利用循环结构处理多账户

在循环结构流程图中,添加了一个判定符号,用于判定"是否还有账户",如果有就继续后续的流程,流程完成后再次返回去判断"是否还有账户",如果没有账户了就直接结束。循环结构和选择结构最大的不同就是两个判定符号输出流程线的流向,循环结构的判定符号有一根输出流程线指向下一个操作流程,而另外一根输出流程线指向判定符号之前,表示下一个流程是判定"是否还有账户";选择结构的判定符号的两根输出流程线分别指向了两种不同的处理流程,并不指向判定符号之前。

4.3　Turtle 绘图

这一小节我们详细介绍用 Python 中自带的 Turtle 扩展库绘制第 3 章里讲到的五角星等图案。我们将按照分析问题、问题分解、算法制定、程序实现四个步骤来实现,中间将穿插伪代码、流程图。

在阅读本节之前,读者可以先扫码看一下以下视频。

Turtle 的组件　　绘制太阳花和五角星　　幻彩螺旋和皮卡丘　　机器猫和佩奇

4.3.1　分析问题

首先我们来介绍一下问题:利用 Python 绘制一个五角星,红色边框、红色填充,尺寸随意但是要完整。

题目里明确表示的信息有三条:利用 Python 绘制,五角星,红色边框、红色填充。这三条信息看似清晰明了,实则是个开放性问题。这里我们对这三个问题进行逐一的解释说明,在解释说明的过程中实现问题的分解和算法的初步制定。对于简单问题,基本可以做到将算法制定的结果拼接在一起就可以完成程序实现。对于复杂问题,则需要对每个算法制定结果进行连接,才能形成完整的程序实现结果。

第一条"利用 Python 绘制"。利用 Python 的什么绘制、如何绘制都没有进一步说明。我们需要将"利用 Python 绘制"作为约束条件,在 Python 的扩展库中找到合适的扩展库完成第一条。

第二条"五角星",同样是一个很广泛的定义,既没有说明五角星的尺寸,也没有说明五角星的具体样式。这时候,我们需要根据问题的横向应用和纵向关联,去寻找相关的五角星定义;或者,结合选定的扩展库绘制一个最好实现的。

第三条"红色边框、红色填充",这条相对于前两条要明确得多。字面上的意思就是五角星的轮廓是红色的,五角星的内部填充颜色是红色的;隐含的意思是边框和内部填充的颜色是相同的。有了明确的定义,剩下的工作就是在 Python 中对应的选定扩展库中找到合适的方法实现边框颜色的绘制和颜色的填充。

这里我们将主要问题按照关联关系分解为若干部分,将每一部分进行了分割,然后进行了简单的难点分析。这样做,为后面的问题分解进行了前期铺垫,指明了分析方向,如果后面问题分解中发现有不合适的地方,则需要在分析问题阶段对问题的框架进行重新分解。如此反复,直到问题被分析到框架清晰明了,无异议、无歧义的阶段。

4.3.2　问题分解

在分析问题阶段,对问题进行了框架级别的分解,分解的结果是非常粗的,只是指出了一个大的分析方向,在问题分解阶段需要对每个细分问题进一步的细化。需要注意的是,每个问题的进一步分解方向可能是不同的,其中最多的一种是问题的边界不清晰。遇到这种问题,一般情况下我们都选择最熟悉的实现方式,这样可以在保证开发效率的前提下做到最优化,同时方便后续的优化。

问题分解阶段可以分为工具的确定、形式的确定和方法的确定三个部分。

1. 工具的确定

利用 Python 画图主要集中在两个方面,即"数据可视化"和"绘画",这两种方式利用的工具是完全不同的。数据可视化主要利用 Matplotlib 扩展库实现,绘画主要利用 Turtle 扩展库实现。

Matplotlib 扩展库主要是利用现有数据实现可视化,意思是你现在利用 Python 语言计算出来了一组二维或者三维的数据,那么可以利用 Matplotlib 扩展库转化为图进行展示。图的形式有很多,有柱状图、条形图、折线图等 2D 图形,也可以将数据转换为 3D 图形。最重要的一点是要利用数据,比如绘制折线图,你就要明确地告诉 Matplotlib 在坐标空间中哪里有个点,然后 Matplotlib 就会按照点的顺序利用实线将这些点一个一个地连接起来,形成最后的图形。如果绘制柱形图等,不但需要明确告诉 Matplotlib 每一柱的数据大小,还要告诉它每一柱的宽度、颜色、柱间隔等信息。

和 Matplotlib 相比,Turtle 就简单很多了。Turtle 是一种简单便捷的图形绘制扩展库,具有立即反馈式的绘画效果。众多编程入门者都首选它进行语言学习,在课堂教学中也经常采用它。相对于大多数入门教材中枯燥的语法、函数、方法等学生无法想象出具象的内容来说,Turtle 基于 Python 的脚本特性所带来的立即反馈结果的形式,让 Python 趣味性获得了极大的提升。

Turtle 扩展库绘制图形有自己的基本框架:一只小海龟在绘图区中爬行,其爬行轨迹形成了绘制图形。每一段爬行轨迹的粗细、颜色都可以更改。初始状态下,小海龟位于绘图区正中央,此处坐标为(0,0),前进方向为水平向右。

在 Python 3 的安装目录 Lib 文件夹下可以找到 turtle.py 文件,里面包含了 Turtle 扩展库的所有方法和函数。

通过对 Turtle 库的研究,我们了解到小海龟运动时采用的是指令方式,而不是数据方式。比如,希望小海龟从(0,0)运动到(100,0)的指令是向前 100 像素单位,而不是像 Matplotlib 那样告诉两个点的坐标。

所以,问题中的"利用 Python 绘制"可以扩充为"利用 Python 的 Turtle 扩展库绘制"。

2. 形式的确定

我们在上一章讨论分析了五角星的类型以及画法,了解到五角星有很多种类,而里面最简单的一种是利用 5 根直线围成的五角星。结合 Turtle 的用法,我们只需要让小海龟前进 5 次相同的距离就好了。

前面介绍并在代码中透露了小海龟的转向角度,那么,为什么是右转呢? 为什么是前进呢? 小海龟不能左转,不能后退吗? 这里我们详细解释是为什么,也给大家介绍 Turtle 扩展库的使用。

这里涉及的问题核心是:在任何一个扩展库中,为了具有最强的普适性,会对绝大多数的

1

使用情况进行覆盖。也就是说,扩展库往往具有比较全面的功能,我们需要在里面选择一个最合适的功能实现方式。

先从 Turtle 开始,和传统画画一样,在 Turtle 中我们也需要拿"一张大小合适的纸",这张"纸"在 Turtle 里面称为画布。画布大小的指定可以利用下面两种方法:

(1)直接指定画布的像素宽度、像素高度和背景颜色,代码如下

```
#turtle.screensize(width,height,bg)
#设定画布宽 800 像素、高 800 像素、红色背景。
turtle.screensize(800,800,"red")
```

width:画布的像素宽度,大于 1 的整数,没有最大限制,但是数值过大电脑屏幕有可能显示不全。

height:画布的像素高度,大于 1 的整数,没有最大限制,但是数值过大电脑屏幕有可能显示不全。

bg:画布的背景颜色,简单的颜色可以直接指定,如"red""blue"等。注意这里的英文双引号,也是不可缺少的。

这种方式指定的画布大小处于电脑屏幕的中心,画布的颜色就是指定的背景色,画布上下对称、左右对称。唯一不够友好的是画布和屏幕的大小之间容易产生不协调,对于分辨率较低的屏幕可能显得比较满,而分辨率较低的画布又显得太空。为了解决这个问题,建议大家采用第二种方法。

(2)利用 setup 函数实现,代码如下

```
turtle.setup(width, height, startx, starty)
#设定画布宽度占屏幕的 50%,高度占 75%,
#画布左边距离屏幕左边 100 像素
#画布上边距离屏幕上边 100 像素
turtle.setup(width=0.5, height=0.75, startx=100, starty=100)
```

利用 setup 函数实现时,内部参数不能只用数字了,必须明示地指定参数。

width:小于 1,表示画布宽度和屏幕宽度的比例;大于等于 1,表示画布的像素宽度;等于 1,表示画布的宽度只有一个像素。

height:小于 1,表示画布高度和屏幕高度的比例;大于等于 1,表示画布的像素高度;等于 1,表示画布的高度只有一个像素。

startx:表示画布左边距离屏幕左边的像素距离。

starty:表示画布上边距离屏幕上边的像素距离。

如果你仅仅希望限定画布的比例,对画布的位置没有特殊要求,那么可以直接使用下面的简化语句。

```
#设定画布宽度占屏幕的 50%,高度占 75%
turtle.setup(0.5,0.75)
```

接下来我们介绍一下画布怎么用。Turtle 的画布是在电脑上模拟出来的,小海龟默认处

于画布的中心,这样定义的意义在哪里呢? 包含了什么信息呢?

在 Turtle 的画布中隐藏着一个笛卡尔坐标系,通常称为全局坐标系,这个坐标系的原点就是画布的中心;坐标系的 X 轴向右为正,只有整数,单位为像素;坐标系的 Y 轴向上为正,只有整数,单位为像素。除了轴,坐标系里面还隐藏着极坐标的角度,角度的 0°在 X 轴正向,Y 轴正向为 90°,逆时针为正角度,顺时针为负角度。所以,小海龟在坐标系的原点等着指令。在这个坐标系中,小海龟可以接受从某点到某点的指令。

当小海龟动起来之后,它身上还自带一个随身坐标系。这个坐标系的 X 轴正向是从小海龟的尾指向头的连线,Y 轴正向垂直指向小海龟左侧。在这个随身坐标系中,小海龟接受方向指令,此时再碰到到达某点的指令时,小海龟将运动到全局坐标系的某点。这种指令系统让我们绘制由很多部分组成的图形时非常方便。

我们接下来介绍一下五角星的自身参数,用来确定五角星的尺寸信息。一个由 5 条边构成的五角星的角度信息如图 4-9 所示。

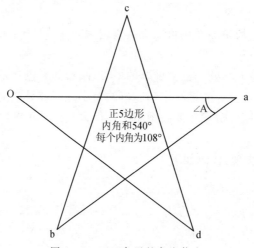

图 4-9   正五角星的角度信息

五角星的五个顶点分别是:O,a,b,c,d。其中,O 是小海龟的起点,小海龟朝向顶点 a。按照计划,小海龟从 O 点运动到 a 点,留下轨迹 Oa,作为五角星的第一条线;在顶点 a 转向后,继续向前直线运动到顶点 b,留下轨迹 ab,作为五角星的第二条线;在顶点 b 转向后继续向前运动到顶点 c,留下轨迹 bc,作为五角星的第三条线;重复上述动作,直到走完所有顶点。小海龟的运动轨迹就是我们需要的五角星了。在这个过程中,小海龟的动作只有两个:前进和转向。前进是小海龟每次前进的距离,也就是五角星的边长,这个长度直接决定了五角星的尺寸。转向是小海龟每次在顶点处的转向角度,也就是五角星顶角的外角,这个角度直接决定了五角星的外形。

显然,正五边形的内角和是 540°,每个角是 108°,那么∠A 的度数计算公式为

$$\begin{cases} \angle A = 180° - (180° - 108°) \times 2 \\ \angle A_w = 180° - \angle A = 144° \end{cases}$$

所以,小海龟转向角度为 144°。前进的距离这里不做要求,暂定为 100 个像素。确定这两个数据之后,读者可以自己估算一下五角星的每个顶点在坐标系中的坐标。是不是只有顶点 O 和 a 比较好计算,另外 3 个顶点都挺难算的? 这就是为什么我们采用 Turtle 绘图,而没有采用 Matplotlib 的原因。小海龟前进和转向的命令可以通过查阅 Turtle 的文档获得,这里给

出代码

```
#向前运动 100
turtle.forward(100)
#向右转向 144°
turtle.right(144)
```

这是小海龟绘制 1 条边的代码,绘制 5 条边,只需要将上面的两行代码重复 5 次即可。完整的代码如下

```
import turtle
turtle.setup(0.5,0.75)
#向前运动 100
turtle.forward(100)
#向右转向 144°
turtle.right(144)
#向前运动 100
turtle.forward(100)
#向右转向 144°
turtle.right(144)
#向前运动 100
turtle.forward(100)
#向右转向 144°
turtle.right(144)
#向前运动 100
turtle.forward(100)
#向右转向 144°
turtle.right(144)
#向前运动 100
turtle.forward(100)
#向右转向 144°
turtle.right(144)
```

运行完上述代码,五角星就绘制出来了,如图 4-10 所示。

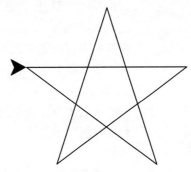

图 4-10 绘制完成的五角星

可见,绘制出来的五角星都是黑色的,看起来不是很好看,而且也没有小海龟,只有一个箭

头,这个箭头可以更好地让同学们理解方向。如果你特别想念小海龟,可以利用下面的代码将图形更换为海龟。同时,还可以更换的图形有圆、三角形、方形等。

```
turtle.shape('turtle')
```

3. 方法的确定

在正常绘画时,一般先勾勒出轮廓,然后在相应的轮廓中涂满需要的颜色;如果用的小排刷,就只需要涂颜色,而不需要勾勒轮廓。所以,边框和填充到底怎么实现还需要查询一下 Python 相关资料。经过查询,我们发现以下两种方法。①Turtle 中的笔迹宽度是可以设置的。以像素为单位,你可以设置为最小的 1 像素,也可以设置一个很大的值。这个操作就像你在纸上画画时,可以选择从最细的勾线笔到大排刷一样。如果笔迹够粗,是不是就不用专门填充了呢?②Turtle 中有专门的填充语句。Turtle 中有相关的带"fill"的方法代码,分为 "begin_fill"和"end_fill"两条,处于这两条语句中间的代码语句绘制出来的封闭图形,将被填充上指定的颜色。根据五角星的特性,很明显应该用第二种方法,因为笔迹太粗,五角星的角可能被填充,但是中间的五边形部分可能填充不全。

但是,进一步研究发现,这个"fill"方法并不能指定填充的颜色。所以,再次查询发现,在 Turtle 中有两种方法设置填充颜色,即直接法和间接法。在此利用 fillcolor()函数填充颜色。 fillcolor()函数是专用填充颜色设置函数,调用方式和 Turtle 扩展库中的其他函数一样。fill-color()重点内容在于颜色的指定上,这一点我们可以看 Turtle 的相关帮助文档。

fillcolor()函数有三种用法:

(1)fillcolor(color):直接用颜色名称指定颜色。例如"red", "yellow",这里的双引号是英文的半角双引号。

(2)fillcolor(color, g, b):用 6 位 16 进制数值表示颜色,注意,这里不是(R,G,B)方式。 当然,也可以使用(R,G,B)格式。例如 "♯33cc8c",(255,255,255)两种形式,第一种是用 "♯"号开头的 6 位 16 进制数,第二种就是 RGB 格式了,括号中的每个数值范围为 $0\sim255$,0 表示光强最弱,255 表示光强最强。

(3)fillcolor():查看当前的填充颜色。

具体的使用方法如下

```
turtle.fillcolor("violet")        ♯设置填充颜色为"紫罗兰"
turtle.fillcolor()                ♯查看填充颜色

col = turtle.pencolor()           ♯读取当前画笔颜色
col                               ♯查看当前画笔颜色

turtle.fillcolor(col)             ♯将画笔颜色作为填充颜色
turtle.fillcolor()                ♯查看填充颜色

turtle.fillcolor('♯ffffff')       ♯设置填充颜色为白色
turtle.fillcolor()                ♯查看当前填充颜色
```

至此,我们确定了利用 Turtle 库实现五角星,确定了五角星的具体样式,确定了轮廓线的画法和填充颜色的方法。接下来,这些问题将在算法制定中被进一步细化。

4.3.3　算法制定

到了算法制定阶段,问题应该被分解为一个个详细的具有明确实现方法的小步骤,这些步骤之间的关联关系非常明晰,如哪里是顺序结构,哪里是选择结构,哪里是循环结构,每个结构对应的判定条件是什么等。因此,算法制定阶段可以分为伪代码阶段和流程图阶段。伪代码阶段是流程图的前级,可能不会非常细致,但是对流程图实现具有很大的帮助。

1. 伪代码阶段

接下来,我们先写出绘制红色填充五角星的伪代码。

第一阶段:问题声明;用于精炼、准确地描述问题,也可以将问题重复出来。比如这里我们可以将问题精炼为

问题:绘制纯红色 5 边五角星。

这个问题就是我们经过分析问题、问题分解后找出的合理的解决方法。纯红色表示整个五角星都是红色,边框色、填充色是相同的红色;5 边表示图形由 5 条边组成,而不是其他图形;五角星强调了需要绘制的是五角星,结合前面的 5 边,确定了五角星的样式,也即确定了五角星的角度信息。

第二阶段:输入输出声明;用于明示当前算法的输入需求和输出格式,方便和其他算法对接。对于具有输入输出需求的算法,这部分不但不能省略,反而要详细的解释说明。对于缺少某一项或者完全不需要输入输出的,可以不写,但是要保留关键字。当前的问题是到现在也没有对五角星尺寸的说明,所以可以将尺寸作为输入,输出可以描述该算法的输出形式。可以写成:

输入:五角星的边长。单位:像素;范围:100～200;

输出:Turtle 画布。前景色:红色;底色:白色;

描述完问题、输入和输出之后,伪代码的描述部分就完成了,接下来就是具体的算法制定过程的描述。在伪代码的算法描述部分,每一行都必须有行号;需要用缩进来表达层次关系;尽量用通俗易懂的符号。结合分析问题和问题分解两部分内容,算法部分可以描述为

```
设定边长数值
调入 turtle 库
设定画布大小
设定笔迹颜色
设定填充颜色
开始填充颜色
小海龟向前移动♯绘制第一条边
小海龟转向♯转向准备绘制第二条边
小海龟向前移动♯绘制第二条边
小海龟转向♯转向准备绘制第三条边
小海龟向前移动♯绘制第三条边
小海龟转向♯转向准备绘制第四条边
小海龟向前移动♯绘制第四条边
小海龟转向♯转向准备绘制第五条边
小海龟向前移动♯绘制第五条边
小海龟转向♯转向回到初始状态
结束填充颜色
```

　　这一段伪代码为了好理解采用了纯文字描述,但是从算法结构上说,纯文字描述并没有符号表示的好理解。读者要注意选择和你的问题、工具等最符合的伪代码表述形式。

　　伪代码除了理清楚需要完成的工作,搞清楚每一句的含义之外,最重要的是对问题分解的结果进行分析,看看是否需要再次优化。例如,上面伪代码中的第 16 行,它的意思是小海龟回到了绘画开始之前的状态:处于原点位置,头朝向右方,航向角度为 0°。

　　再比如,我们在纸上绘制五角星的时候,你可能会觉得小海龟在绘制每条边时,它的位置、朝向都和别的边不同,所以才会出现从第 7 行到第 16 行的用于绘制 5 条边的代码。但是,经过伪代码的归纳之后,我们发现小海龟在绘制每条边的时候采取的是相同的行为:先前进,再转向。进一步分析后发现,五角星每个角的外角度数是一样的,所以小海龟的转向角度是一样的。既然前进距离一样,转向角度也一样,那么,是不是可以说小海龟重复了 5 次一模一样的动作行为呢?

　　当然可以!所以,我们可以将上面伪代码的算法部分修改为一个重复 5 次的循环。和前面的描述部分合并后的结果如下

```
问题:绘制纯红色 5 边五角星。
输入:五角星的边长。单位:像素;范围:100～200;
输出:Turtle 画布。前景色:红色;底色:白色;
设定边长数值
调入 turtle 库
设定画布大小
设定笔迹颜色
设定填充颜色
开始填充颜色
开始绘制 5 条边
小海龟向前移动        #绘制边
小海龟转向            #转向准备绘制边
结束填充颜色
```

　　这样我们就实现了在算法制定阶段对问题分解阶段的优化。同学们要记住的是,第 5 条边绘制完成后,小海龟的转向使得小海龟恢复到了最原始的姿态。

2. 流程图阶段

　　很显然,上述伪代码算法可以分为 3 个部分,前 6 行为第一部分,是做准备工作的流程,可以用一个流程符号表示。中间的第 7～9 行是第二部分,这部分是个循环结构,需要一个判定符号和一个流程符号。判定符号用于判断 5 条边是否绘制完成,流程符号用于表示第 8、9 两行算法。第三部分为第 10 行内容,用一个流程符号表示。

　　分完之后,新的问题又出现了。如何判定 5 条边都绘制完成了呢?用什么样的表述方式能够准确和 Python 语言中的表示方法对接呢?也就是让其他同学使用这个流程图的时候能够准确地知道你的设计思想并实现呢?

　　在自然语言中,我们表达循环往复的意思,有下面两种句式:

　　(1)如果绘制完 5 条边,就不画了。这句话的意思是:首先已知有 5 条边了,每画一条就判

定一下还有没有剩余的边需要继续绘制,如果有就继续绘制,如果没有就不画了。很显然,这种方式适用于已经很清楚循环往复次数的情况。这种描述对应着 Python 语言中的"for"循环。

(2)当前绘制的是第 5 条边,就不画了。这句话的意思是:首先不知道要画几次,每画一条边就记录一下,然后用设定的限制条件判定一下,看看有没有完成工作,如果没有就继续,如果完成了就结束。这种方式属于开放性方式,具体循环次数可以随时变更。由于是循环操作,在某些问题中,循环次数过多并没有什么不好的影响。比如这里的每次循环都是前进和转向,重复次数过多也仅仅会在原来的轨迹上继续绘制,并不会出现什么不好的问题。这种描述对应着 Python 语言中的"while"循环。

在这里,我们采用第二种语言模式绘制流程图,如图 4-11 所示。

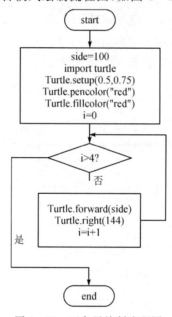

图 4-11　五角星绘制流程图

首先进行一系列的定义 ,最重要的是定义了一个整数变量 i,初始值为 0,然后检查 i 的值是否大于 4。如果不大于,则让小海龟开始划线,否则停止绘画,结束程序。每次小海龟绘制完成一条线,整数变量 i 的值加 1。由于 i 从 0 开始,所以当第 5 条边绘制完成,i 的数值为 4,当判定符号检查时,i 大于 4 了,就停止绘制。

4.3.4　程序实现

如果在算法制定阶段能够完整地写完伪代码,完整地绘制完成流程图,说明前期的分析问题和问题分解是成功的,没有大的逻辑错误。如果写伪代码和流程图出现困难,尤其是流程图绘制阶段无法具体描述,则说明问题分解得不够详细,应该返回到问题分解阶段继续分解问题。到了程序实现阶段,也是一样的。如果在程序编写过程中发现流程图中的内容无法在 Python 语言的规则下实现,也说明算法制定阶段甚至是前面的问题分解阶段的结果不合适,需要进行细化调整。总的来说,这四部分之间是一种循环的关系,图 4-12 是四个步骤的关系描述。

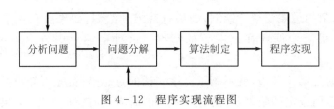

图 4-12   程序实现流程图

至于将算法制定结果转换为 Python 程序,不同的程序员有不同的风格,转换出的代码也不一致。这里给出第一种已知循环次数的循环表示方法的代码,请读者自行整理第二种表达方式的代码。

```
import turtle as t          #引入 turtle 库
scale =0.5                  #设定绘图区域比例
边长 = 200                  #设定五角星边长
外角 = 144                  #设定五角星外角度数
t.setup(scale,scale)        #设定画布大小,利用比例方式设定
t.color('red','red')        #设定笔迹颜色和填充颜色为红色
t.begin_fill()              #开始颜色填充
for _ in range(5):          #定义数列 5,每次拿一个数值出来,如果没有数值了,就结束
循环。
    t.fd(边长)              #小海龟前进五角星边长
    t.right(外角)           #小海龟转向五角星外角
t.end_fill()                #结束颜色填充
t.hideturtle()              #在画布上隐藏小海龟
```

小结

本章介绍了程序的概念、程序的设计流程、简单的问题分析方法以及程序设计流程图的相关概念和知识。

程序设计流程图是贯穿在分析问题、问题分解、算法制定和程序实现过程中的。

分析问题阶段是对程序设计流程图不断优化的过程,此时注重的不是细化功能,而是架构框架的合理性,即流程图每部分是否平衡,是否将关联性很强的部分都合并在了一起。

问题分解阶段才是对程序设计流程图不断细化的过程,但是这个细化不是在原始图上不断地添加内容。问题分解阶段的细化是在保证层次的前提下不断细化的,要利用问题分解,不断摸清楚解决问题的重点和难点。

算法制定阶段是将程序设计流程图细化到具体步骤的阶段,这时候的程序设计流程图中的每一个流程都能够和将来的程序一一对应。如果有通用算法的变形等操作,就需要在这个阶段明示出来,如泰勒公式的展开等。

程序实现阶段是以程序设计流程图为样本,一个符号、一个结构逐一用计算机编程语言实现的过程,在实现过程中一旦发现程序的实现结果在性能上与算法制定的不一致,就要及时寻

找原因,也就是程序设计流程图的反复。

习题

1.尝试将下列问题用伪代码、流程图的形式表现出来。

(1)人民币和外币的相互兑换。

(2)人民币、美元、日元、欧元之间的相互兑换。

(3)多个账户中人民币、美元、日元、欧元之间的相互兑换。

2.利用 Turtle 绘制下列图形(见图 4-13 至图 4-15),绘制之前,请仔细思考每一幅图的具体需求、组成元素、绘制顺序,以及对应的 Python 语句。

图 4-13　图形模板 1

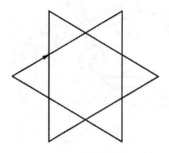

图 4-14　图形模板 2

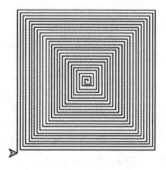

图 4-15　图形模板 3

第 5 章

繁花曲线与序列

繁花曲线各式各样，特别好看。繁花曲线规是上海工学院（现上海大学）杨秉烈先生于20世纪70年代发明的。图5-1是作者自己绘制的一个繁花曲线，读者可以扫描下面的二维码查看。

图5-1 一个繁花曲线图

繁花曲线

　　繁花曲线规是一种由一套齿轮组成的智力玩具和设计工具。内齿轮是一种内圈带齿的环；外齿轮的齿在外面，内部有一些非圆心的小圆孔和几个其他形状的、较大的孔，可以表示一系列的孔。繁花曲线规有两种使用方式：第一种使用方式是固定大齿轮，在大齿轮里放一只小齿轮，把笔尖插进小齿轮的某一个孔里，带动小齿轮转动，在纸上就会留下美丽的曲线花纹；第二种使用方式是固定一个小齿轮,把笔尖插入大齿轮的某个小孔中,带动大齿轮转动,也可以画出美丽的曲线。

　　大小齿轮的齿数比,简化后的分母就是小齿轮的自转数,分母和分子的和就是图案中的花瓣数,分子就是小齿轮沿着大齿轮的公转数。所以,只要掌握这个最简分数,就能知道画出来的图案大概是什么形状的。

　　从几何上看,作为外圈的大齿轮是最外圈的限定轨迹,内部的小齿轮在大齿轮内部滚动,齿间的咬合保证两者之间不滑动,大齿轮的周长和小齿轮的周长决定了小齿轮的公转数,而小齿轮中的小孔,则可以看作是一个以小齿轮圆心到小孔间距离为直径的圆,这个圆围绕小齿轮圆心转动。选择不同的齿轮与不同的孔,就相当于是大小不同的三个圆互相做绕圈运动,最小绕圆上的一点就可画出细腻、动人的各种曲线,如玫瑰线、内摆线等。

　　在这里,我们介绍第一种“圆内旋轮线”,如图 5 - 2 所示。

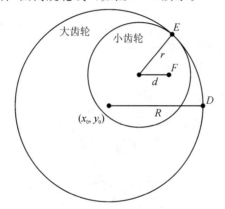

图 5 - 2　圆内旋轮线示意图

　　假设大齿轮的半径是 R,圆心在 (x_0, y_0),小齿轮的半径是 r,小齿轮内部的半径上有一点 F,到小齿轮圆心的距离是 d,则小齿轮绕大齿轮运动时,该点的轨迹曲线方程是

$$\begin{cases} x = (R-r)\cos\theta + d\cos\left[\dfrac{(R-r)\theta}{r}\right] \\ y = R - r\sin\theta + d\sin\left[\dfrac{(R-r)\theta}{r}\right] \end{cases}$$

这个轨迹就是繁花曲线的一种了。

5.1　小海龟的朝向

　　接下来,我们利用 Python 的 Turtle 库来模拟繁花曲线。当然,我们不会从上面那么复杂的公式上入手,因为 Turtle 没有那么强大的能力让你掌控每一个绘图点,只能让你控制每一条线。但是,我们可以从繁花曲线的介绍中了解到一点,既然是一个个的圆互相绕圈运动,那么运动的轨迹应该是各种曲线。既然是曲线,就可以不断用“前进＋转向”实现。

　　在此,我们尝试利用“前进＋转向”绘制一些图形。上一章我们通过小海龟的前进加右转实现了五角星的绘制,为了能够更清晰地看出小海龟的轨迹,我们让小海龟前进之前先写下一个数字,然后再前进和转向。绘制的结果如图 5 - 3 所示。

图 5-3　利用"前进＋转向"绘制五角星

　　图中的 0 表示小海龟的初始位置,后续的数字表示小海龟到达的先后次序,这样小海龟的轨迹看起来就很清晰了。

　　同时上一章还留下了一个问题:如果小海龟是前进加左转会得到什么图形呢? 也就是将代码更改为如下的形式

```
turtle.forward(100)  #小海龟前进 100 像素
turtle.left(144)     #小海龟向左转向 144°
```

　　将程序调整之后,运行出来的结果如图 5-4 所示。

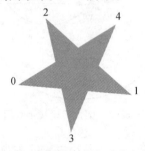

图 5-4　变更转向方向后的五角星

　　可以看出,小海龟向左转之后,刚好绘制了一个上下镜像的五角星。那么新的问题来了,如果还是坚持原来的右转,却要求绘制出一个上下镜像的五角星,又该怎么做呢?

　　这里我们直接给出图形(如图 5-5 所示),希望能给读者带来一点启示。

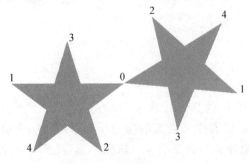

图 5-5　绘制镜像五角星

　　前面我们介绍代码时提道:当小海龟绘制完成 5 条线,它会回到原始的位姿,处于坐标原点,头朝向右。基于这一点,我们为了得到一个正常的正向五角星,让小海龟在绘制第二个五

角星之前向左转向 $180°$，代码如下

```
import turtle as t
scale =0.5
边长 = 200
外角 = 144
t.setup(0.5,0.5)
t.color('red','red')
t.begin_fill()
for _ in range(5):
    t.write(_,font=('arial',16,'normal'))
    t.fd(边长)
    t.left(外角)
t.end_fill()
t.seth(180)
t.begin_fill()
for _ in range(5):
    t.write(_,font=('arial',16,'normal'))
    t.fd(边长)
    t.left(外角)
t.end_fill()
t.hideturtle()
```

　　读者可以拷贝代码，自己在 IDLE 里面运行一下，看看结果如何。到这里，读者应该对 Turtle 扩展库中的"前进＋转向"有了比较清晰的认识。接下来，我们继续回到繁花曲线上来。繁花曲线用的是曲线在不同角度的重复，现在我们还不会绘制曲线，但可以用五角星重复。在上面的代码中，for 语句块用来绘制五角星，通过重复 for 语句块实现重复绘制五角星，只是在绘制之前要将小海龟换个方向。

　　接下来做一个实验，我们绘制由 5 个五角星组成的图案，每个五角星拿出一个角与其他五角星相交。这样，当小海龟绘制完成一个五角星后回到原点，我们只需要将小海龟转动 $72°$ 就可以接着画下一个五角星，5 个五角星绘制完成后，小海龟刚好旋转一周。我们仍然利用上述代码中的转向代码，完整版代码如下，大家注意左右转向和设定朝向之间的区别。

```
turtle.seth()#设置当前小海龟的朝向在全局坐标系中的角度。
turtle.right()#设置小海龟在当前的全局坐标系朝向上继续右转。
turtle.left()#设置小海龟在当前的全局坐标系朝向上继续左转。
```

　　这个代码的简单伪代码算法部分如下

小海龟绘制五角星♯第一个五角星

小海龟转向 72°

小海龟绘制五角星♯第二个五角星

小海龟转向 72°

小海龟绘制五角星♯第三个五角星

小海龟转向 72°

小海龟绘制五角星♯第四个五角星

小海龟转向 72°

小海龟绘制五角星♯第五个五角星

小海龟转向 72°

看起来是不是很麻烦？和当时为了绘制一个五角星的 5 条边就重复 5 次"向前＋转向"一样，当时用到了 for 循环。这里已经确定了需要绘制 5 个五角星，所以我们继续用 for 循环来简化伪代码。经过简化后的伪代码如下

```
for starnum in range(5):♯starnum 为五角星的个数
    小海龟绘制五角星
    小海龟转向 72°
```

将上述的伪代码转换为 Python 代码后，完整代码如下

```
#_*_ coding：utf-8_*_
import turtle as t
scale ＝0.5
边长 ＝ 200
外角 ＝ 144
t.setup(0.5,0.5)
t.color('red','red')
for starnum in range(5):
t.begin_fill()
for _ in range(5):
    t.write(_,font＝('arial',16,'normal'))
    t.fd(边长)
    t.left(外角)
t.end_fill()
t.right(72)
t.hideturtle()
```

运行的结果如图 5－6 所示。

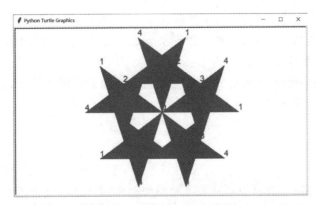

图 5-6　循环绘制多个五角星

由图 5-6 可见,绘制的图形不是很漂亮。由于边长太长导致五角星之间发生了大面积重叠,这又涉及了小海龟的前进距离的问题,和小海龟的转向角度问题类似,后面我们再讨论它。这里的重点是:我们通过更改小海龟的朝向角度,重复绘制某一个形状,可以组成新的图形。

5.2　for 语句的嵌套

讲到这里我们需要小结一下,我们先用 for 语句块将 5 条边长利用 for 循环合并起来,减少了代码的行数,让代码更加简洁明了。然后我们再次利用 for 循环将 5 次绘制五角星＋转向的操作合并起来,同样达到了减少代码行数,让代码简洁明了的效果。

要注意,这里的两个 for 语句块之间的关系是嵌套包含关系,就是下面这种形式。这里给出 Python 中 for 语句的完整形式,在 for 的最后还带一个 else,表示 for 循环执行完以后要进行的流程,只有 else 部分执行完成,才能运行 for 复合语句之后的代码。

```
for 迭代变量 in 一个序列:
    流程语句
    for 迭代变量 in 一个序列:
        流程语句
    else:
        流程语句
else:
    流程语句
```

如果有更多的嵌套事件,我们可以利用更多的 for 语句相互嵌套来实现。要注意的是,这里的 for 语句需要预知确定的循环次数。例如这里需要绘制 5 个五角星,每个五角星需要 5 条边,两个 5 就是明确的循环次数。

在 for 循环的条件区域中,构建一个包含 5 个元素的序列,for 语句每次从序列当中抽取一个元素赋值给迭代变量,这里的抽取包含两个行为:第一个是序列当中还有剩余元素,抽取成功;第二个是将这个元素赋值给迭代变量。

第一个行为成功,表示需要继续循环。第二个行为表示可以在循环内部使用抽取的元素进行相关操作；当然，也可以不使用这个抽取元素。例如前面的代码，我们每次绘制完成一个五角星都是直接右转 72°，没有什么地方用到从 range(5)序列里面抽取的元素，但是迭代变量又不能没有，所以干脆用下划线命名了。

如果需要使用这个抽取出来的元素呢？首先需要知道代码中的 range(5)序列都包含了什么元素，所以接下来我们先跳出 for 语句，介绍一下 range 函数。

5.3　range 类型

Python 中的 range() 函数可创建一个整数列表，一般用在 for 循环中。这个整数包含了整个整数几何。但是，我们在每次使用时都是选择自己合适的使用范围。比如上面我们需要循环 5 次，但并不使用元素值，所以产生 5 个元素就好，不用在乎具体的数值。因此，在代码里面使用了 range()函数最简单的使用形式

```
range(5)
```

这句代码的含义是产生一个具有 5 个元素的序列，序列的元素为[0,1,2,3,4]，一共 5 个整数。在 Python 中利用方括号"[]"将一些内容括起来形成一个列表，就像将一串内容联合起来一样，每一个内容称为一个列表元素。关于列表的内容，我们将在后面讨论，这里不再讨论。

如果你想在 Python 中看一下列表的内容，可以利用列表函数"list()"，而不是直接查看，在 IDLE 中输入下面的代码，看看能否得到相同的结果？

```
list(range(5))#列出列表内容
[0,1,2,3,4]
```

这种方式产生的 range 列表都是从整数 0 开始，到(给定数值−1)结束，这里给定数值为5，所以整个序列是从整数 0 开始，到整数 4 结束，等差为 1。

在很多时候，尤其是需要使用列表元素的时候，就不能如此随便地产生序列了，这时候就需要利用到 range()函数的完整形式，括号里面可以包含三个参数，带方括号的参数为可选参数。

```
range([start,] stop[, step])
```

参数说明如下：

①start：计数从 start 开始，默认值为 0。例如，range(5)等价于 range(0,5)。

②stop：计数到 stop 结束，但不包括 stop。例如，range(0,5) 是[0, 1, 2, 3, 4]，没有 5。

③step：步长，默认为 1。例如，range(0,5) 等价于 range(0,5,1)。

需注意的是：无论如何组合，序列的最后一个值总是小于 stop 的符合 setp 规则的整数；setp 的方向需要与序列方向一致，否则会产生空序列。

range 函数举例如下

```
list(range(10))   # 从 0 开始到 9,步进 1,总共 10 个数
[0, 1, 2, 3, 4, 5, 6, 7, 8, 9]
list(range(1, 11))  # 从 1 开始到 10,步进 1,总共 10 个数。
[1, 2, 3, 4, 5, 6, 7, 8, 9, 10]
list(range(0, 30, 5))   # 从 0 开始到小于 30 的以 5 步进的数。
[0, 5, 10, 15, 20, 25]
list(range(0, 10, 3))   # 从 0 开始到小于 10 的以 3 步进的数。
[0, 3, 6, 9]
# 从 0 开始到大于 -10 的以 -1 为步进的负数。
list(range(0, -10, -1))
[0, -1, -2, -3, -4, -5, -6, -7, -8, -9]
# 从 0 开始到 -1 结束步进为 1 的序列,序列方向与步进方向冲突
list(range(0))
[]
# 从 1 开始到 -1 结束步进为 1 的序列,序列方向与步进方向冲突
list(range(1, 0))
[]
```

5.4　for 语句使用 range( )函数

大家已经了解了 range()函数,那么当 range()函数和 for 语句结合使用,同时还需要用到 range()函数产生的序列元素时,我们要仔细考虑需要产生一个什么样的序列。

回到绘制 5 个五角星的例子上来,这里不再直接将小海龟转向,而是使用直接设定小海龟在全局坐标系中的朝向角的方式。小海龟第一次绘制完成五角星后的位姿是(x,y,θ),这里使用的是二维空间中的运动物体常用的位姿表示形式,圆括号中的三个元素分别表示:X 轴坐标、Y 轴坐标、航向角。小海龟每次绘制五角星之前的位姿为:$(0,0,0)$;$(0,0,72)$;$(0,0,72*2)$;$(0,0,72*3)$;$(0,0,72*4)$。

这里我们强调了一个"前"字,读者能想象出来"前"和给出的位姿列表之间的关系吗?"前"表示小海龟每次绘图之前的位置,意味着我们需要在绘制五角星之前在代码中设定小海龟的朝向角度。这里将一个圆周 360° 分成 5 个部分,每一部分 72°。小海龟初始朝向为 0°,后续的朝向分别是 72°、144°、216°、288°。

如何将产生的序列和小海龟朝向角结合呢?这里介绍两种方法:等差法和等比法。

1.等差法

等差法是指找出小海龟朝向角度之间的步长值。在知道初始值为 0°,终止值不大于 360° 的情况下,利用步长值产生我们需要的序列。这里的结果就很明显了,按照每个五角星 72° 来偏转朝向,那么 range 函数的 step 的值是 72,start 的值是 0,stop 的值是 360,所以 range 函数的代码就是

```
range(0,360,72)#产生绘制五个五角星前的小海龟朝向角度序列
list(range(0,360,72))#输出绘制五个五角星前的小海龟朝向角度序列
[0, 72, 144, 216, 288]
```

这些序列值就是真实的小海龟朝向值,可以直接使用。

2.等比法

等比法是指找出序列中各元素之间增量的最大公约数,除去最大公约数后剩下的序列就是需要产生的序列。如果是高纬度序列,则需要继续拆分,一层一层地固定需要产生的序列。

这里小海龟朝向序列的最大公约数是 72,所有的角度值都除以 72 之后剩余的序列为 [0,1,2,3,4],这个序列就是我们需要利用 range 函数产生的序列。这个序列的 range 函数的参数为:start 的值是 0,0 是起始默认值,可以不写;stop 的值是 5,注意 stop 值一定比最后一个序列值要大;step 的值是 1,1 是步进默认值,可以不写。所以 range 函数的代码就是

```
range(0,5,1)#产生绘制五个五角星前的小海龟朝向角度序列
list(range(0,5,1))#输出绘制五个五角星前的小海龟朝向角度序列
[0, 1, 2, 3, 4]
```

这里要注意,这些值并不是小海龟的真实朝向值,需要和最大公约数相乘后才是真实朝向值。

接下来我们直接给出两种方法的代码,读者可以仔细研究一下它们的不同之处。

等差法产生序列的代码如下

```
# _ * _ coding: utf-8 _ * _
import turtle as t
scale = 0.5
边长 = 200
外角 = 144
t.setup(0.5,0.5)
t.color('red','red')
for starnum in range(0,360,72): #等差法产生序列
    t.seth(starnum)
    t.begin_fill()
    for _ in range(5):
        t.write(_,font=('arial',16,'normal'))
        t.fd(边长)
        t.left(外角)
    t.end_fill()
t.hideturtle()
```

等比法产生序列的代码如下

```
# _ * _ coding: utf-8 _ * _
import turtle as t
scale =0.5
边长 = 200
外角 = 144
t.setup(0.5,0.5)
t.color('red','red')
for starnum in range(5): #等比法产生序列
    t.seth(72 * starnum)
    t.begin_fill()
    for _ in range(5):
        t.write(_,font=('arial',16,'normal'))
        t.fd(边长)
        t.left(外角)
    t.end_fill()
t.hideturtle()
```

5.5　序列

　　在前面绘制 5 个五角星的例子中,我们利用了不同的小海龟朝向角产生方法,这些方法能够使用在很多场景中,同学们可以自主尝试一些其他场景。

　　不管哪种场景哪种方法,我们的五角星都重叠在一起了,不是很美观。正常的修改方法是通过计算,找到合适的边长,然后用在代码中。这里用一种比较笨的方法,既然我们已经部分掌握了计算机,那么就让计算机不停地去尝试,直到找到一个比较合适的边长。既然 200 太长,那就在 100 到 200 之间找找看,什么边长最合适,但是尝试 100 次显然不合适,需要设定一个步进间隔,比如 20 就比较合适。此时又变成 range 函数的参数了:start 的值为 100,stop 的值为 200,step 的值为 20。

　　利用下面的代码产生五角星的边长,每画一个五角星更改一下边长。看看能否找到一个不重叠的边长序列,就像图 5-7 一样。

```
range(100,200,20) #产生五角星边长
```

　　这里先用前面的方法更改边长。很明显,边长序列是一个等差序列,但是和前面小海龟朝向角的等差序列差距过大,反而和等比法比较接近,在此我们在等比法的基础上添加边长变化。前面我们在每次绘制五角星之前变更了朝向角,这里变更边长的方法也是一样的。在代码中,我们只需要在每次绘制五角星之前变更变量边长的数值即可。具体代码如下

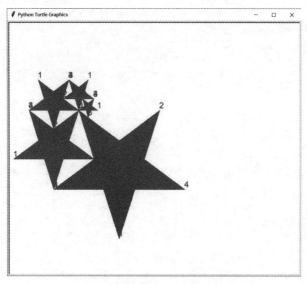

图 5-7   绘制不同边长的五角星

```
import turtle as t
scale =0.5
边长 = 200
外角 = 144
t.setup(0.5,0.5)
t.color('red','red')
for starnum in range(5):#等比法产生序列
    t.seth(72 * starnum)#变更朝向角,每次加 72°
    边长 = starnum * 20+100;#从 100 像素开始变更边长,每次加 20
    t.begin_fill()
    for _ in range(5):
        t.write(_,font=('arial',16,'normal'))
        t.fd(边长)
        t.left(外角)
    t.end_fill()
t.hideturtle()
```

读者们尝试的结果如何?是不是怎么都找不到一个不重叠的边长值?找不到的原因是,这里需要的边长序列,根本不是等差或者等比序列,而是斐波那契序列!

为了达到最终的效果,需要后一个五角星的外接五边形的边长等于前一个五角星的边长,就是图 5-8 所示的关系。

由图 5-8 可知,我们可以发现这样一个规律:第一条线 AD,恰好是绘制的第一个五角星的边长;而 AD 又是第二个五角星外接五边形的边长,和边长 AH 相等。根据三角函数可知,第二个五角星的边长 AG 与 AH 之间的关系为

$$AG=AH\times2\times\cos(36\times P_i/180)$$

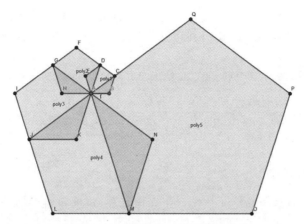

图 5-8　绘制五角星的几何解释

　　根据以上公式,在确定第一个五角星的边长之后,后续五角星的边长可以用上面的公式计算得出。假设我们绘制的五角星中第一个五角星的边长为 50,则所有五角星边长的序列是 [50,80.9,130.9,211.8,342.7]。大家可以将这组序列放到代码里面,每次绘制五角星之前从边长序列里面提取一个边长数值即可。

　　这里还是直接给出代码

```
'''
变更边长
'''
import turtle as t
scale = 0.5
sides = [50,80.9,130.9,211.8,342.7];#边长序列
外角 = 144
t.setup(0.5,0.75)
t.pu()
t.goto(-200,100)
t.pd()
t.color('red','red')
for starnum in range(5): #等差法产生序列
    边长 = sides[starnum]#按顺序抽取一个边长
    t.seth(72 * starnum)
    t.begin_fill()
    for _ in range(5):
        t.write(_,font=('arial',16,'normal'))
        t.fd(边长)
        t.left(外角)
    t.end_fill()
t.hideturtle()
```

这里我们重点解释第 6 和第 14 行。第 6 行,我们在代码里面新添加了一个变量 sides,并将边长序列赋值给它。第 14 行,我们利用从[0,1,2,3,4]序列中抽取的 starnum 变量,从 sides 中提取五角星的边长。

读者将代码运行一遍就可以看出,sides 中的边长被从小到大或者从左向右抽取出来了。也就是说,序列 sides 的抽取语法为:sides[0],抽取 sides 的第 0 个元素;sides[1],抽取 sides 的第 1 个元素;sides[2],抽取 sides 的第 2 个元素;sides[3],抽取 sides 的第 3 个元素;sides[4],抽取 sides 的第 4 个元素。

5.5.1　序列的定义

在 Python 中,序列指的是一些值按一定顺序排列,可通过每个值所在位置的编号(称为索引)访问它们。

基于此,Python 中属于序列的具体类型包含 string、list、tuple,这些都是在 Python 中利用 type 函数得到的类型名称,中文名称是字符串、列表、元组。

字符串的概念　　　列表的概念

(1)list 序列:例如[1,2,3,4],用方括号括起来的元素。这些元素可以是不同类型,甚至可以是一个 list;多个元素之间利用逗号分隔。

(2)tuple 序列:例如(1,2,3),用圆括号括起来的元素。这些元素可以是不同类型,甚至可以是一个 tuple;多个元素之间利用逗号分隔。

(3)string 序列:例如' hello world,1234! ',或者"hello world,1234!",又或者''' hello world,1234! '''和"""hello world,1234!""",用引号括起来的元素。可以用一对单引号、双引号,或者三对单引号、双引号,但是单、双引号不能混合使用。

5.5.2　序列的索引

Python 中,上述类型内部的元素都能够通过索引进行访问。Python 中的索引分为以下两种方式:

1.从左至右的正数索引访问

假设序列中包含 L 个元素,则正数索引的起始值从"0"开始,到"L-1"结束,最左侧元素索引编号为"0",最右侧索引编号为"L-1",中间元素的索引编号从左向右依次递增。图5-9方块中的数字为元素的索引编号。

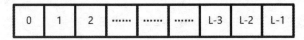

图 5-9　从左向右正数索引

2. 从右向左的负数索引访问

假设序列中包含 L 个元素,则负数索引的起始值从"−1"开始,到"−L"结束,最右侧元素索引编号为"−1",最左侧索引编号为"−L",中间元素的索引编号从左向右依次递增。图 5−10 方块中的数字为元素的索引编号。

图 5−10 从右向左负数索引

要注意的是,序列的索引编号最普遍的应用方式为直接引用方式,如前面代码中的

sides[0] #调用 sides 序列中索引编号为 0 的元素

就是利用正数调用了 sides 序列最左侧的元素。

5.5.3 序列的切片

除了调用单独的元素之外,另一种常用调用方式为切片式。所谓切片就是指从序列的所有元素中,一次性调用相邻的若干个元素,或者按照某种规律选择若干个元素。

假设有个序列 sequence,则对其实现切片操作的语法格式如下:

$$sequence[[start]:[end][:step]]$$

其中,各个参数的含义如下。

(1)start:表示切片的开始索引位置(包括该位置),此参数也可以不指定,会默认为 0,也就是从序列的开头进行切片。

(2)end:表示切片的结束索引位置(不包括该位置),如果不指定,则默认为序列的长度。

(3)step:表示在切片过程中,隔几个存储位置(包含当前位置)取一次元素,也就是说,如果 step 的值大于 1,则在进行切片去序列元素时,会"跳跃式"地取元素。如果省略设置 step 的值,则最后一个冒号就可以省略。

上述参数都是可选参数,但是要注意中间的冒号。一般情况下,如果仅仅省略了 start 或者 end 值,冒号是需要留下的。当 start 和 end 都省略了,仅单独留下 step,此时需要两个冒号。如果三个参数都省略了,冒号就不需要了。这几种使用方式要和前面的单独索引注意区分。例如,对于前面的列表 sides,有

sides[0]:调用 sides 序列第 0 个元素,左边第一个元素;

sides[2]:调用 sides 序列第 2 个元素,左边第三个元素;

sides[2:]:调用 sides 序列第 2 到最后的所有元素,左边第三个到最右边的元素;

sides[:2]:调用 sides 序列第 0 到第 1 个元素,左边的两个元素,不包括第 2 个元素;

sides[::2]:从最左侧开始间隔 1 个调用 sides 序列的元素,可以包含最后一个。

sides[::−2]:从最右侧开始间隔 1 个调用 sides 序列的元素,可以包含最后一个。但输出顺序按照从右向左的编号输出,先输出最右边元素。

sides[−2:]:调用 sides 序列元素,从索引编号为−2 的元素开始,一直到最右侧元素。

sides[:−2]:调用 sides 序列元素,从最左侧元素开始一直到索引编号为−3 的元素。

总之,序列的切片一定要注意冒号(:)的使用。

字符串的操作   列表的操作

5.5.4 序列的相加

Python 中支持两种相同类型的序列使用加号"＋"运算将两个或者两个以上的序列按照前后顺序连接起来,连接的结果不去重,不排序。如下例

```
>>>[1,2,3]+[6,5,4]#连接两个 list 序列
[1,2,3,6,5,4]
>>>(1,2,3)+(6,5,4)#连接两个 tuple 序列
(1, 2, 3, 6, 5, 4)
>>>'123'+"654"#连接两个字符串运
'123654'序列的相乘
```

Python 中支持对序列使用乘号"＊"运算将序列按照原始内容复制若干次,相乘的结果不去重,不排序。如下例

```
>>> [1,2,3]＊3 #复制 3 份
[1, 2, 3, 1, 2, 3, 1, 2, 3]
>>> (1,2,3)＊3 #复制 3 份
(1, 2, 3, 1, 2, 3, 1, 2, 3)
>>>'123'＊3 #复制 3 份
'123123123'
>>>'＊'＊3 #复制 3 份
'＊＊＊'
```

在学习其他计算机编程语言中,有个经典的例子是"打印星号",即要求在每一行打印不同数量的星号,也可以组成各种图案。例如,按要求打印星号

```
*
* *
* * *
* * * *
```

在上面的问题中,第一行打印一个星号,然后每一行多打印一个星号,直到第四行。这很明显是一个等差序列。我们可以用下面的代码简单的打印

```
for i in range(1,5): #产生等差序列
print(i＊'＊')     #产生 ＊ 序列
```

注意,在其他语言中要用两层 for 复合语句嵌套使用,在 Python 中只需要一个 for 复合语句即可。读者可以尝试利用字符串的乘法操作结合不同的序列,打印不同的图形。

5.5.5　序列的成员关系

成员关系操作符(in,not in)是复合操作符,由多个关键字组成,其返回结果是布尔类型。其作用是判断一个元素是否属于一个序列,如果存在于序列中,则返回 TRUE,否则返回 FALSE。同时,成员关系操作符对元素和序列的大小写敏感。语法格式为:元素［not］in 序列。如下例

```
>>>'p' in 'python'
True
>>>'P' in 'python'
False
>>>'jon' not in ['job','Tom','Tony']
True
```

上面介绍的序列操作是序列的通用操作,每种序列还有自己的一些类型方法,我们将在下面继续介绍。

5.6　list 类型

我们在上一节讲了一些序列的基本语法知识,现在回到绘制五角星的例子上来。现在我们知道例子中的边长 sides 其实是一个 list 类型,里面的元素可以单独按照索引编号提取出来使用。在例子中,我们放置的元素是数值类型的边长数值,那是否可以在 list 中存放别的类型呢? 如果存放的元素又是 list 类型,该怎么访问?

为了把这几个问题搞清楚,我们这次的问题是:在前面例子的基础上,更改每个五角星的颜色。

之前我们更改了五角星的数量、边长,现在再增加颜色的信息。在 Turtle 扩展库中,Turtle 支持三种颜色定义方式:颜色名字符串、16 进制数值和 RGB 定义。这里为了好理解,我们选择颜色名字符串定义方式,选择如下颜色:blue,cyan,gold,pink,red。接下来直接给出结果和代码,读者可以对照理解,尽量自己尝试运行一下,理解 list 类型的索引使用方法。读者可以扫描二维码查看原图。

彩色旋转五角星

```
'''
变更斐波那契边长,
变更颜色
'''
import turtle as t
scale = 0.5
sides = [50,80.9,130.9,211.8,342.7]
外角 = 144
t.setup(0.5,0.75)
t.pu()
t.goto(-200,100)
t.pd()
colors=['blue','cyan','gold','pink','red'];#五角星颜色
for starnum in range(5):  # 等比法产生序列
    t.color(colors[starnum],colors[starnum]) #设定边框和填充颜色
    边长 = sides[starnum]  # 选择边长
    t.seth(72 * starnum)     # 设定小海龟朝向
    t.begin_fill()
    for _ in range(5):
        t.write(_,font=('arial',16,'normal'))
        t.fd(边长)
        t.left(外角)
    t.end_fill()
t.hideturtle()
```

在第 13 行我们定义了一个 list 类型的变量 colors,里面元素是字符串形式的颜色定义;在第 15 行我们调用了 colors 中的元素,采用的是单独元素的调用方式,利用了 for 复合语句的 range 序列元素作为 colors 列表元素的索引编号。

关于字符串的信息后面再讲,这里我们来看一下 list 类型的切片应用。切片会从 list 中截取多个元素,所以一般用于需要多个 list 元素的场景。这里我们给出一个计算平均数的例子:给出一个 21 个数值的序列,滑动地对连续 3 个数取平均数,将平均数存到一个新的列表中。

我们从网易金融网站下载上证指数的历史数据,上证指数编号 000001,下载地址为 http://quotes.money.163.com/trade/lsjysj_zhishu_000001.html。这里你可以下载当前页面的数据,也可以直接下载所有的历史数据,为了方便,本书下载了从 1990 年开盘以来的所有历史数据。数据文件是以 csv 的格式保存的,大家可以用 Excel 打开。如果提示文档类型问题,你可以另存为较新的 xlsx 格式。

这里我们利用 2020 年 1 月 23 日到 2020 年 12 月 24 日的 21 个交易日的收盘价数据作为例子的输入数据,用列表表示如下:

[2976.5281,3060.7545,3052.1419,3095.7873,3075.4955,3074.0814,3090.0379,
3106.8204,3115.5696,3092.2907,3094.8819,3066.8925,3104.8015,3083.4083,3083.7858,
3085.1976,3050.124,3040.0239,3005.0355,3007.3546,2981.8805]

经过观察后发现,这些数据都是浮点数值。接下来,我们开始编写伪代码。问题已经描述过了,这里按照伪代码的格式编写,包括输入、输出、算法三部分。

输入:上证指数 2020 年 1 月 23 日到 2020 年 12 月 24 日的 21 个交易日的收盘价数据。

输出:上证指数 2020 年 1 月 23 日到 2020 年 12 月 24 日的 21 个交易日的收盘价数据的 3 天滑动平均值。

算法:

> 如果列表中的剩余数值数量大于等于三个,则
>> 从当前索引开始按顺序向后抽取相邻三天的数据。
>> 对三天的数据求和、求平均值。
>> 将平均值存入新的 list 类型变量。

要注意,原始数据有 21 个,滑动取数时每次计算平均值会抽取相邻三个数值。当计算第 19 个平均值时,已经要使用原始数据的第 19,20,21 三个数值了。所以,最后得到的平均值 list 内只有 19 个元素。这也是我们最开始判断列表中的剩余数值数量大于等于三个的原因。

同学们想象一下,如果我们取到原始数据 list 的第 20 个元素时会发生什么?我们会发现从第 20 个元素开始,后面只有第 21 个元素了,没有第 22 个元素,无法实现三个元素求平均值了。

伪代码分析完了以后,同学们是否了解了算法的重点内容了?重点内容是判断原始数据列表中的元素是否还能够完成三个数值求平均值。

为了实现这个判断条件,我们必须产生一个 0~18 的序列,以这个序列为开始值,以+3 为结束值去原始列表中切片提取数值。已知原始数据的数量为 21 个,得到的均值数量为 19 个。所以,只使用一个 for 复合语句就可以完成我们的问题了。相关代码如下

```
#原始数据
stock=[2976.5281,3060.7545,3052.1419,3095.7873,3075.4955,3074.0814,3090.0379,
3106.8204,3115.5696,3092.2907,3094.8819,3066.8925,3104.8015,3083.4083,
3083.7858,3085.1976,3050.124,3040.0239,3005.0355,3007.3546,2981.8805];
#定义存放均值的 list 序列
MA3=[]
#循环从原始数据中提取数值
for i in range(19):
    MA3.append((stock[i]+stock[i+1]+stock[i+2])/3)#计算均值
```

3 日交易收盘价滑动平均是股票滑动平均技术指标中常用的一种,其他的还有 5 日滑动平均、7 日滑动平均、20 日滑动平均等。同时,数据总长度也不是简单的 21 天,在很多算法中

都是从上一次暂停交易、上一次重大事件或者上一次派股分红等日期开始,一直到当前交易日。所以,这里再给大家讲一种不知道具体数据数量的算法。

无法获知具体的数据数量,那么至少需要知道一个数据结束的条件,比如日期。例如,我们知道一只股票在 2020 年 1 月 2 日发生了重大事件,那么就可以查找交易数据的日期,如果日期小于等于 2020 年 1 月 2 日就停止计算,这就是循环条件,不满足循环条件就退出了。这时候我们采用的循环被称作当型循环。

5.7 while 循环

Python 语言中,当型循环的完整结构如下

```
while 循环条件:
    循环语句
else:
    流程语句
```

可见,在 Python 中还包含了一个 else,所以,Python 语言中完整的当型循环的含义是:当循环条件满足,执行循环语句,如果条件语句不满足,执行流程语句。else 部分是可选的。

这里的循环条件是一个逻辑操作或者关系操作,结果是一个布尔量 TRUE 或者 FALSE。如果循环条件一直为真,则 while 循环将永远执行下去。例如

```
while 1:
    print('hello! ')
```

将会一直打印"hello!",如果想要停止,只能利用"Ctrl+C"强行退出。这种循环一般称为无限循环或者死循环。虽然称为死循环不是很好听,但是也不是没有应用,后面的章节我们将详细讲授各种循环。

如果读者在网站上下载的是一个 CSV 文件,那么你打开文件之后可能看到的是一大堆内容。最重要一点是,我们这里需要的日期和收盘价并不在同一列,但是每一个日期都有一个收盘价;同时日期并不是连续的,因为股票在交易的时候,它只在工作日交易,一些法定假期都是休息的。在这种情况下,我们就需要定义两个变量,一个变量用于存放日期,另外一个变量用于存放股票的收盘价,同时定义一个索引序列,利用索引序列来索引读取日期序列和收盘价序列。

假设日期序列为 date,收盘价序列为 close,索引序列为 idx,那么,当型循环伪代码如下

```
idx=0
while date[idx]> '2020-1-1':
    ma3.append((close[idx]+close[idx+1]+close[idx+2])/3)
    idx = idx +1
```

在这个循环当中,最重要的是第 4 行代码,在这行代码当中,我们对 idx 进行了加 1 的操作。这一行代码和 while 后面的循环条件语句是配套的。同时在这一行代码里,我们还做了

一个假设,假设我们拿到的 CSV 文件当中存放日期的那一列内容中的第 1 个元素是我们当前的这一天,而 2020 年 1 月 1 日那一天在很后面,所以索引编号从零开始,判断索引对应的日期是否为 2020 年的 1 月 1 日。如果没有第 4 行的代码,我们的 idx 不会增加,将永远保持为 0,此时 while 循环就变成了一个无限循环。

读者可以将这 4 行核心代码放到自己的程序里,或者把它扩充完整,运行一下试试。

5.8 循环的 break 和 continue

我们利用 for 循环给大家介绍了已知数列长度的循环操作方式,又利用 while 循环给大家介绍了无法预知序列长度的循环方式。如果有的读者用的是在其他地方找来的股票数据文件,特别是包含多只股票数据的文件,在这些文件当中,每一只股票的情况都不一样,经常会出现若干只股票当中有一只或者两只股票没有交易数据的情况。没有交易数据的股票,如果把空值代到平均值计算公式里,就会导致平均值不准确。如何弥补这个空值是一个比较复杂的算法。在这里,我们给大家介绍在 while 语句当中或者 for 语句当中,怎么样把空值跳过去。

跳过一个空值,相当于在当前的 idx 下,我们并没有读取数据,就是简单地检查了一下,如果当前日期对应的收盘价是空值,那么就跳过去,不参与累加。

这种操作在循环当中,需要注意退出的是当前这一次循环还是后续所有循环。退出当前这一次循环是指在后续还有很多的循环,比如说 for 循环后面可能还有很多,而我们仅仅是退出当前这一次循环,后面的循环还是需要继续的,虽然有可能在当前的判断语句之后,还有若干条代码没有执行。退出后续所有循环是指虽然后面还有循环,但是计算的目的达到了,后面的循环就再也不需要执行了,所以退出了。

两种不同的退出方式,第一种退出当前这一次循环,用的是 continue;第二种退出后续所有循环,用的是 break。continue 和 break 两种使用方法的不同,如图 5 - 11 所示。

图 5 - 11 循环终止示意图

图 5 - 11 中,break 跳出了整个 while 循环,包括 else 部分。continue 跳出了当前的循环,

continue 后面的代码语句都不执行,直接回到循环条件,继续执行下一次循环。

那么,我们这里的判断是否有收盘价,如果没有就跳出去,应该使用 continue;代码如下,这段代码仅仅是演示使用,读者要考虑空值的相邻数据并不空,所以需要更严谨的算法弥补空值,或者在计算均值之前就弥补空值。

```
idx =0
while date[idx]> '2020-1-1':
    if close[idx]=='':
        idx = idx+1
        continue
    ma3.append((close[idx]+close[idx+1]+close[idx+2])/3)
    idx = idx +1
```

在上述代码中,我们添加了第 3、4、5 行代码,第 3 行代码用于检查是否当前收盘价为空值,如果是空值,第 4 行将索引加 1,在第 5 行跳出当前循环。有些读者可能不明白,为什么我们在这里要添加 idx 加 1 这样一个操作。这是因为,如果没有 idx 加 1 就跳出当前循环,那么下一次循环 idx 仍然保持不变,所以当前 idx 指示的收盘价仍然是个空值,这个 while 循环就处于一个无限循环的状态。每次循环判断当前的日期是大于 2020 年 1 月 1 号的,但是进来之后 if 语句会判断当前的收盘价是空值,所以又跳出循环,如此往复形成无限循环。

接下来我们用另一个例子来演示 break 的用法。假设我们不需要对所有日期的收盘价进行均值计算,而是有一定范围的,比如 30 天、50 天或者 100 天。不论多少天总是有一个限额的,那么到了限定的天数就必须停止计算。如果把算法换成 for 语句,就显得特别不经济,这时可以通过在循环中添加退出机制来实现到达限定天数退出循环的要求。这里的退出是指完全的退出循环,后续虽然还有收盘价数值,但是不再需要了。这种完全退出循环的情况通常使用 break 实现。

假设这里我们限定所有的股票数据仅仅计算最近 120 天的数值,那么天数限制就是 120 天。在原来的代码中,idx 就是表示计算天数,所以仅需要判断 idx 是否大于 120 即可。代码如下

```
idx =0
while date[idx]> '2020-1-1':
    if close[idx]=='':
        idx = idx+1
        continue
    ma3.append((close[idx]+close[idx+1]+close[idx+2])/3)
    idx = idx +1
    if idx==120:
        break
```

我们在循环的最后添加了两行代码,这两行代码其实是一个 if 复合语句,判断如果 idx 等于 120,就退出循环。

读者可以自行更换一下 break 判定语句的位置,看看相对 idx 累加语句不同的位置,会出现什么样的变化。

5.9　**list** 的其他操作

前面介绍序列的操作中包含了相加、相乘和切片,这些操作 list 都支持。同时,list 还有一些自己的操作,这些操作都包含在 list 类型当中。之前的代码中我们使用了一种追加操作,将计算出的均值存入新的 list 中,这个追加就是 list 的一种内部操作。除此之外,list 列表的操作还有下面的函数和方法(见表 5-1)。表 5-1 中,list 表示一个列表,seq 表示一个序列,x 表示一个列表元素,i 表示一个列表元素的索引。

表 5-1　列表操作说明

序号	使用举例	说明
1	len(list)	列表元素个数
2	max(list)	返回列表元素最大值
3	min(list)	返回列表元素最小值
4	list(seq)	将元组转换为列表
5	list. append(x)	在列表末尾添加新的元素 x
6	list. count(x)	统计元素 x 在列表中出现的次数
7	list. extend(seq)	在列表末尾一次性追加另一个序列(用新列表扩展原来的列表)
8	list. index(x)	从列表中找出和 x 匹配的第一个匹配项的索引位置
9	list. insert(i, x)	将 x 插入列表中的 i 索引位置,其他元素顺移
10	list. pop()	移除列表中的一个元素(默认最后一个元素),并且返回该元素的值
11	list. remove(x)	移除列表中 x 的第一个匹配项
12	list. reverse()	反向列表中元素
13	list. sort( )	对原列表进行排序
14	list. clear()	清空列表
15	list. copy()	复制列表

以上这些列表的方法都是常用的方法,熟练掌握后将会给编写程序带来极大的方便,甚至对于读者考虑算法结构时也会有帮助。但是,这些方法的细节很多,不要求读者全部记住,可以在使用中慢慢积累。

小结

本章利用 Turtle 绘图从繁花曲线开始介绍了 Python 语言中的 range 类型、序列、for 循环、while 循环和 list 类型的操作。

range 类型多用于确定次数的 for 循环,range 类型中的元素不可以列出,但可以直接访问。如下列代码的运行结果如图 5-12 所示。

```
>>>a＝range(4)  ♯ 定义变量 a 为 range 类型
>>>a           ♯列出 a
Range(0,4)
>>>a[2]        ♯直接访问 a 中索引为 2 的元素
2
```

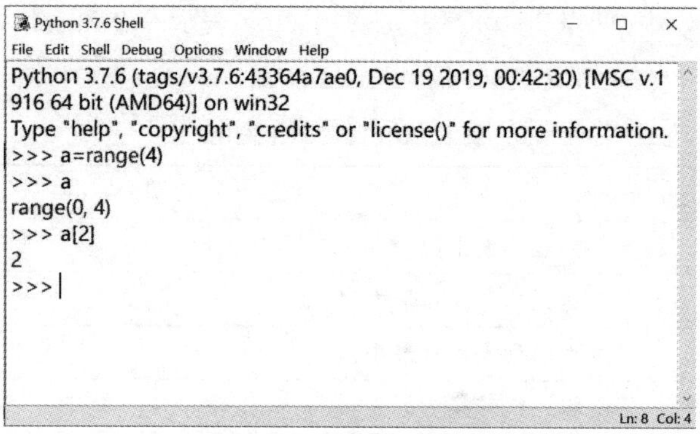

图 5－12　range 函数的访问

　　list 类型将不同类型的元素按照一定顺序组合在一起。广义上的 list 中仅仅强调了顺序，一个 list 中的元素可以是多种不同类型，这种方式可以很方便地制定一些独特的数据结构。比如，学生信息表中每个学生的信息可能包含有序号（数值）、学号（数值）、姓名（字符串）、班级（字符串）、学习科目（列表），这些属性都对应着不同的类型，但是都可以放在一个序列里。这样，在处理大量学生数据时，只要记住了列表中每个属性的索引位置，修改起来就非常方便了。后面要讲的 NumPy 库和 pandas 库的基本类型都是基于 list 类型的。

　　狭义上的 list 特指元素类型完全一致的 list，如整数序列。list 类型中的元素可以列出，也可以单独访问，非常灵活。如果将上述 range 的例子更改为 list 类型，运行的结果如图 5－13 所示。

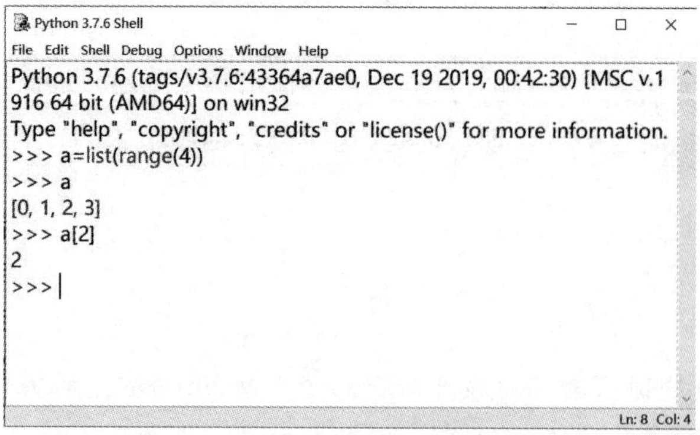

图 5－13　list 类型的访问

　　循环结构是所有计算机编程语言中的重要结构，在 Python 中也不例外。循环条件和适当的退出条件是循环结构的重要组成部分，一定要精心设计。在很多领域，精心设计的循环结构往往有意想不到的效果。

习题

1. 绘制一条至少 5 圈的螺旋线，最好能变更颜色。

2. 绘制一个表盘，在 12 点绘制一个小钻石图案，其他刻度图案随意。

3. 计算 21 天股票收盘价的 5 天滑动调和平均值。

4. 请大家仔细观察图 5-14，看看能不能用 Python 绘制出来。

图 5-14　利用 Turtle 绘制复杂图形

第 6 章

函数与代码重用

第 5 章介绍了利用滑动平均求股票收盘价的 3 日均值的做法,从问题分析到问题分解,到利用伪代码和流程图制定算法,再到最后 Python 程序代码的实现,都紧紧围绕着问题的核心:数据输入、3 日滑动平均和带格式输出。在数据输入部分,我们将问题中的 32 个数值扩大到了不限定数量。读者有没有想过滑动均值的滑动窗口是否也能够扩大到不限定天数呢?能不能改成 5 天、7 天甚至任意天数,或者同时计算多个天数?格式化输出是否也可以有多个格式可选,让用户可以方便地根据需求选择合适的格式?

读者肯定会说,当然可以做到这些方面的改进。要把 3 天改成 5 天,仅需要将原来代码中的

```
(num[i]+num[i+1]+num[i+2])/3
```

修改成

```
(num[i]+num[i+1]+num[i+2]+num[i+3]+num[i+4])/5
```

虽然看起来很简单,但是要做到这一点,首先你需要知道这句代码的含义,还要知道每个变量和数值所代表的意义,只有这样才能修改正确。读者还可以继续尝试将窗口天数修改成 7 天、20 天、60 天或者 120 天,这些窗口天数都是常用的滑动平均窗口,一般的股票软件都能够提供。但是,如果按照上面的方法修改一个 120 天的滑动均值计算语句,耗时耗力,且需要很多行的空间才能写完。是不是有一个更简便的方法?这就是本章要介绍的内容:代码的重用。

所谓代码的重用,就是指将写过的代码包装起来,以方便后期使用和维护。代码重用可以极大地加快代码的编写速度和提高正确率,是软件编程的发展方向。

在计算机程序设计的历史中,最早编写程序是用包含机器代码的长纸条,基本没有重用的可能,变一个数字就要重新做一条纸条。慢慢地有了高级语言,人们发现可以将具有完整功能的某几行程序打包,以后遇到相同的需求可以继续使用。如果这段程序的注释能比较完善地表明程序的功能和使用注意事项,那么可重用的范围更广。这种包含了一定功能的代码块被称为函数。在一些极其强调数据格式的应用中,简单的函数封装已经不能满足具体的使用环境了,人们又发明了面向对象的编程方法,将若干个函数封装在一起,形成一个相对固定的类。为了扩大类的使用范围,人们又将原有类称为基础类,用户自己扩展的类称为私有类等。

本章将介绍代码重用的基本结构——函数,并利用函数将滑动均值计算扩展为支持任意

长度输入数据、支持任意窗口的滑动均值计算函数。在介绍这部分内容之前,需要先用比较好理解的例子来铺垫一下。在这里,我们选用了比较常用的极具代表性的例子——七段数码管。

6.1 用七段数码管显示输入的数值

七段数码管是一种简单的数字显示器件,基本上在家用电器上显示数字使用的都是七段数码管,仅仅是个数不同,有的用 1 个显示模式,有的用 3 个显示温度,有的用 6 个显示时间等。例如,热水器和电磁炉的显示中就大量使用了七段数码管(见图 6 - 1、图 6 - 2)。

图 6 - 1 七段数码管图 1

图 6 - 2 七段数码管图 2

七段数码管有很多种样式和形态,有像热水器那样集成在液晶面板里面的,也有独立的若干个集成在一起的,如下面这种通用式的七段数码管(见图 6 - 3)。

图 6 - 3 七段数码管图 3

总之,七段数码管是一种很普遍的电子元器件,接下来我们介绍一下它的原理,然后用 Python 来模拟一下。

6.1.1　七段数码管原理

七段数码管实际上是 7 个长条形的发光二极管排成"日"字形,为了更加通用还加了一个小数点。这里我们给出通用的七段数码管原理图。七段数码管的排列方式如下,它由 7 个长条液晶和 1 个圆点液晶组成,按照顺时针顺序将 7 个长条液晶命名为 a~g,圆点液晶为 h。在具体使用中,七段数码管分为两种:一种是 a~h 只要给正电压就亮,比如给+3 V 或+5 V 的电压就能让对应的液晶条点亮;另一种是不亮的时候给正电压,要亮了就给 0 电压。如图 6-4 所示。

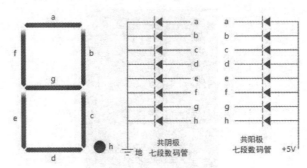

图 6-4　七段数码管原理图

不管是哪一种方式,都是针对 a~h 这 8 个液晶条(点)分立设计的。所以,如果我们要驱动这个七段数码管,一定要明确对哪个液晶条(点)操作。假设我们使用的是共阴极的七段数码管,则点亮对应液晶条的方法是给 a~h 赋值为 1,而不亮的液晶条对应值为 0。如果要显示数字"8",那么就需要将液晶点之外的所有液晶条点亮,按照从 a~h 点亮顺序给出的编码应该是"11111110"。如果要显示数字"1",则对应编码是"01100000"。常用字符的七段编码如表 6-1 所示。

表 6-1　常用字符的七段编码

数字和字符	点亮段	编码
0	abcdef	11111100
1	bc	01100000
2	abdeg	11011010
3	abcdg	11110010
4	bcfg	01100110
5	acdfg	10110110
6	acdefg	10111110
7	abc	11100000
8	abcdefg	11111110
9	abcdfg	11110110
A	abcefg	11101110

续表

数字和字符	点亮段	编码
C	adef	10011100
E	adefg	10011110
F	aefg	10001110
H	bcefg	01101110
P	abefg	11001110
.	h	00000001

有了表 6-1 之后就相当于我们有了一个密码本,利用它可以将由上述表格中的字符组成的字符串转换为七段数码管的控制信号,实现这种转换的代码被称为七段数码管的驱动程序。比如我们要用 4 个七段数码管显示"1234",则从左到右的四个七段数码管的驱动编码为"01100000""11011010""11110010""01100110",显示出来的效果如图 6-5 所示,这个图用灰色和红色表示,如果你看不清,可以扫描二维码看看彩色的图。

按编码控制七段数码管

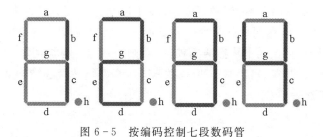

图 6-5　按编码控制七段数码管

6.1.2　用 Python 模拟七段数码管显示

前面介绍了七段数码管的原理,接下来我们练习一个问题:用 Python 模拟七段数码管显示你输入的一个任意三位数,不要小数点。

1.问题分析

要用 Python 模拟七段数码管,但是 Python 里面没有器件,怎么办呢? 观察后发现七段数码管可以用不同的颜色来区分亮和不亮;同时,七段数码管是非常规律的。因此,我们可以用 Turtle 中的两种颜色来绘制点亮与不点亮的七段数码管。我们可以像图中给出的那样,用红色表示点亮,用灰色表示不亮,但 Turtle 里面不好绘制灰色,这里用黑色代替。

2. 问题分解

根据上面的分析,问题可以分解为如下三部分:

(1)数据输入部分,可以利用前面股票收盘价程序的输入部分。

(2)数据转码部分,必须自己编写,从数值转换为七段数码管的编码。

(3)数据显示部分,根据编码绘制七段数码管,1 用红色,0 用黑色。

3. 算法制定

问题已经分解开了,现在需要讨论一下具体的实现算法。

第一部分要借用原来输入数据的代码,在那一段代码中包含了输入、撤销、退出的功能,和目前的需求没有冲突。同时,输出方式是一个字符串列表。我们目前需要的是一个三位数,功能上也是合适的,且最后的任务是显示出来,所以字符串也没有什么不好,反而方便我们将数值一个一个的遍历。所以,第一部分的代码可以重用。

第二部分需要重新编写,因为以前没有做过。结合我们学过的列表和字符串,这两者都是独立的元素,似乎不能很方便地表示字符"0"对应编码"11111100"的编码关系。例如,列表中可以将字符"0"作为一个元素,也可以将编码"11111100"作为一个元素,但是不能明确地表示元素"0"和编码"11111100"之间有对应关系。看来列表和字符串都不是很合适,因为这种关联关系需要用到字典类型来表述,后面我们会介绍字典类型。

第三部分是一个七段数码管模拟器,以前没有写过,所以是一个全新的代码。根据第二部分给出的 8 位编码,在 Turtle 里面绘制一个七段数码管,编码为"1"用红色绘制,编码为"0"用黑色绘制。数码管可以看成是两个正方形的拼接,正方形就是前进和右转两条命令。在这个基础上,我们通过编码选择绘制的颜色,即可实现不同颜色的正方形绘制了。所以,第三部分的完成顺序是先在 Turtle 里面绘制两个正方形加一个点,然后升级成可以根据编码选择画笔的颜色。如果要扩展成多位的七段数码管模拟器,则可以很容易地扩展。

至此,整个问题大的算法已经很清晰了,数据输入、编码转换和数码管模拟各自有各自的重点和难点,接下来逐一解决。

4. 程序编制

我们先编制七段数码管的编码部分,即将 0~9 的十个数值进行编码,要求任意输入一个字符时能输出这个字符对应的编码。当和数据输入部分结合在一起之后,能够兼容数据输入部分的输出。数据输入部分的输出具有以下几个特性:①整体是个列表类型。读取元素需要按照索引遍历。②列表内元素是字符串类型。数值是个字符串,需要按照索引遍历输出。最终输出的编码长度,需要按照七段数码管的个数处理。当后续的七段数码管只有 1 位时,需要一次输出 1 个编码;如果有 4 个,则可以一次输出 4 组编码;如此类推。

(1)七段数码管编码。在本例中,我们先编写一次显示一个数值的七段数码管,所以编码这部分的代码程序流程应该是:首先定义一个数值字符和七段数码管编码的映射表;然后从数据列表中读取一个元素;再从元素中抽取一个字符,找到其对应编码;最后输出。用伪代码表示为

问题:输入数值转换为七段数码管编码

输入:元素为数值字符串的列表,numlist

输出:1 个七段数码管的 8 位编码,numstr

♯定义数值字符与编码的映射

```
dic={'0':'11111100',
'1':'01100000',
'2':'11011010',
'3':'11110010',
'4':'01100110',
'5':'10110110',
'6':'10111110',
'7':'11100000',
'8':'11111110',
'9':'11110110'
}
```

♯当输入列表非空,取出一个元素(数值字符串)

```
for numstr in numlist:
    ♯当数值字符串中还有数值
    for num in numstr:
        ♯以数值位索引键在字典中查找对应的编码值
        numcode=dic[num]
```

这个程序的核心部分就是数值字符和七段数码管编码的映射字典。读者对后面的两个嵌套循环语句已经很熟悉了,需要注意的是,第一个循环是遍历列表,第二个循环是遍历字符串,然后用该字符串作为字典的键提取对应的值。

在这里,我们先不给出完整的编码程序,读者可以自己先考虑下。

(2)七段数码管模拟。我们前面已经提到过,数码管模拟采用 Turtle 绘图的方式来实现,而且已经分析了具体的绘制方法,即按照画方块的思路,先向前再转向 90°,重复 7 次绘制一个七段数码管。用编码控制轨迹的颜色来表示点亮还是不点亮。假设我们从七段数码管的 a 段开始绘制,那么程序的伪代码可以是

```
问题:用 turtle 绘制七段数码管
输入:七段数码管编码,code
输出:根据编码颜色绘制的七段数码管
------------------------------------
定义画布
定义轨迹宽度
♯绘制一段,假设是 a 段
if code[0]=='0':♯ 编码为 0 表示不亮
    pencolor='黑'♯ 不亮为黑色
else:
    pencolor='红'♯ 编码为 1 表示亮,亮为红色
turtle.fd(100)    ♯ a 段绘制完成
turtle.right(90)♯ a 段绘制完成,右转 90°,准备绘制 b 段
♯继续绘制 bcdefg 段和 h 点
```

在伪代码中,我们没有完整地写出其他液晶段的绘制方法,剩余的部分请读者自己补全。在补全的过程中可能会遇到各种问题,请读者努力尝试解决。

注意,我们分析到现在,似乎一直没有分析怎么样绘制更简便更流畅,这里请读者想一想:是不是从 a 段开始绘制就一定比较好绘制? 如果从 g 段开始绘制会有什么变化? 编码中只有 0 和 1,用 if 是不是最简便? 转向角度只有右转 90°和不转,是不是有什么规律? 如果你能把这几个问题都想清楚,并且有最优的解决方法,那么这个问题你一定能解决好。现在,先让我们深入学习一下字典类型,也许学习完字典类型,你会有更好的想法。

6.2　Python 3 的字典类型

字典是一种可容纳任意类型对象的可变容量容器模型。字典可以非常方便地增加和删除内部元素。字典的元素有固定的结构,每一个元素由两部分组成:"键:值"或者"key:value"。所以,字典的每个元素被称为一个"键值对"。字典的每个键值对(key:value)用冒号(:)分割,每个对之间用逗号(,)分割,整个字典包括在大括号({})中,格式如下

```
dict = {key1 : value1, key2 : value2 }
```

字典的概念

注意:在字典的内部,键必须是唯一的,但值不是;值可以取任何数据类型,但键必须是不可变的,比如可以用字符串、数字或元组类型。

下面是几个简单的字典实例

```
dict = {'Alice':'1234', 'John':'2345', 'Brown':'3456'}
dict1 = {'1':'01100000'}
dict2 = {'A':'11101110',98.6：37}
```

6.2.1　字典内容的访问

从本节开始，在代码中可能会出现一个新标志"＞＞＞"，这个标志表示其后的代码是可以正常运行的代码，而没有该标志的行则表示输出的结果。

字典的操作

如果要访问字典中的值，则需要把相应的键放入方括号中作为索引，如

```
＞＞＞dict = {'Name':'John', 'Age': 17, 'Class':'First'}
＞＞＞print ("dict['Name']: ", dict['Name'])
dict['Name']：　John
＞＞＞print ("dict['Age']: ", dict['Age'])
dict['Age']:17
```

第一行利用字典类型定义了一个人的信息，包括：Name：John；Age：17；Class：First。这三个信息属于一个人，所以将它们定义在一个字典里面。由于姓名、班级和年龄这些类别名称都是字符串，所以加上了引号作为字典键值对的键，其对应的内容如果是字符串也加上引号，如名字 John、班级 First；如果是数值则不加引号，如 17，这些都是字典键值对的值。

如果用字典里没有的键访问数据，会输出错误，如

```
Traceback (most recent call last):
File"test.py", line 5, in <module>
print ("dict['July']: ", dict['July'])
KeyError:'July'
```

6.2.2　字典内容的修改

1.增加内容

向字典添加新元素的方法是增加新的键值对，修改或删除已有键值对。例如，向字典更新已有内容

```
>>>dict = {'Name':'John', 'Age': 17, 'Class':'First'}
>>>dict['Age'] = 16                    # 更新 Age
>>>dict['School'] = "经济金融学院"       # 添加新的键值对
>>>print ("dict['Age']: ", dict['Age'])
dict['Age']:16
>>>print ("dict['School']: ", dict['School'])
dict['School']:经济金融学院
>>>print(dict)
{'Name':'John', 'Age': 16, 'Class':'First', 'School':'经济金融学院'}
```

2.删除内容

字典内容的删除不能像字符串一样简单地指定索引内容为空即可,因为字典内容兼容所有的类型,而空也是一种类型,同时对应的键依然存在,所以不能用空来表示删除字典内容。例如

```
>>> dict['Age']=''# 试图删除年龄数值
>>>print(dict)
{'Name':'John', 'Age':'', 'Class':'First', 'School':'经济金融学院'}
```

可见,空也是一个有效的值,不能期望通过设定某个键对应的值为空来删除该键值对。

要删除字典中的某个元素必须用单独的命令,这个命令是 del,和 DOS 系统中的删除命令一样。如

```
>>>del dict['Age']# 删除 Age 年龄键值对
>>>print(dict)
{'Name':'John', 'Class':'First', 'School':'经济金融学院'}
```

和删除一个元素相比,清空字典就简单得多了,只需要像新建立空字典一样,就可以清除字典中的所有元素了。此时保留了字典名称,删除了字典内容。如果要完整地删除字典,则可以用 del 完成,如

```
>>> dict={}
>>>print(dict)
{}
>>> dict1={}
>>>del dict1        # 删除字典
>>>print(dict1)     # 打印字典出错
Traceback (most recent call last):
File"<pyshell#16>", line 1, in <module>
print(dict1)
NameError:name'dict1' is not defined
```

6.2.3 字典键的特性

字典的值可以是任何的 Python 对象,可以是标准的对象列表、字符串等,也可以是用户定义的数据结构,但键必定是唯一的。

(1)同一个键不能出现两次。不管是创建时,还是后期修改内容时,如果同一个键被赋值两次,相当于对一个键进行了更新,只会保留后一个值。

(2)键必须不可变,所以可以用数字、字符串或元组充当,而不能用列表。

```
>>> dict1={'name':'John','name':'July'}
>>>print(dict1)
{'name':'July'}
>>> dict1={['name','age']:'May,18'}
Traceback (most recent call last):
File "<pyshell#6>", line1, in <module>
dict1={['name','age']:'May,18'}
TypeError: unhashable type: 'list'
```

6.2.4 字典内置方法和函数

Python 的下列函数可以应用于字典函数:
①len(),计算字典中键值对的数量。

```
>>> dict = {'Name': 'John', 'Age': 1}
>>> len(dict)
```

②str(),以字符串的形式输出字典。注意字典左右的双引号。

```
>>> str(dict)
"{'Name': 'John', 'Age': 1}"
```

③type(),返回字典的类型。

```
>>> type(dict)
<class 'dict'>
```

Python 字典包含的内置方法有:
①dict.clear():删除字典中的所有元素。
②dict.copy():返回一个字典的复制。

```
>>> dic={'name':'July','age':16,'gen':'male'}
>>> dic1
Traceback (most recent call last):
  File "<pyshell#16>", line1, in <module>
    dic1
NameError: name 'dic1' is not defined
>>> dic1=dic.copy()
>>> dic1
{'name': 'July', 'age': 16, 'gen': 'male'}
>>>
```

③dict.fromkeys(seq):以序列 seq 的元素为键,以'None'为值,快速创建一个新的字典。

```
>>> seq=['Jan','Feb','Mar','Apr','May']
>>> dic=dict.fromkeys(seq)
>>> dic
{'Jan': None, 'Feb': None, 'Mar': None, 'Apr': None, 'May': None}
>>>
```

④dict.get(key,defaultvalue):从字典中提取键'key'对应的值,如果字典中没有'key',则返回'defaultvalue'。

```
>>> dic
{'Jan':None, 'Feb': None, 'Mar': None, 'Apr': None, 'May': None, 'Jun': 123}
>>> dic.get(1,0)#获取键1的值,没有键1,则返回0
0
```

⑤dict.items():返回字典中的所有键值对。

```
>>> dic.items()
dict_items([('Jan', None), ('Feb', None), ('Mar', None), ('Apr', None), ('May', None), ('Jun', 123)])
>>>
```

⑥dict.keys():返回字典中的所有键。

```
>>> dic#查看字典内容
{'Jan':None, 'Feb': None, 'Mar': None, 'Apr': None, 'May': None, 'Jun': 123}
>>> dic.keys()
dict_keys(['Jan', 'Feb', 'Mar', 'Apr', 'May', 'Jun'])
```

⑦dict.pop(key):弹出指定'key'对应的键值对,弹出后,'key'对应的键值对就从字典中删除了。

```
>>> dic
{'Jan':None, 'Feb': None, 'Mar': None, 'Apr': None, 'May': None, 'Jun': 123}
>>> dic.pop('Jan')
>>> dic
{'Feb':None, 'Mar': None, 'Apr': None, 'May': None, 'Jun': 123}
>>>
```

⑧dict.popitem()：从最后删除字典中的一个键值对，在某些版本中是随机删除一个键值对。

```
>>> dic
{'Feb':None, 'Mar': None, 'Apr': None, 'May': None, 'Jun': 123}
>>> dic.popitem()
('Jun', 123)
>>> dic.popitem()
('May', None)
>>> dic.popitem()
('Apr', None)
>>> dic.popitem()
('Mar', None)
>>> dic.popitem()
('Feb', None)
>>>
```

⑨dict.setdefault(key,default)：以默认值 default 在字典中添加非空键值对 key:default。

```
>>> dic.setdefault('Jan',1234)
1234
>>> dic
{'Jan': 1234}
```

⑩dict.update(dict2)：将字典 dict2 的内容添加到字典 dict 中，如果键重复，则覆盖。

```
>>> dic1={'Jan':1234,'Feb':2345,'Mar':3456}
>>> dic2={'Mar':4567,'Apr':5678}
>>> dic1.update(dic2)
>>> dic1
{'Jan':1234, 'Feb': 2345, 'Mar': 4567, 'Apr': 5678}
>>>
```

⑪ dict.values()：输出字典中的所有键值对中的值。

```
>>> dic1
{'Jan':1234, 'Feb': 2345, 'Mar': 4567, 'Apr': 5678}
>>> dic1.values()
dict_values([1234, 2345, 4567, 5678])
>>> dic2.values()
dict_values([4567, 5678])
```

6.2.5 字典的排序、嵌套和遍历

1. 排序

字典本身是一种无序结构,不具备排序的能力,但是,如果字典的键或者值是一种固定的序列类型,那么在一定程度上是可以排序的。这里的排序需要用到 Python 的排序函数 sorted()。

```
>>> dic1
{'Jan':1234, 'Feb': 2345, 'Mar': 4567, 'Apr': 5678}
>>> sorted(dic1.values())   # 从小到大打印字典的值
[1234, 2345, 4567, 5678]
>>> sorted(dic1.values(),reverse=True)   # 从大到小打印字典的值
[5678, 4567, 2345, 1234]
```

2. 嵌套

字典是无序的,字典的键是不能重复的,但字典的值支持任何类型,甚至是字典。所以,字典的键值对是可以嵌套的,可以将一个子字典作为值写在主键的位置,以此来实现不同的主次关系。

例如,一个学生的信息除了包含姓名、性别、年龄、课程等主要素外,还可以包含语文、数学、英语等子课程的成绩。将一个学生的信息写成字典,可以表示如下

```
dic={'name':'Zhang',
    'gen':'male',
    'age':19,
    'course':{
        'chinese':70,
        'math':80,
        'english':70
            }
    }   # 定义一个包含课程字字典的学生信息字典。
>>> dic   # 输出字典,注意字典的嵌套
{'name': 'Zhang', 'gen': 'male', 'age':19, 'course': {'chinese': 70, 'math': 80, 'english': 70}}
```

3.遍历

遍历是一种将对应类型中的元素逐一输出的过程,常用在循环处理中。字典的遍历与其他类型的遍历的不同之处在于键值对和其他类型的元素不同。字典的遍历可以按照键值对遍历,也可以按照键遍历。

```
# 按照键值对遍历字典
>>>for k,v in dic.items():
        print(k,v)
name Zhang
gen male
age 19
course {'chinese':70, 'math': 80, 'english': 70}
>>>
# 按照键遍历字典
>>>for i in dic:
        print(i,dic[i])

name Zhang
gen male
age 19
course {'chinese':70, 'math': 80, 'english': 70}
>>>
```

6.3 用 Python 模拟七段数码管显示的程序

接着 6.1 节末尾的几个问题,我们接着讨论。

(1)是不是从 a 段开始绘制就一定比较好绘制?

很显然,直接从 a 段开始绘制七段数码管不是一个好主意,因为如果顺时针绘制,则会在 f 段和 g 段有个分叉,我们必须要后退绘制一段,才能走到另一个岔路上,很麻烦。

(2)如果从 g 段开始绘制会有什么变化?

如果从 g 段开始绘制,g 段绘制完成后,不管是顺时针绘制 c 段,还是逆时针绘制 b 段,都可以按照向前、转向的模式绘制完成,没有分叉,非常流畅。

(3)编码中只有 0 和 1,用 if 是不是最简便?

用 if 也不是最简便的,每个分叉都要判断,效率很低。既然是字符 0 和 1,是不是可以定义成字典的方式? 以 0 和 1 做键,black 和 red 做值? 这样就可以根据编码数值直接获得对应的颜色信息,用搜索代替了判断。

(4)转向角度只有右转 90°和不转,是不是有什么规律?

是不是感觉绘制字符都是独立的,根本没有什么规律? 你可以换个角度思考一下,10 个数字不论简单和复杂,每个数字都有 7 段液晶表示,而且每个液晶段都需要按照同样的顺序绘制,那么在每个地方是否右转、是否直行就固定下来了,这就是规律。

综上,针对这几个问题,我们做出如下调整:不从 a 段开始绘制,直接从 g 段开始顺时针绘制,绘制顺序为 gcdefab;新定义编码和颜色字典 colors={'0':'black','1':'red'};定义转向角度列表[0,90,90,90,0,90,90],绘制之前先转向。

6.3.1　七段数码管模拟伪代码与程序

做了调整后,伪代码也需要对应地进行调整。在这里,我们直接将伪代码和程序代码合并在一起,将伪代码作为注释,这种伪代码和程序结合的形式是当前最正规最常用的代码编写方式,为后期的代码升级维护提供了很大的便利性,也方便同学们互相学习。对于比较集中的问题描述、问题分析等篇幅较大的伪代码内容,可以在文件的最前面利用多行注释字符串编写,方便从整体上掌握代码。

同时,程序的内容与前面程序编制部分中的方法差距较大,原因是我们引入字典类型后,将利用编码判定选择颜色更改为利用编码选择颜色;将每次分立的转向更改为利用索引编号提取索引。同时,为了绘制的一致性,变更了每一段的绘制顺序。

```
问题:根据输入编码绘制七段数码管
输入:字符串列表,每个字符串是 8 位由 0 和 1 组成,0 表示黑色,1 表示红色。
输出:七段数码管
------------------------------------------
#定义画布
turtle.setup(0.5,0.75)
#定义轨迹宽度,稍微宽一点才像
turtle.pensize(10)
#定义一个从编码器输出的数值字符串列表,这里给出字符'0'的编码
numlist=['11111100'] # 数字 0 的七段数码管编码
#定义颜色字典,0 表示黑色,1 表示红色
colors={'0':'black','1':'red'}
#定义从 G 段开始顺时针绘制的右转向角度列表
ang=[0,90,90,90,0,90,90]
#从数值字符串中提取数值字符串编码
for numstr in numlist:
#由于更换了绘制顺序,所以需要调整编码。利用＋法操作重新拼接数值字符串
    code = numstr[6]+numstr[2:6]+numstr[0:2]+numstr[7]
#开始按照新顺序绘制七段数码管
    for i in range(7):
#设定当前笔记颜色,以当前段编号为索引获取颜色编码,进而获取颜色
        turtle.pencolor(colors[code[i]])
#根据当前段编号为索引提取右转向角度
        turtle.right(ang[i])
#向前移动绘制当前液晶段
        turtle.fd(100)
```

至此,七段数码管模拟器的伪代码和 Python 程序代码就写完了,读者可以更换程序代码中的编码后再次运行程序,检查是否能够正常工作。本程序绘制出的图像如图 6-6 所示,图像中没有绘制七段数码管的液晶点,如果读者需要显示小数点,可以自行加上。如果你需要看彩色图,可以扫描二维码。

图 6-6 基本七段数码管程序

基本七段数码管程序

6.3.2 七段数码管编码转换程序

前面我们设计了七段数码管的显示程序,里面定义的输入数据是一个由数字字符串组成的列表,这个列表也是七段数码管编码转换程序的输出。而七段数码管编码转换程序的输入则是数据输入部分输出的数值字符串列表。

在七段数码管编码伪代码的基础上,将输入、输出两部分扩展开,写出完成的伪代码如下

```
问题:输入数值转换为七段数码管编码
输入:元素为数值字符串的列表,numlist
输出:1 个七段数码管的 8 位编码,numstr
-----------------------------------
#定义数值字符与编码的映射
dic={'0':'11111100',
     '1':'01100000',
     '2':'11011010',
     '3':'11110010',
     '4':'01100110',
     '5':'10110110',
     '6':'10111110',
     '7':'11100000',
     '8':'11111110',
     '9':'11110110'
    }
```

```
＃设定数据输入部分的输出和编码器输出列表
numlist＝['123','234','345','456']
numcode＝[]
＃当输入列表非空,取出一个元素(数值字符串)
for numstr in numlist:
＃       当数值字符串中还有数值
    for num in numstr:
＃            以数值位索引键在字典中查找对应的编码值
        numcode.append(dic[num])
＃打印输出编码器输出列表
print(numcode)
```

上述代码的输出结果为:['01100000','11011010','11110010','11011010','11110010','01100110','11110010','01100110','10110110','01100110','10110110','10111110'],达到了程序的设计目标。

6.3.3   Python 模拟七段数码管完整程序

前面已经编写完成了七段数码管编码转换程序和七段数码管模拟程序,并且达到设计要求。在此,我们将输入部分、编码部分和模拟程序合并在一起,形成一个完整的从输入到输出的程序。

```
'''
问题:输入一个数值,在 turtle 中以七段数码管的方式显示出来
输入:0-9 中的一个个位数
输出:turtle 绘制的七段数码管
---------------------------------------------
'''
＃数据输入部分
'''
1.循环输入数据一次一个浮点数。
2.输入 Q 或 q 表示输入结束。
3.输入 U 或 u 表示撤销前次输入。
4.将所有输入数据存入数据列表,进行均值计算。
5.滑动计算数据均值,滑动窗口为 3。
6.如果列表数据少于三个,退出程序。
7.在一行打印输出均值计算结果。
'''
num＝[]＃定义数值序列
ma3＝[]＃定义均值序列
```

```
Numin＝input('请输入一个数值,输入完成请输入\'Q or q\',输入错误请输入\'U or u\':')
while(True):  #循环输入数据,直到接收到 Q 或 q
    if ((Numin=='Q')or(Numin=='q')):
        break  # 如果数值数量大于等于 3 个,允许进行数值计算。
    if ((Numin=='U')or(Numin=='u')):  #用户输入 u/U 撤销前次输入
        if num==[]:  # 如果数值列表为空
            print("当前还没有输入数值!")  #打印提示信息
        else:
            num.pop()  #如果数值列表非空,删除最后一个数值。
        Numin＝input('请输入一个数值,输入完成请输入\'Q or q\',输入错误请输入\'U or u\':')
    else:  # 用户不撤销前次输入
        num.append(Numin)  # 追加输入数值到列表
        Numin＝input('请输入一个数值,输入完成请输入\'Q or q\',输入错误请输入\'U
or u\':')
#数据输入完成,处处为 num 序列
#编码部分
# ------------------------------------
#定义数值字符与编码的映射
dic={'0':'11111100',
     '1':'01100000',
     '2':'11011010',
     '3':'11110010',
     '4':'01100110',
     '5':'10110110',
     '6':'10111110',
     '7':'11100000',
     '8':'11111110',
     '9':'11110110'
    }
#设定数据输入部分的输出和编码器输出列表
# =================================================
#将数据输入部分的输出列表赋值给编码的输入列表
# =================================================
numlist＝num
numcode＝[]
#当输入列表非空,取出一个元素(数值字符串)
for numstr in numlist:
```

```
# 当数值字符串中还有数值
    for num in numstr:
# 以数值位索引键在字典中查找对应的编码值
        numcode.append(dic[num])
# 编码完成
# ---------------------------------------
# 开始绘制七段数码管
import turtle
# 定义画布
turtle.setup(0.5,0.75)
# 定义轨迹宽度,稍微宽一点才像
turtle.pensize(10)
# 定义一个从编码器输出的数值字符串列表,这里给出字符'0'的编码
# ==========================================
# 将编码器输出的列表赋值给绘制程序输入列表
# ==========================================
numlist=numcode
# 定义颜色字典,0 表是黑色,1 表示红色
colors={'0':'black','1':'red'}
# 定义从 G 段开始顺时针绘制的右转向角度列表
ang=[0,90,90,90,0,90,90]
# 从数值字符串中提取数值字符串编码
for numstr in numlist:
# 由于更换了绘制顺序,所以需要调整编码。利用＋法操作重新拼接数值字符串
    code = numstr[6]+numstr[2:6]+numstr[0:2]+numstr[7]
# 开始按照新顺序绘制七段数码管
    for i in range(7):
# 设定当前笔记颜色,以当前段编号为索引获取颜色编码,进而获取颜色
                turtle.pencolor(colors[code[i]])
# 根据当前段编号为索引提取右转向角度
                turtle.right(ang[i])
# 向前移动绘制当前液晶段
                turtle.fd(100)
```

在上面的程序中,会将用户输入的数值保存下来,如果输入错误还可以撤销,直到用户输入字符"Q"或者"q"表示所有要显示的数值输入完毕。接下来,就可以开始用七段数码管显示了。

在 IDLE 中运行程序,我们只输入个位数 5,运行的结果如图 6-7、图 6-8 所示。同时,也可以扫描二维码观看程序运行结果。

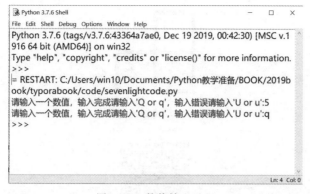

图 6-7　数值输入过程

图 6-8　七段数码管的显示结果

七段数码管数字 5

　　接下来,我们开始尝试多输入几个数值看看效果,主要是看能不能将模拟器扩展成支持多位输入数值的显示。我们再一次输入数值 12,程序运行的结果如图 6-9、图 6-10 所示。同时,也可以扫描二维码观看彩色结果。

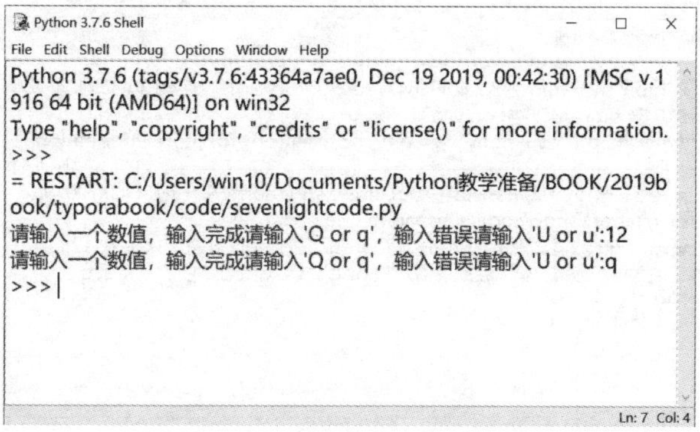

图 6-9　输入一个两位数

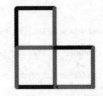

图 6 - 10　两位数的显示结果

七段数码管 1 和颠倒的 2

　　仔细观察后发现：数字 1 和数字 2 都绘制出来了，但是两者混淆在一起了，而且 2 向右转了 90°，呈躺倒的姿态。我们回忆一下设计七段数码管模拟的过程，似乎并没有做好绘制第二个数字的准备，当第一个数字绘制完成之后，小海龟的位置在 g 段的右侧，航向朝向正下方。这个姿态和小海龟的初始姿态并不相同，造成了数字 2 的姿态呈现躺倒状态，那么，要怎么更改呢？我们只要在一个数码管绘制完成之后，将小海龟的姿态调整为航向正向右，并且移动一小段距离作为数码管之间的间隔即可。很显然，这段内容应该补充在数码管模拟的最后部分，添加代码如下

```
♯调整海龟姿态，航向正向右，向右移动 30 作为字符间隔。
turtle.left(90)
turtle.pu()
turtle.fd(30)
turtle.pd()
```

　　修改后的程序运行的结果如图 6 - 11、图 6 - 12 所示。同时，可以扫描二维码观看彩色结果。

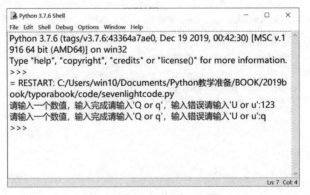

图 6 - 11　输入一个三位数

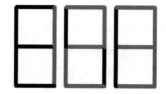

图 6 - 12　三位数的显示结果

正常显示的 123

输入数字"123"之后，完整地绘制出了显示着数值的三个七段数码管。接下来，我们尝试以下多输入几个字符串，比如连续输入' 123 '、' 456 '、' 789 '三个字符串，看看输出的结果是什么。

运行程序，输入字符串的结果如图 6 - 13、图 6 - 14 所示。同时，可以扫描二维码查看彩色图。

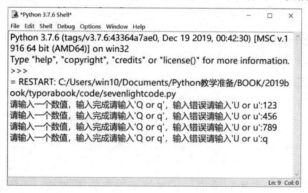

图 6 - 13　输入多个三位数

图 6 - 14　最后的显示结果

数字 1 到 9 的显示结果

经过我们的修改,程序已经能够很完美地支持多字符的七段数码管显示了。接近 100 行的代码中虽然有较多的注释,丰富了细节信息,但是感觉特别杂乱。尤其是整体脉络被极大地弱化了,随便找一行代码切入,都不太容易弄懂前后代码的含义。是否有一种比较方便的模式,能够兼顾主体结构与细节信息呢? 在计算机编程语言中,这种模式称为“函数”。

6.4　函数的定义和作用

函数是精心组织的、可重复使用的、用于实现一定功能的代码段。函数能提高程序代码的模块性和程序代码的重复利用率,有利于程序代码的学习和维护。

6.4.1　函数的定义

在 Python 中,定义函数的方式如下

```
def 函数名(函数参数):
    函数体
    return 返回变量
```

定义函数所遵循的规则如下:

(1)函数代码块以关键词 def 开头,后接函数名称标识符、圆括号()和冒号“:”。

(2)所有传入参数和自变量必须放在圆括号中间。

(3)函数的第一行语句可以选择性地使用文档字符串对函数功能进行描述,这段描述将对函数提供帮助。函数内部的注释内容,也必须有至少一个缩进。

(4)函数内容是以冒号为起始点,并且具有相同基础缩进的代码段。同时,可以存在更多层的索引。

(5)return [表达式] 作为函数结束后返回给调用方的返回值。不带表达式的 return 相当于返回 None。这个表达式可以是一个具体的值。return 语句不必一定在函数的最后。

除了格式之外,参数是函数的重中之重。函数依靠定义在圆括号中的参数与外接调用函数的程序代码实现连接;在函数内部使用定义好的参数完成既定功能。定义在函数参数列表中的参数被称为“形式参数”,简称“形参”。当函数被调用,必须指定当前代码中的变量与函数形参之间的关联关系,此时被指定的变量称为“实际参数”,简称“实参”。

6.4.2　函数的改编

前面我们利用 Turtle 模拟七段数码管的时候,定义了一个假定的输入列表 numlist,用来存放编码器输出的编码列表。这里的 numlist 就可以看作是七段数码管模拟器代码使用的形式参数,因为编码器的输出变量不一定就是 numlist。如果我们把七段数码管模拟器改写成函数,就需要将 numlist 当作参数进行定义,表明要用模拟器函数就必须指定 numlist 的关联变量。下面的代码是将模拟器代码改写为函数的结果

```
'''
问题:根据输入编码绘制七段数码管
输入:字符串列表,每个字符串是 8 位由 0 和 1 组成,0 表示黑色,1 表示红色。
输出:七段数码管
------------------------------------------
'''
def SevenSimulater(numlist):
    #定义画布
    turtle.setup(0.5,0.75)
    #定义轨迹宽度,稍微宽一点才像
    turtle.pensize(10)
    #定义一个从编码器输出的数值字符串列表,这里给出字符'0'的编码
    # numlist=['11111100'] #数字 0 的七段数码管编码
    #定义颜色字典,0 表是黑色,1 表示红色
    colors={'0':'black','1':'red'}
    #定义从 G 段开始顺时针绘制的右转向角度列表
    ang=[0,90,90,90,0,90,90]
    #从数值字符串中提取数值字符串编码
    for numstr in numlist:
    #由于更换了绘制顺序,所以需要调整编码。
    #利用+法操作重新拼接数值字符串
        code = numstr[6]+numstr[2:6]+numstr[0:2]+numstr[7]
    #开始按照新顺序绘制七段数码管
        for i in range(7):
    #设定当前笔记颜色,以当前段编号为索引获取颜色编码,
    #进而获取颜色
            turtle.pencolor(colors[code[i]])
    #根据当前段编号为索引提取右转向角度
            turtle.right(ang[i])
    #向前移动绘制当前液晶段
            turtle.fd(100)
```

以关键字 def 开头,给七段数码管模拟器起名为"SevenSimulater",在函数名后面的参数
列表中定义了输入变量 numlist。至于输入信号,则是完全根据代码中的应用方式来判断的。
在参数列表后面紧跟一个冒号,随后只需要将以前的代码统一加上一个缩进即可。要注意的
是,代码中原来的 1 个缩进,现在成为 2 个缩进。最重要的是,需要将原先在代码里面定义的
numlist 列表及其内容删除掉。

整个代码的改动是不是很简单? 也确实很简单,因为很多函数定义要注意的地方这里都
没有。比如函数的返回值问题,这里的代码功能是绘制一幅画,并没有实际需要传递的数值结

果,所以不用返回值;函数的参数问题,这里的代码只需要一个固定类型的输入列表,也就不存在参数数量问题。

接下来,将编码器部分的代码更改成函数。编码器是一个中间件,它接收输入模块的输入,也输出内容给模拟器,所以是需要 return 语句的;而模拟器需要的 numlist 就是 return 语句返回的。

综上,将编码器转换为函数要做的工作如下:

(1)利用 def 给编码器代码一个名称;

(2)在参数列表中定义输入参数;

(3)在代码中删除测试用的输入数据;

(4)在代码结尾添加 return 语句,返回输出结果。

按照上述 4 个步骤将编码器部分改编为函数,结果如下(注意看函数里面的注释)

```python
'''问题:输入数值转换为七段数码管编码
输入:元素为数值字符串的列表,numlist
输出:1 个七段数码管的 8 位编码,numstr
-----------------------------------
'''
def SevenCoden(numlist):# 添加函数头
    #定义数值字符与编码的映射
    dic={'0':'11111100',
         '1':'01100000',
         '2':'11011010',
         '3':'11110010',
         '4':'01100110',
         '5':'10110110',
         '6':'10111110',
         '7':'11100000',
         '8':'11111110',
         '9':'11110110'
        }
    #设定数据输入部分的输出和编码器输出列表
    #注释掉测试输入信号
    # numlist=['123','234','345','456']
    numcode=[]
    #当输入列表非空,取出一个元素(数值字符串)
    for numstr in numlist:
    #      当数值字符串中还有数值
        for num in numstr:
    #            以数值位索引键在字典中查找对应的编码值
```

```
            numcode.append(dic[num])
```
＃返回编码器输出列表
return numcode ＃ 添加返回信号

按照相同的步骤,将数据输入部分也改编为函数,结果如下

```
'''
1.循环输入数据一次一个浮点数。
2.输入 Q 或 q 表示输入结束。
3.输入 U 或 u 表示撤销前次输入。
4.将所有输入数据存入数据列表,进行均值计算。
5.滑动计算数据均值,滑动窗口为 3。
6.如果列表数据少于三个,退出程序。
7.在一行打印输出均值计算结果。
'''
def DataInput():
    num＝[]＃定义数值序列
    ma3＝[]＃定义均值序列
    Numin＝input('请输入一个数值,输入完成请输入\'Q or q\',输入错误请输入\'U or u\';')
    while(True):＃循环输入数据,直到接收到 Q 或 q
        if ((Numin＝＝'Q')or(Numin＝＝'q')):
            break ＃ 如果数值数量大于等于 3 个,允许进行数值计算。
        if ((Numin＝＝'U')or(Numin＝＝'u')):＃ 用户输入 u/U 撤销前次输入
            if num＝＝[]: ＃ 如果数值列表为空
                print("当前还没有输入数值!") ＃打印提示信息
            else:
                num.pop()＃如果数值列表非空,删除最后一个数值。
            Numin＝input('请输入一个数值,输入完成请输入\'Q or q\',输入错误请输入
\'U or u\';')
        else:＃ 用户不撤销前次输入
            num.append(Numin)＃ 追加输入数值到列表
            Numin＝input('请输入一个数值,输入完成请输入\'Q or q\',输入错误请
输入\'U or u\';')
    ＃数据输入完成,输出为 num 序列
    return num
```

数据输入模块作为第一级代码,并不需要其他代码给它提供输入,所以参数列表为空。同时,数据输入函数是一个通用的函数,所以函数名中并没有体现出和七段数码管有关的信息。

6.4.3　函数的调用

前面说过,定义函数的目的就是要提高代码的重用率,让重用更加方便,让程序更有条理化。接下来,我们介绍一下函数的调用。

如果是简单的函数调用,仅需要将定义好的函数按照使用顺序进行排列,利用参数将各个函数连接起来调用。例如,七段数码管显示程序的简单调用可以是

```
numlist=[] ♯定义输入函数和编码器函数之间的传递变量
codelist=[] ♯定义编码器函数和模拟器函数之间的传递变量
numlist=DataInput() ♯将数据输入函数的返回值赋值给 numlist 列表
codelist=SevenCode(numlist)♯ 将 numlist 列表传递给编码器函数
SevenSimulater(codelist)♯将编码器函数的输出利用 codelist 列表传递给模拟器。
```

在上面的函数调用代码中,我们用 numlist 变量连接了数据输入函数和编码器函数,这里的 numlist 和编码器函数定义的参数名称是一样的,但它不是形式参数,而是实际参数。这一点读者一定要记住。另外,我们用 codelist 连接了编码器函数和模拟器函数,这里的 codelist 就是实际参数,而模拟器函数定义时的 numlist 参数就是形式参数。

这里的意思是用 codelist 变量承载编码器函数的返回值,然后将 codelist 的值传递给模拟器函数定义的形式参数 numlist,最后在模拟器函数内部仍然使用了 numlist 变量。当有多个参数需要传递时,Python 一般通过位置顺序进行关联。

但是,这段代码并不能直接运行。虽然将这 5 行代码写入了某个代码文件,但这个文件里面如果没有函数的定义代码,也是不能运行的。有的时候,即使有函数的定义代码,但将函数调用代码写在了函数定义的前面,也是不能运行的。这些细节问题,读者一定要注意。在这里,我们给出合成的代码,在代码中将函数定义部分写在前面,函数调用部分写在后面。这一部分代码很长,可以扫描二维码下载代码文件。

七段数码管代码文件 1

```
def DataInput():
    '''

    问题:输入一个数值,在 turtle 中以七段数码管的方式显示出来
    输入:0—9 中的一个个位数
    输出:turtle 绘制的七段数码管
    --------------------------------------------
    '''

    ♯数据输入部分
    '''
```

```
1.循环输入数据一次一个浮点数。
2.输入 Q 或 q 表示输入结束。
3.输入 U 或 u 表示撤销前次输入。
4.将所有输入数据存入数据列表,进行均值计算。
5.滑动计算数据均值,滑动窗口为 3。
6.如果列表数据少于三个,退出程序。
7.在一行打印输出均值计算结果。
'''

num=[] #定义数值序列
ma3=[] #定义均值序列
Numin=input('请输入一个数值,输入完成请输入\'Q or q\',输入错误请输入\'U or u\':')
while(True): #循环输入数据,直到接收到 Q 或 q
    if((Numin=='Q')or(Numin=='q')):
        break  # 如果数值数量大于等于 3 个,允许进行数值计算。
    if((Numin=='U')or(Numin=='u')): #用户输入 u/U 撤销前次输入
        if num==[]:  # 如果数值列表为空
                    print("当前还没有输入数值!") #打印提示信息
            else:
                num.pop() #如果数值列表非空,删除最后一个数值。
        Numin=input('请输入一个数值,输入完成请输入\'Q or q\',输入错误请输入
\'U or u\':')
    else: # 用户不撤销前次输入
        num.append(Numin) # 追加输入数值到列表
        Numin=input('请输入一个数值,输入完成请输入\'Q or q\',输入错误请输入
\'U or u\':')
    #数据输入完成,处处为 num 序列
return num
#编码部分
# -----------------------------------
def SevenCode(numlist):
    #定义数值字符与编码的映射
    dic={'0':'11111100',
         '1':'01100000',
         '2':'11011010',
         '3':'11110010',
         '4':'01100110',
```

```
            '5':'10110110',
            '6':'10111110',
            '7':'11100000',
            '8':'11111110',
            '9':'11110110'
        }
    #设定数据输入部分的输出和编码器输出列表
    # ===============================
    #将数据输入部分的输出列表赋值给编码的输入列表
    # ===============================
    numcode=[]
    #当输入列表非空,取出一个元素(数值字符串)
    for numstr in numlist:
    #      当数值字符串中还有数值
            for num in numstr:
    #              以数值位索引键在字典中查找对应的编码值
                    numcode.append(dic[num])
    #编码完成
    return numcode
# ----------------------------------
def SevenSimulater(numlist):
    #开始绘制七段数码管
    import turtle
    #定义画布
    turtle.setup(0.95,0.75)
    turtle.pu()
    turtle.goto(-600,0)
    turtle.pd()
    #定义轨迹宽度,稍微宽一点才像
    turtle.pensize(10)
    #定义一个从编码器输出的数值字符串列表,这里给出字符'0'的编码
    # ===============================
    #将编码器输出的列表赋值给绘制程序输入列表
    # ===============================
    #定义颜色字典,0 表示黑色,1 表示红色
    colors={'0':'black','1':'red'}
    #定义从 G 段开始顺时针绘制的右转向角度列表
    ang=[0,90,90,90,0,90,90]
```

```
#从数值字符串中提取数值字符串编码
for numstr in numlist:
#由于更换了绘制顺序,所以需要调整编码。利用＋法操作重新拼接数值字符串
    code ＝ numstr[6]＋numstr[2:6]＋numstr[0:2]＋numstr[7]
#开始按照新顺序绘制七段数码管
    for i in range(7):
#设定当前笔记颜色,以当前段编号为索引获取颜色编码,
        turtle.pencolor(colors[code[i]])
#根据当前段编号为索引提取右转向角度
        turtle.right(ang[i])
#向前移动绘制当前液晶段
        turtle.fd(100)
#调整海龟姿态,航向正向右,向右移动 30 作为字符间隔。
    turtle.left(90)
    turtle.pu()
    turtle.fd(30)
    turtle.pd()


#函数调用部分
numlist＝[]  #定义输入函数和编码器函数之间的传递变量
codelist＝[]  #定义编码器函数和模拟器函数之间的传递变量
numlist＝DataInput()  #将数据输入函数的返回值赋值给 numlist 列表
codelist＝SevenCode(numlist) # 将 numlist 列表传递给编码器函数
SevenSimulater(codelist)  #将编码器函数的输出利用 codelist 列表传递给模拟器。
```

　　打开 IDLE 后直接运行,同时尝试输入数值、撤销和退出功能(见图 6－15),检查是否存在问题。最终显示结果如图 6－16 所示。

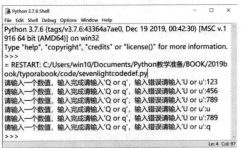

图 6－15　输入、撤销数据

图 6-16 最终显示结果

6.4.4 执行和调用函数

Python 语言的函数与其他语言的函数有一些区别，在 Python 语言中，一个文件如果包含了多个函数，那么这些函数可以在本地执行，以方便测试，也可以被其他程序调用执行。但是，如果这个文件中还有一些零散的代码，如测试函数用的代码，则可能会造成一些问题。所以，软件工程师通常在测试 Python 函数时，会在当前的函数定义文件中使用一个叫 main 的函数将那些测试代码包起来。比如，上面的那 5 行调用代码用 main 函数包裹起来就是

```
def main():
    ＃函数调用部分
    numlist＝[] ＃定义输入函数和编码器函数之间的传递变量
    codelist＝[] ＃定义编码器函数和模拟器函数之间的传递变量
    numlist＝DataInput() ＃将数据输入函数的返回值赋值给 numlist 列表
    codelist＝SevenCode(numlist) ＃将 numlist 列表传递给编码器函数
    SevenSimulater(codelist) ＃将编码器函数的输出利用 codelist 列表传递给模拟器。
```

这样，在上面的代码文件中，就仅仅包含了 4 个函数，而不存在零散的代码了。但是，这里有个新的问题，就是定义了 main 函数，如果要执行这个 main 函数，是不是还会出现一行零散代码？Python 为了解决这个问题，采用了一种特殊结构，在代码文件中加入了一行 if 复合语句。注意，这一行代码是固定格式，读者只需要记住就好，不需要去研究原因。

```
if _name_ == '_main_':
```

这行代码后的内容仅在执行当前的文件时才运行，如果文件是被调用的，则这行代码之后的语句是不执行的。

根据这一点，我们可以将 main 函数的调用放在这行代码后面。修改后的完整版代码如下。同时，你也可以扫描二维码下载代码文件。

七段数码管代码文件 2

```
def DataInput():
        '''

    问题:输入一个数值,在 turtle 中以七段数码管的方式显示出来
    输入:0—9 中的一个个位数
    输出:turtle 绘制的七段数码管

    ---------------------------------------
    '''

    #数据输入部分
    '''

    1.循环输入数据一次一个浮点数。
    2.输入 Q 或 q 表示输入结束。
    3.输入 U 或 u 表示撤销前次输入。
    4.将所有输入数据存入数据列表,进行均值计算。
    5.滑动计算数据均值,滑动窗口为 3。
    6.如果列表数据少于三个,退出程序。
    7.在一行打印输出均值计算结果。
    '''

    num=[]#定义数值序列
    ma3=[]#定义均值序列
    Numin=input('请输入一个数值,输入完成请输入\'Q or q\',输入错误请输入\'U or u\':')
    while(True): #循环输入数据,直到接收到 Q 或 q
        if ((Numin=='Q')or(Numin=='q')):
            break  # 如果数值数量大于等于 3 个,允许进行数值计算。
        if ((Numin=='U')or(Numin=='u')): # 用户输入 u/U 撤销前次输入
            if num==[]: # 如果数值列表为空
                print("当前还没有输入数值!") #打印提示信息
            else:
                num.pop() #如果数值列表非空,删除最后一个数值。
            Numin=input('请输入一个数值,输入完成请输入\'Q or q\',输入错误请输入
\'U or u\':')
        else: # 用户不撤销前次输入
            num.append(Numin) # 追加输入数值到列表
            Numin=input('请输入一个数值,输入完成请输入\'Q or q\',输入错误请输入
\'U or u\':')
    #数据输入完成,处处为 num 序列
    return num
#编码部分
# ---------------------------------
```

```python
def SevenCode(numlist):
    # 定义数值字符与编码的映射
    dic={'0':'11111100',
         '1':'01100000',
         '2':'11011010',
         '3':'11110010',
         '4':'01100110',
         '5':'10110110',
         '6':'10111110',
         '7':'11100000',
         '8':'11111110',
         '9':'11110110'
        }
    # 设定数据输入部分的输出和编码器输出列表
    # ==============================
    # 将数据输入部分的输出列表赋值给编码的输入列表
    # ==============================
    numcode=[]
    # 当输入列表非空,取出一个元素(数值字符串)
    for numstr in numlist:
    #     当数值字符串中还有数值
            for num in numstr:
    #         以数值位索引键在字典中查找对应的编码值
                numcode.append(dic[num])
    # 编码完成
    return numcode
# ----------------------------------
def SevenSimulater(numlist):
    # 开始绘制七段数码管
    import turtle
    # 定义画布
    turtle.setup(0.95,0.75)
    turtle.pu()
    turtle.goto(-600,0)
    turtle.pd()
    # 定义轨迹宽度,稍微宽一点才像
    turtle.pensize(10)
    # 定义一个从编码器输出的数值字符串列表,这里给出字符'0'的编码
```

```
# ==============================
# 将编码器输出的列表赋值给绘制程序输入列表
# ==============================
# 定义颜色字典,0 表示黑色,1 表示红色
colors={'0':'white','1':'red'}
# 定义从 G 段开始顺时针绘制的右转向角度列表
ang=[0,90,90,90,0,90,90]
# 从数值字符串中提取数值字符串编码
for numstr in numlist:
    # 由于更换了绘制顺序,所以需要调整编码。利用+法操作重新拼接数值字符串
    code = numstr[6]+numstr[2:6]+numstr[0:2]+numstr[7]
    # 开始按照新顺序绘制七段数码管
    for i in range(7):
        # 设定当前笔记颜色,以当前段编号为索引获取颜色编码,
        turtle.pencolor(colors[code[i]])
        # 根据当前段编号为索引提取右转向角度
        turtle.right(ang[i])
        # 向前移动绘制当前液晶段
        turtle.fd(100)
    # 调整海龟姿态,航向正向右,向右移动 30 作为字符间隔。
    turtle.left(90)
    turtle.pu()
    turtle.fd(30)
    turtle.pd()
def main():
    # 函数调用部分
    numlist=[] # 定义输入函数和编码器函数之间的传递变量
    codelist=[] # 定义编码器函数和模拟器函数之间的传递变量
    numlist=DataInput() # 将数据输入函数的返回值赋值给 numlist 列表
    codelist=SevenCode(numlist) # 将 numlist 列表传递给编码器函数
    SevenSimulater(codelist) # 将编码器函数的输出利用 codelist 列表传递给模拟器。
if _name_ == '_main_':
    main()
```

可见,增加了"if _name_ == '_main_':"之后,main 函数的调用只在自己的文件中才能使用,当其他程序调用这个文件时就不会运行 main 函数了。

代码执行的过程和结果如图 6-17、图 6-18 所示。注意,在这段代码中,我们将不点亮的液晶段的颜色修改为白色,以使绘制的结果更好理解。

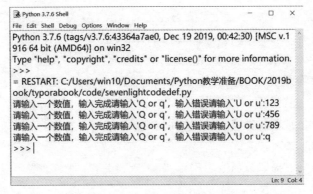

图 6-17   用 main 函数执行

图 6-18   不点亮的液晶段设定为白色的结果

6.4.5   函数的可变参数

前面定义的三个函数中，数据输入函数没有参数，其他两个函数的参数是一样的，这种有和没有参数是有区别的，如果定义函数的时候定义了参数，那么这个参数就是必须的，称为必须参数。比如我们前面定义的编码器函数的参数 numlist，既然定义了它，它就是必须的参数，如果数据输入函数不传递这个参数，编码器函数将输出错误。

除了位置关联之外，必须参数还有一种名称关联方式，有些地方称为关键字参数。例如，下面的例子我们定义了三个参数，如果只给一个参数就会出错。如图 6-19 所示。

```python
def student(name,age,gender):
    print(name,age,gender)


student('wang')
```

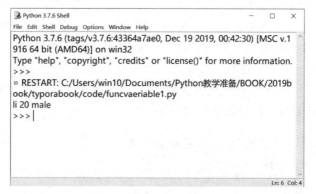

图 6 - 19　函数参数不全引发错误

在输入时,我们有可能并不清楚这些参数的定义顺序,又或者我们害怕定义出错,这时就可以采用名称关联的方式。如下面的方式

```
def student(name,age,gender):
    print(name,age,gender)

student(gender='male',age=20,name='li')
```

输出的结果如图 6 - 20 所示。

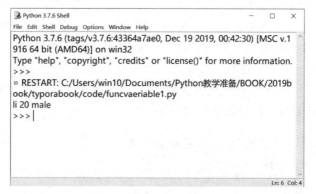

图 6 - 20　利用名称传递参数

在这种参数传递中,我们利用了明示的方法具体指定每一个参数的对应值,而不是通过位置定义。

在某些应用中,可能需要输入很多个参数,且这些参数中存在某些比较普遍的值,这时我们可以给这些参数事先设定一个值作为默认。比如输入学生信息时,可能需要输入姓名、班级、年龄等参数。对于大学生来说,绝大多数学生入学时的年龄为 19 岁,因此我们可以在定义函数时直接给年龄参数一个初始默认值 19。如果当前学生的年龄恰好是 19 岁,则可以不写年龄参数,而是利用参数定义时给的 19 进行赋值,来简化函数调用的输入工作。这种在定义时就给出默认值的参数称为默认参数。例如下面的 student 函数,我们定义参数 age 的默认值是 19,然后调用的时候分别输入和不输入 age 参数,结果如图 6 - 21 所示。

```
def student(name,age=19):
    print(name,age)


student('wang')
student('li',20)
```

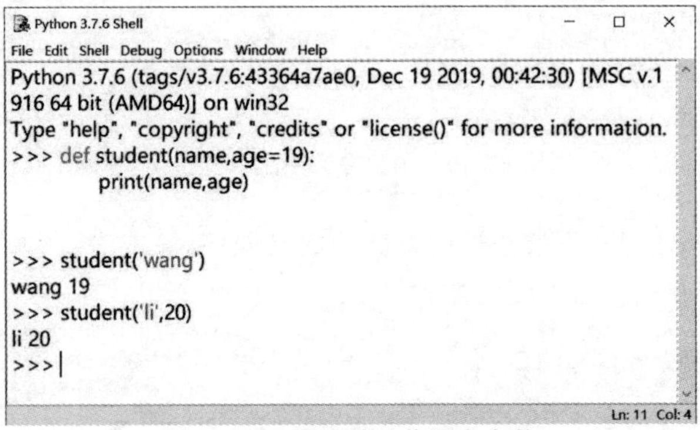

图 6 - 21 利用默认值设定参数

默认参数给我们带来了一些方便,但在有些时候,设计程序的时候并不清楚输入内容是什么样子的,不确定输入参数的数量。例如,前面讲的输入股票收盘价的内容,可能一次输入几天的收盘价,也有可能输入几十天的收盘价。同时,如果处理的是一些表格类信息,表格的设计是比较全面的,但是每个人的信息需求都不一样,即有的人填的多,有的人填的少,如"曾用名"有些人就没有。如果函数要接收这样长度不定、关系不定的数据,也是非常困难的,为了解决这个问题,Python 定义了一种不定长参数。如果这些参数之间除了顺序之外,没有更多的关联,那么 Python 用一个元组承载这些参数;如果这些参数之间存在关联关系,那么 Python 用一个字典承载这些参数。还是用学生的例子,如

```
#一个星号表示多余参数是列表关系,用元组承载
def student(name,age=19, * info):
print(name,age,info)
student('wang')
student('li',20,'经济金融学院','2020')
```

运行结果如图 6 - 22 所示。

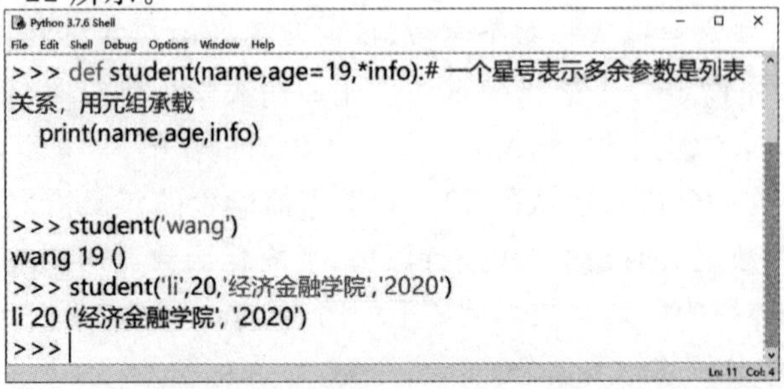

图 6 - 22 用元组承载不定长参数

我们再次调整代码,用两个星号示意超量参数用字典承载。运行后给出超量的参数,观察数据结果用什么来表示。运行结果见图 6-23。

```python
#两个星号表示多余参数是关联关系,用字典承载
def student(name,age=19,* * info):
    print(name,age,info)
student('wang')
student('li',20,学院='经济金融学院',年级='2020')
```

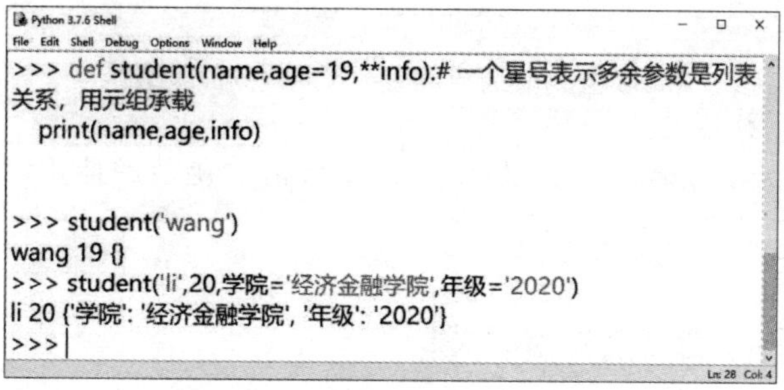

图 6-23　用字典承载不定长参数

可见,一个星号定义的参数会保存在元组中,而两个星号定义的参数会将多余输入报讯在字典中,同时输入时需要带上等号。

另外,函数的使用也确实比较复杂,在处理一些简单问题的时候有点"得不偿失"的感觉,比如,我们要计算一个比较复杂的数学公式,用函数定义需要照顾到格式等内容,但是真实的内容却只有一行。针对这种情况,Python 给出了一种被称为匿名函数的解决办法。

6.4.6　匿名函数

在 Python 中用关键字 lambda 创建匿名函数,所谓的匿名是指用 lambda 创建函数不用 def 等格式化的东西,也没有函数名。定义表达式为

```
lambda [变量 1[,变量 2,…..变量 n]]:变量表达式
```

由于没有函数名,所以 lambda 定义的匿名函数会赋值给一个变量,用个变量当作函数名。如前面的三个数值求平均数,就可以用 lambda 定义成匿名函数

```
avg=lambda a,b,c:(a+b+c)/3
```

这里用 avg 作为匿名函数的函数名,lambda 后面的 a,b,c 是函数的参数,冒号后面是参数的表达式。匿名函数的参数定义没有不定长参数,但是允许默认参数。

匿名函数的调用和普通函数一样,例如,分别用位置关系和明示关系调用函数的结果如图 6-24 所示。

```python
avg=lambda a,b,c:(a+b+c)/3
print(avg(1,2,3))
print(avg(a=1,c=3,b=2))
```

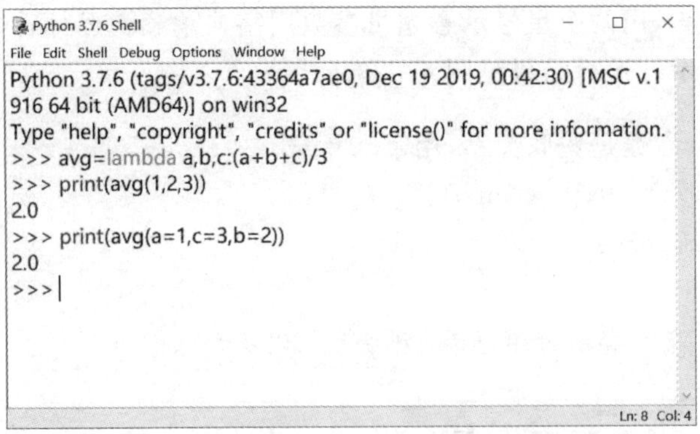

图 6-24　用位置和名称关联参数的隐函数

害怕使用普通函数的读者可以尝试练习 lambda 匿名函数的使用,lambda 匿名函数也能达到让代码有条理、容易维护的效果。

6.5　任意窗口的滑动均值函数

虽然 lambda 函数简单,但是功能有限。如要实现一个我们前面讲过的例子:编写支持任意窗口的滑动均值函数。首先是要编写一个滑动均值函数,其次是滑动窗口宽度要可变。

均值函数用 lambda 可以很方便地实现,结合循环也可以实现滑动,但是滑动窗口要可变,就必须重新定义 lambda 函数,更改参数的数量,这显然是不合适的。

有些同学可能会说,可以用列表承载数据,这样只用输入一个列表,不用更改参数数量。但是,lambda 匿名函数无法提取列表元素,显然也不合适。

所以,要实现可变窗口滑动均值函数的定义,必须使用普通函数定义。我们回顾一下窗口为 3 的滑动均值计算代码

```
#原始数据
stock=[2976.5281,3060.7545,3052.1419,3095.7873,3075.4955,3074.0814,
3090.0379,3106.8204,3115.5696,3092.2907,3094.8819,3066.8925,3104.8015,
3083.4083,3083.7858,3085.1976,3050.124,3040.0239,3005.0355,3007.3546,
2981.8805,2982.6806]
#定义存放均值的 list 序列
MA3=[]
#循环从原始数据中提取数值
for i in range(19):
    MA3.append((stock[i]+stock[i+1]+stock[i+2])/3)#计算均值
    print(i,MA3[i])#打印索引编号和均值
```

这段代码现在看起来是不是很简陋?直接用"i+0,i+1,i+2"三个索引提取三个数值,累加后除 3 得到均值,这个 3 就是计算均值的窗口,而 i 的改变代表了窗口的滑动。现在要改成可变窗口,也就是说原来代码里面的 3 需要用一个变量来承载,而变量的取值可以是从 1 到数

值列表的长度。假设变量是 n,则用 n 替换上面代码中的 3,可以得到

```
# 原始数据
stock=[2976.5281,3060.7545,3052.1419,3095.7873,3075.4955,3074.0814,
3090.0379,3106.8204,3115.5696,3092.2907,3094.8819,3066.8925,3104.8015,
3083.4083,3083.7858,3085.1976,3050.124,3040.0239,3005.0355,3007.3546,
2981.8805,2982.6806]
# 定义存放均值的 list 序列
MA3=[]
# 循环从原始数据中提取数值
for i in range(19):
    MA3.append((stock[i]+stock[i+1]+stock[i+2])/n) # 计算均值
    print(i,MA3[i]) # 打印索引编号和均值
```

但是,只将分母更改为 n 肯定是不行的,因为分子还是 3 个数值,并没有根据 n 而变化。很显然,继续在原始的代码上更改分子是不可能的,因为分子要支持可变数量,必须利用循环实现,而现在整个表达式作为参数存在是不能添加循环的,只能另外写代码了。

可变窗口的滑动均值函数的输出仍然是一个均值列表,但是输入需要什么? 请读者基于旧代码分析一下。旧代码中的分子 stock 是一个数值列表,而分母 n 是窗口大小,基于这两个数值,旧代码计算出了滑动均值。所以,新函数的输入就是一个数值列表和一个整数,基于这两个参数先搭起函数的框架

```
def MA(datainlist,WindowWidth):
```

这里的 datainlist 是数值输入列表,WindowWidth 是滑动窗口宽度。假设输入列表中的元素都正确,则保证均值计算的基础是:滑动平均需要从索引 0 开始,一直持续到数值列表长度减 n。所以,我们需要先取得输入数据列表的长度,也就是它包含的元素数量,这里可以用 len()函数。最后的均值需要存到均值列表中,需要在函数内进行定义,将这两步添加到函数代码中。

```
def MA(datainlist,WindowWidth):
    listnum=len(datainlist)
    avglist=[]
```

有了输入数值列表的长度,最后均值数据的数量也就确定了,是数值列表长度减 n。代码为

```
def MA(datainlist,WindowWidth):
    listnum=len(datainlist)
    avglist=[]
    for idx in range(listnum - WindowWidth):
```

这里的 for 语句隶属于 MA 函数,所以也有一个缩进。idx 是从后面的 range 序列中提取的数值,范围是 0 到(listnum - WindowWidth -1),共计(listnum - WindowWidth)个。这个索引表示的是滑动均值的滑动范围。每一个索引值都是一次均值计算的索引起始点,每次

均值计算的需求数据总长度为 WindowWidth,也就是滑动均值的窗口。

由于窗口宽度是变化的,所以不可能用一个直接表达式实现,只能用循环实现,因此,需要产生第二个 range 序列,通过多次累加实现。代码为

```
def MA(datainlist,WindowWidth):
    listnum=len(datainlist)
    avglist=[]
    for idx in range(listnum-WindowWidth):
        for sidx in range(WindowWidth):
            numsum=numsum+datainlist[idx+sidx]
```

其中,numsum 变量就是存储累加值的变量;输入数据列表的索引由(idx+sidx)组成,idx 是滑动均值的滑动基索引,sidx 是基于 idx 的二级索引,索引范围为 0 到(WindowWidth-1),共计 WindowWidth 个值。

注意:在 sidx 循环中,numsum 变量需要累加 WindowWidth 个数值,而进入 idx 循环后,numsum 仍然继续累加,造成了数据重复累加。所以,在每次进入 sidx 循环之前,必须给 numsum 清零。

添加清零步骤后,每次 numsum 累加的数据就是一个完整窗口的数据了。在累加完成后,numsum 除窗口宽度后,可以送入均值列表中等待输出了。对应代码为

```
def MA(datainlist,WindowWidth):
    listnum=len(datainlist)
    avglist=[]
    for idx in range(listnum-WindowWidth):
        numsum=0
        for sidx in range(WindowWidth):
            numsum=numsum+datainlist[idx+sidx]
        else:
            avglist.append(numsum/WindowWidth)
```

上述代码执行完成后,avglist 中存放的就是所有的均值结果了。注意,千万不要忘记,需要将 avglist 作为函数结果返回给调用函数的程序。这里有一个小技巧,如果函数的最后是以循环结束的,我们可以将返回语句写在循环的 else 语句中,这样能够保证代码能够被正确执行,不会受缩进等问题的影响。同时,也能保证返回代码能够被最后执行。添加返回语句的代码如下

```
def MA(datainlist,WindowWidth):
    listnum=len(datainlist)
    avglist=[]
    for idx in range(listnum-WindowWidth):
```

```
        numsum=0
        for sidx in range(WindowWidth):
            numsum=numsum+datainlist[idx+sidx]
        else:
            avglist.append(numsum/WindowWidth)
    else:
        return avglist
```

至此,函数编写完成了,同学们可以自行添加注释。其实,每一行的具体含义已经在上下文中描述过了。

为了验证函数功能的正确性,一般采取两种方式:第一种是给出一组已知结果的数据,检查函数运行结果是否和已知结果一致;第二种是和功能相同的其他函数对比输出结果。在这里,我们采用第二种方式,将新编写的函数与原先函数的运行结果互相对比,看看是否一致。运行结果如图 6-25 所示。

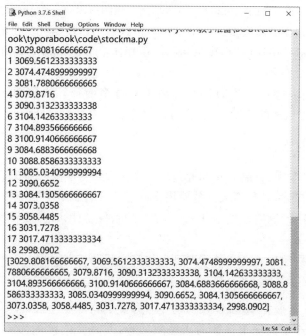

图 6-25 两种方式验证对比

经过对比,我们发现两者的结果完全一致,证明了新写的函数功能正常。读者也可以尝试用不同的窗口、不同数据进行对比,注意,一些边界条件必须测试。

6.6 函数的递归

前面给大家介绍了函数的定义、函数的调用和函数的注意事项。在函数的调用中,我们在 main 函数中调用了三个函数,并将三个函数用两个变量串联起来,完成了模拟七段数码管显示数值的任务。那么,如果一个函数在内部调用了它自己,会产生什么情况?很多读者可能不理解这句话是什么意思,可能会想:难道要让数据输入函数调用自己?还是编码函数调用自己,实现编码中的编码?又或者是模拟函数调用自己,实现数码管模拟中的模拟?都不是,这里所说的函数自己调用自己,其实是一种编程技巧。这种程序调用自身的编程技巧被称为递归。递归作为一种算法,在程序设计语言中广泛应用。一个过程或函数在其定义或说明中有直接或间接调用自身的一种方法,它通常把一个大型复杂的问题层层转化为一个与原问题相似的规模较小的问题来求解,递归策略只需少量的程序就可描述出解题过程所需的多次重复计算,大大减少了程序的代码量。递归的能力在于用有限的语句来定义对象的无限集合。一般来说,递归需要有边界条件、递归前进段和递归返回段。当边界条件不满足时,递归前进;当边界条件满足时,递归返回。比如阶乘的运算步骤、斐波那契数列的运算步骤和各种分形曲线都是递归的体现。

6.6.1　递归的特点

递归具有一些很有意思的特点,这些特点对递归做了一些限定。

(1)递归必须有一个明确的结束条件,称为基例。递归可以有一个基例,例如阶乘的 0!＝1;也可以有两个基例,例如斐波那契数列的 f(0)＝1 和 f(1)＝1;基例可以在函数中的任意位置。

(2)每次进入更深一层递归时,剩余问题规模相比上次递归都应有所减少,从计算 n 个问题减少为计算 $n-1$ 个问题。

(3)递归效率不高,递归层次过多会导致消耗过多的计算机资源。Python 限定递归为 900 层,如果确实需要更多的递归层次,也可以解除设定或者设定新值。

6.6.2　递归的实例

我们在此处选了阶乘、科赫雪花和五角星三个例子。对于这三个概念,读者应该都比较清晰,都会用代码进行描述,只是不太清楚使用递归怎么操作。在解决一个递归问题时,我们通常会关心以下几点:①问题的基例是什么;②基例的条件是什么;③是否有其他操作;④递归的位置。

接下来,我们就按照这 4 个步骤看看下面的三个问题如何解决。

1. 阶乘

阶乘是基斯顿·卡曼在 1808 年发明的一个数学运算符号。它的含义是:一个正整数的阶乘(factorial)是所有小于及等于该数的正整数的积,并且 0 的阶乘为 1。自然数 n 的阶乘写作 $n!$。

基于阶乘的概念,我们对下面的问题逐一回答。

(1)问题的基例是什么:根据阶乘的定义,最小的阶乘为 1,所以阶乘的基例为 1。

(2)基例的条件是什么:具有最小阶乘的数值为 0,则基例 1 的条件为 0。

(3)是否有其他操作:阶乘是将所有小于及等于该数的正整数求连乘积,并没有其他的运算。

(4)递归的位置:经过整理后,阶乘可以表示为一个正整数的阶乘等于这个正整数与其减一的乘积,即

$$f(n) = n \times f(n-1)$$

基于以上四点的分析,我们可以开始编写阶乘函数 fact,阶乘函数只需要一个数值 n 作为参数;由于没有其他的操作,所以可以直接先写基例。在基例中,如果 n 等于 0,则其阶乘结果为 1,这个 1 就作为阶乘函数的返回值送出,当 n 不等于 0,则需要进一步计算 $n \times$ fact$(n-1)$,此时为了计算 $n-1$ 的阶乘,就需要再次调用阶乘函数 fact 来计算,这个在函数内部调用自己的操作就是递归。

```
def fact(n):
    if (n==0):
        return 1
    else:
        return n * fact(n-1)
```

上述代码就是根据递归操作的 4 点要求完成的阶乘函数,其中有两个 return 语句,分别表示在不同条件下的返回值。第二个返回值是个表达式,Python 解释器在遇到这一个返回值时,发现有一个新的 fact 函数调用,就会暂停当前的求值操作,转而去计算 fact$(n-1)$,而在计算过程中依然会碰到需要求解新的 fact$(n-1)$。当然,随着递归的进行,数值 n 被逐渐拆解的越来越小,直到计算 0 的阶乘。像递归这种每一次运算都是基于上一次的执行结果来进行下一次的执行的过程被称为"递推"。

当阶乘计算到 0 的阶乘时,发现返回值不再是表达式,而是一个数值 1,随后 1 就被传递给计算 1 的阶乘,得到结果 1,继续回传给计算 2 的阶乘……直到将 $n-1$ 阶乘的返回值传给计算 n 的阶乘,最终完成 n 的阶乘计算。这种在遇到终止基例后往回返,一级一级地把值传递回来的过程称为"回溯"。

递推和回溯构成了递归的两个基本环节。

(1)递推环节。问题逐渐被分解,要解决的问题越来越少,就像洋葱被逐层拨开,剩在手里的越来越少一样。但是,每次递推都要新申请一个计算函数值的计算机资源,占用的系统资源越来越多,就像放置洋葱的位置越来越大一样。如果到了 900 层还没有递推到终止基例,就需要小心系统的限制了。

(2)回溯环节。仅仅是数值的向上传递,在传递的过程中,计算机资源被逐步收回,这是一个资源释放的过程。

阶乘函数可以用图 6-26 来描述,扫二维码可以查看彩色图。

阶乘单元彩色图

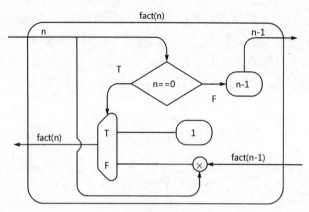

图 6-26　图示阶乘函数

图外的 fact(n)表示函数的名称,图中出现了一个梯形符号,这个符号的功能是选择,上侧的输入为选择信号,如果选择信号为真,则输出 1;为假,则输出 $n \times$ fact($n-1$)。

将 fact(3)的过程用图串联起来的表示如图 6-27 所示,扫二维码可以查看彩色图。

阶乘展开彩色图

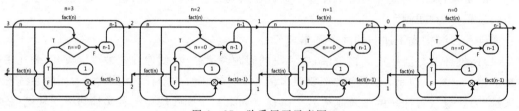

图 6-27　阶乘展开示意图

请读者根据前面阶乘的概念、分析的步骤,按照图上的流程尝试分析一下求 3 的阶乘的流程。

阶乘的递归计算带有明显的递归特性:先递推、后回溯。但不是所有的递归都是这个流程,这要看再次调用函数自身的位置处于函数的什么位置,当处于中间时就会先递推后回溯;如果处于末尾,则会有不同的表现形式。

2. 五角星

这里的五角星递归利用斐波那契数列,每次绘制完一个五角星后,放大边长,继续绘制下一个五角星,而基例则是当斐波那契数列的最后一个值大于某个数值门限后停止绘制。

下面是绘制五角星的代码和绘制结果(见图 6-28),读者可以尝试着优化一下代码,看看有没有更好的执行效率和更多的形状。

```
'''
变更斐波那契边长
'''
import turtle as t
scale =0.5
sides = [5,8.9]
外角 = 144
t.setup(0.5,0.95)
t.pu()
t.goto(0,300)
t.pd()
t.seth(-72)
def star(sides,l):
    sides.append(sides[-1]+sides[-2])
    边长 = sides[-1]
    if 边长<l:
        for _ in range(5):
            t.fd(边长)
            t.right(144)
        star(sides,l)
    else:
        print(sides[-1])
        return
l=1000
star(sides,l)
t.hideturtle()
```

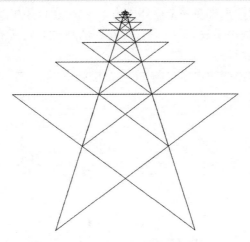

图 6-28 用递归思路绘制五角星

绘制五角星的递归函数的示意图如图 6-29 所示,如果边长大于门限则停止,如果边长小于门限就继续绘制五角星。

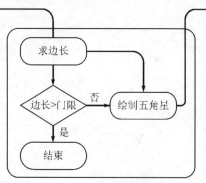

图 6-29　五角星绘制思路

假设设置的门限可以绘制三个五角星,则级联的递归示意图如图 6-30 所示,就像一根绳子上挂了很多的五角星,所有五角星的绘制出发点都一样,看起来就像一串从远到近的五角星。

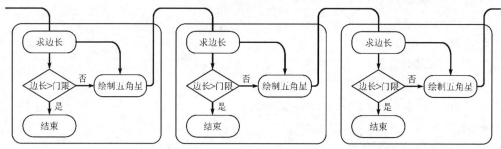

图 6-30　五角星绘制思路展开

3. 科赫雪花

科赫雪花的绘制是另一种比较特殊的递归操作,既不像阶乘那样先递推后回溯两边都侧重,也不像五角星那样串行仅侧重一边。科赫雪花曲线的绘制过程更像是一串葡萄,是一种层层展开的过程。原因是递归出现在一个循环操作中,在一次调用中就会出现多个新递归操作。同时,所有的动作都在基例中实现,最后运行时看到的现象是将所有的科赫曲线一次绘制完成,而不是一次绘制一阶曲线。

下面是绘制一阶科赫曲线的递归代码,在一次绘制中,将一条直线分为 3 份,代码和绘制结果如图 6-31、图 6-32 所示。

```
koch.py - C:/Users/win10/Documents/Python教学准备/BOOK/2019book/typorabo...    —    □    ×
File  Edit  Format  Run  Options  Window  Help
from turtle import *
def koch(size,n):
    if n==0:
        fd(size) #基例
    else:
        for angle in [0,60,-120,60]:
            left(angle)
            koch(size/3,n-1) #链条
def main():
    setup(0.5,0.5)
    pensize(2)
    speed(10)
    color("black","skyblue")
    koch(300,1)
    hideturtle()
main()
                                                                           Ln: 17  Col: 0
```

图 6 - 31　一阶科赫代码

```
Python Turtle Graphics                                                      —    □    ×
```

图 6 - 32　一阶科赫结果图

将绘制曲线从一次更改为 3 次，将绘制层数设置为 1、2、3 三种，每条线一种，代码和绘制结果如图 6 - 33、图 6 - 34 所示。

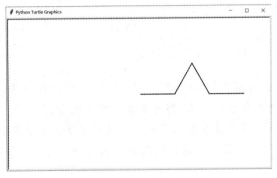

```
koch.py - C:/Users/win10/Documents/Python教学准备/BOOK/2019book/typorabo...    —    □    ×
File  Edit  Format  Run  Options  Window  Help
from turtle import *
def koch(size,n):
    if n==0:
        fd(size) #基例
    else:
        for angle in [0,60,-120,60]:
            left(angle)
            koch(size/3,n-1) #链条
def main():
    setup(0.5,0.5)
    pensize(2)
    pu()
    goto(-200,100)
    pd()
    speed(10)
    color("black","skyblue")
    koch(300,1)
    right(120)
    koch(300,2)
    right(120)
    koch(300,3)
    right(120)
    hideturtle()
main()
                                                                           Ln: 21  Col: 0
```

图 6 - 33　三次科赫代码

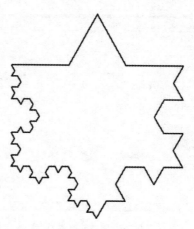

图 6-34　三个不同阶数的科赫图

小结

在任何一种计算机编程语言中,函数都是很重要的一环。学会了函数,你将拥有更加高效的编程手段,能够实现更加复杂的算法,解决更加复杂的问题。

函数也在不断演进,不同的语言有不同的函数表达方式,也会有不同的应用形式。例如,Python 中的 lambda 函数可以看作普通函数的简化版,虽然应用范围有限,但并不妨碍它在特定应用中出彩。

函数中需要注意的地方有很多,尤其是在一些边界环境中。例如,一个有很多个参数的函数,这些参数是否可以一部分按照位置关联,而另一部分按照名称关联呢?类似的问题还有很多,读者需要努力熟悉这些问题,至少在自己常用的领域内能做到得心应手。

另外,每一种计算机语言都在不断进化。Python 在 3.8 版本中对函数进行了一些调整,这些调整可能会让你以前那些不是很规范的代码不能运行,也可能在后续的工作中效率更高。

习题

1. 利用科赫曲线绘制出三阶和五阶雪花图案。
2. 尝试利用七段数码管显示自己的学号。
3. 产生一个包含 1000 个数值的列表并计算其任意窗口的滑动均值。

第 7 章

错误和异常的处理

大家还记得我们的问题吗？"利用简单的输入和输出，输入 3 个正数，计算它们的平均值并输出。"

在前面的讲述中，我们对数据输入部分进行了函数化，也对滑动均值计算部分进行了函数化。数据输入部分，我们给出了比较详细的注释，而均值计算部分功能比较单一，让读者自行编写注释。下面是已经写好的伪代码和两个函数。

```
'''
1.循环输入数据一次一个浮点数。
2.输入 Q 或 q 表示输入结束。
3.输入 U 或 u 表示撤销前次输入。
4.将所有输入数据存入数据列表，进行均值计算。
5.滑动计算数据均值，滑动窗口为 3。
6.如果列表数据少于三个，退出程序。
7.在一行打印输出均值计算结果。
'''
def DataInput():
    num=[] # 定义数值序列
    Numin= input('请输入一个数值,结束请输入\'Q or q\',撤销输入\'U or u\':')
    while(True): # 循环输入数据,直到接收到 Q 或 q
        if ((Numin=='Q')or(Numin=='q')):
            break  # 如果数值数量大于等于 3 个,允许进行数值计算。
        if ((Numin=='U')or(Numin=='u')): # 用户输入 u/U 撤销前次输入
            if num==[]: # 如果数值列表为空
                print("当前还没有输入数值!") # 打印提示信息
            else:
                num.pop() # 如果数值列表非空,删除最后一个数值。
            Numin= input('请输入一个数值,结束请输入\'Q or q\',撤销输入\'U or u\':')
        else: # 用户不撤销前次输入
```

```
            num.append(Numin) ♯ 追加输入数值到列表
            Numin＝input('请输入一个数值,结束请输入\'Q or q\',撤销输入\'U or u\':')
    ♯数据输入完成,输出为 num 序列
    return num
def MA(datainlist,WindowWidth):
    listnum＝len(datainlist)
    avglist＝[]
    for idx in range(listnum-WindowWidth):
        numsum＝0
        for sidx in range(WindowWidth):
            numsum＝numsum＋datainlist[idx＋sidx]
        else:
            avglist.append(numsum/WindowWidth)
    else:
        return avglist
```

本章我们将继续讨论数据输入部分。在数据输入部分,我们重点考虑了以下几种情况:

①用户一次输入一个数值;

②用户输入错误可以 undo;

③用户输入完成可以 quit。

但是,我们是否完整地覆盖了用户输入的所有可能情况呢? 答案是否定的,比如:

①如果用户一次性输入了多个数值,怎么处理?

②如果用户一次性输入了多个数值还没有任何分隔符,怎么处理?

③如果用户输入了非数值字符,怎么处理?

我们来看一个例子。我们利用滑动均值计算程序,在输入时给出一个字符串"1.2,2.3,3.4"
模拟同时输入"1.2""2.3""3.4"三个数值,输出的结果如图 7 - 1 所示。

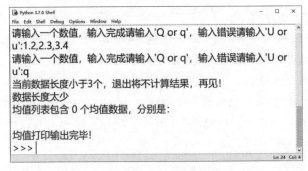

图 7 - 1   输入逗号分隔的数据

程序运行完了,但很明显不是我们想要的结果。原计划是一次性输入 3 个数值就直接计
算了,没想到输出一大堆信息,还告诉我们数据长度太少。问题出现在哪里呢? 是数据输入部
分、均值计算部分,还是打印输出部分?

再尝试另一种经常使用的数据输入方式:"分组输入,一次输入多个数值",结果如图 7 - 2 所示。

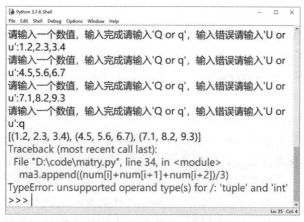

图 7 - 2　输入多组逗号分隔的数据

不出所料,也没有正确的结果,提示信息是元组不能用除法。问题出现在哪里呢？是数据输入部分、均值计算部分,还是打印输出部分？

另外,如果输入时输入了一些非数字字符又会出现什么情况呢？我们尝试在输入的数值中混入一个字符串,结果如图 7 - 3 所示。

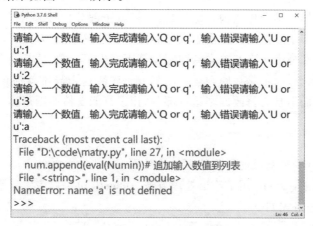

图 7 - 3　输入非数值数据

给出的错误是 a 没有定义,a 是我们输入的,确实没有定义其他含义,仅仅是输入了一个字符。问题出现在哪里呢？是数据输入部分、均值计算部分,还是打印输出部分？

通过这几次的实验,可以发现一个很重要的问题:程序设计时没有考虑到的问题,在使用中多半会出现各种各样的问题。问题的类型有很多,给出的信息各不相同,那么,我们该怎么去确定问题出现在哪里,是什么类型的问题呢？要解决这些问题,我们首先要学习一下 Python 中提供的错误和异常的处理。

7.1 Python 的错误和异常的处理

任何一种计算机编程语言编写的代码几乎都不能一次性成功,所以在程序设计方法流程的程序编写后面,还有程序调试和程序测试的过程,这两个步骤涉及专门的测试方法学,甚至有相关的软件测试专业,所包含的信息非常多,不是本书的重点内容,所以前面没有提到,感兴趣的读者可以自行了解。

在 Python 语言中,程序代码出现的问题分为两类:错误和异常。错误是指在编写过程中出现的各种由拼写导致的和 Python 语法相关的错误。这类错误通常比较好发现,各种编辑工具几乎都能提前发现此类错误。异常是指程序代码在语法意义上是正确的,但是在程序运行过程中发生的一些不是经常发生的问题。例如,程序中定义了一个两个变量相除的表达式,但是分母有一定的概率取得 0 值,那么这个表达式就会有一定的概率产生除数为 0 的异常。也就是说,由语法产生的问题被称为错误;语法正常下随即产生的问题被称为异常。问题可以通过一些工具很容易发现;异常则只能在随即产生时才能发现。

上面我们列举的三个例子都是语法正确的异常错误,如果要确定异常发生的位置就必须在程序里进行异常捕捉,如果在数据输入部分捕捉到异常,就说明数据输入部分发生了异常;在均值计算部分捕捉到异常,就说明均值计算部分发生了异常;在打印部分捕捉到异常,就说明打印部分发生了异常。

需要注意的是,异常是会传递的。也就是说,在某个部分捕捉到异常,也只是说明在该部分有异常体现出来,但是真正的异常发生点可能并不在这里。例如,如果数据输入时给出了一个字符串,均值计算部分由于字符不支持四则运算而产生了异常,那么这个异常的真实发生点就应该在数据输入部分,而不是在四则运算的部分。解决这个异常就应该在数据输入部分对字符输入进行避免,而不是去修改四则运算部分,让字符能支持四则运算。

7.1.1 try……except……

在 Python 语言中,最基础的异常处理方法是用 try……except……复合语句实现。其中,try 语句用于捕捉异常,except 用于给出处理方法。except 也可以带上异常名称参数处理指定的异常。具体的语法格式如下

```
try:
    执行代码
except:[异常名称]
    异常名称 发生时的 异常处理代码
except:
    其他异常处理代码
```

整个复合语句按照如下方式工作:

(1)执行 try 后的代码(在关键字 try 和关键字 except 之间的语句)。

(2)如果没有异常发生,忽略 except 子句,try 子句执行后结束。

(3)如果在执行 try 后代码的过程中发生了异常,那么 try 后代码余下的部分将被忽略。

如果异常的类型和 except 之后的名称相符,那么对应的 except 子句将被执行。

(4)如果有没有指定异常名称的 except,这个 except 将针对所有的异常。

(5)如果一个异常没有与任何的 except 匹配,那么这个异常将会传递给上层的 try 中。

这里用一个例子看一下上面的代码。我们从键盘输入一个数值,作为分母实现一个除法,那么可能会产生以下几种异常:

(1)分母为 0 的异常(ZeroDivisionError),输入为 0 时产生。

(2)数值异常(ValueError),输入为非数字时产生。

(3)定义异常(NameError),输入为非数字时产生。

```
while True:
    try:
        x = 5 / eval(input("请输入一个数字："))
    except ValueError:
        print("您输入的不是数字,请再次尝试输入！ValueError")
    except ZeroDivisionError:
        print("输入的数值为 0,请重新输入！ZeroDivisionError")
    except NameError:
        print("必须输入数值,请重新输入！ NameError")
    except :
        print("出现异常,请重新输入!")
```

代码运行后输入不同的字符组合,得到的结果如下

```
请输入一个数字：1
请输入一个数字：0
输入的数值为 0,请重新输入！ZeroDivisionError
请输入一个数字：a
必须输入数值,请重新输入！NameError
请输入一个数字：a1
必须输入数值,请重新输入！NameError
请输入一个数字：1a
出现异常,请重新输入！
请输入一个数字：0a
出现异常,请重新输入！
请输入一个数字：a0
必须输入数值,请重新输入！NameError
```

可见,不同的输入对应着不同的异常。但是,为什么说有两个非数字异常,只出现了一个呢？这是因为在 Python 中,不同的函数、方法对待同一种非法输入方式的处理结果是不一样的。这里的 NameError 来自代码中的 eval 函数,eval 函数是将括号内的字符串解释为表达式。比如字符串"1+1"经过 eval 解释后变为表达式,如果表达式中出现字符,则 eval 解释时

会认为表达式中出现了变量,但是变量没有定义,此时就会产生 NameError 异常。

ValueError 异常是从数值角度解释的,对应的函数是 int 或者 float。如果将代码中的 eval 替换为 int 或者 float 函数,当输入字符时就会提示输入了非数字字符,无法转换为整数类型或者浮点类型,从而产生 ValueError 异常。

经过 try……except……的处理后,即使程序发生了异常不能顺利执行,也不会输出那些比较难以理解的信息,而是给出用户事先定义的信息。这样就显得非常友好,不至于让人手忙脚乱。

try……except……能够非常方便地界定异常和错误出现的地点,有时候我们会在不同功能的代码接口处简单地增加一个 try……except……来判断异常的发生地点。但是,如果把当前模块的所有代码都加在 try 和 except 之间,则 try……except……的结构会变得很难管理,比如间隔了几百行的情况,非常容易出现语法问题。此时,可以采用一种带有 else 的结构。

7.1.2   try……except……else……

try……except……else……完美地解决了 try 和 except 之间间隔过大的问题,利用这种结构,可以将需要监测的代码放在 try 和 except 之间,而把其他的代码写在 else 后面。这种结构的形式如下

```
try:
    需要监测的代码
except:
    异常发生时的异常处理代码
else:
    其他非监测的正常代码
```

将上面监测输入类型的代码再次修改为

```
while True:
    try:
        x = 5 / eval(input("请输入一个数字："))
    except ValueError:
        print("您输入的不是数字,请再次尝试输入！ValueError")
    except ZeroDivisionError:
        print("输入的数值为 0,请重新输入！ZeroDivisionError")
    except NameError:
        print("必须输入数值,请重新输入！NameError")
    except :
        print("出现异常,请重新输入！")
    else:
        print("计算结果为 % f" % x)
```

当输入为 1、a、3 时,输出为

请输入一个数字：1
计算结果 5.000000
请输入一个数字：a
必须输入数值,请重新输入! NameError
请输入一个数字：3
计算结果 1.666667

　　简单地将必须进行异常监测的代码写在 try……except 之间,其他的内部代码写在 else 后面,让代码之间的逻辑更加清晰。同时,也方便在 else 后继续插入 try……except 对代码进行异常监测。

　　我们将上面的代码修改一下,看看 try……except 嵌套的用法,代码为

```
while True：
    try：
        try：
            x = 5 / eval(input("请输入一个数字： "))
        except ValueError：
            print("您输入的不是数字,请再次尝试输入! ValueError")
        except ZeroDivisionError：
            print("输入的数值为 0,请重新输入! ZeroDivisionError")
        except ：
            print("出现异常,请重新输入!")
        else：
            print("计算结果为 % f" % x)
```

　　在上面的代码中,我们嵌套了两层 try……except 复合语句,同时删除了 NameError 异常的报警,那么,当我们输入字符时,内层的 try……except 会因为异常类型不符而不能给出信息提示,必须传递到外层的 try……except 中。我们看一下运行结果

请输入一个数字：1
计算结果 5.000000
已经执行了 1 次
请输入一个数字：a
出现异常,请重新输入!
已经执行了 2 次

　　结果很明显地表明内部的异常传递到了外层 try……except。我们将 NameError 添加到内层 try……except 后继续运行,此时,输入字符导致的异常应该在内层 try……except 就能得到处理了。先给出代码

```
idx = 0
while True：
    try：
        try：
            x = 5 / eval(input("请输入一个数字："))
        except ValueError：
            print("您输入的不是数字,请再次尝试输入！ValueError")
        except ZeroDivisionError：
            print("输入的数值为 0,请重新输入！ZeroDivisionError")
        except NameError：
            print("输入为字符,请重新输入！NameError")
    except：
            print("出现异常,请重新输入!")
    else：
        print("计算结果%f" % x)
    finally：
        idx += 1
        print("已经执行了%d次" % idx)
```

运行的结果如下

```
请输入一个数字：1
计算结果 5.000000
已经执行了 1 次
请输入一个数字：a
输入为字符,请重新输入！NameError
计算结果 5.000000
已经执行了 2 次
```

很明显,输入字符引起的异常在内层 try……except 给出了提示信息。

可见,增加 else 施行更加细化的异常监测解决了模块入口和模块内部的监测需求,但是,如果代码太多,子功能分得比较细,有时候会出现当前模块结尾和下一个模块开始的位置分不清楚的情况,也就是你不知道现在的模块什么时候结束。如果碰到这类的情况,大家可以采用另一种 try……except 格式,即 try……except……else……finally……。

7.1.3　try……except……else……finally……

无论是否发生问题,try……except……else……finally……都会执行 finally 之后的代码语句,它的标准形式是

```
try:
    要监测异常的正常代码
except:
    异常发生后的处理代码
else:
    不需要监测异常的正常代码
finally:
    无论是否发生异常都会执行的代码
```

　　我们将例子修改一下,看看 finally 的执行结果

```
idx＝0
while True:
    try:
        x ＝5 / eval(input("请输入一个数字:"))
    except ValueError:
        print("您输入的不是数字,请再次尝试输入! ValueError")
    except ZeroDivisionError:
        print("输入的数值为 0,请重新输入! ZeroDivisionError")
    except NameError:
        print("必须输入数值,请重新输入! NameError")
    except :
        print("出现异常,请重新输入!")
    else:
        print("计算结果为 % f" % x)
    finally:
        idx ＋＝1
        print("已经执行了第 % d 次" % idx)
```

　　添加一个整形变量用来记录执行的次数,将累加放在 finally 中,表示无论输入的是否正确都算一次输入。执行的结果如下

```
请输入一个数字:1
计算结果 5.000000
已经执行了 1 次
请输入一个数字:2
计算结果 2.500000
已经执行了 2 次
请输入一个数字:3
```

```
计算结果 1.666667
已经执行了 3 次
请输入一个数字：4
计算结果 1.250000
已经执行了 4 次
请输入一个数字：a
必须输入数值，请重新输入！NameError
已经执行了 5 次
```

运行结果完美地实现了我们的设计，无论输入结果是否满足需求，只要有一次输入就记录一次。如果是为了实现功能分割，也可以在 finally 后面打印相关的提示信息。

如果碰到既没有语法错误，也没有逻辑异常，而是出现了别的问题的情况，如自变量的取值范围超出了定义域范围。这种情况该怎么判断呢？

7.2　断言——异常的主动提出

在处理一些计算题的时候，经常会出现一个函数的定义域是实数集合的一个小子集的情况。但对于定义域以外的数值来说，即使使用了也并不违反任何 Python 语法，也不会导致类似除数问题值类的异常，仅仅是超出定义域后函数不可导、不能认为是线性等一些进一步的限制。

对于这一类的自定义异常，try……except 就无能为力了，必须由软件工程师自定义异常的产生条件，在条件不满足时立即产生异常指示，并输出提示信息。在 Python 中，实现这个功能的方法被称为断言。

有读者可能会说，这种情况只需要用选择语句进行判断就好，为什么需要利用专用的断言方法呢？这是因为，如果你的程序需要在最后进行交接或者编译成为一个可执行软件，那么选择判断语句也会成为最终软件的一部分，会增加软件的体积，降低效率。而断言自身处理的内容都是合法内容，仅仅是一种调试信息而已，完全不需要在最终软件中体现，很多软件开发集成环境都会在最后编译输出时自动地将断言部分删除掉，所以断言还是有很大优势的。

断言的专用声明格式如下

```
assert 逻辑表达式 [，提示信息]
```

assert 有两个参数，第一个参数是一个逻辑表达式，结果为布尔值。如果逻辑值为真，则断言不产生异常；如果逻辑值为假，则断言抛出 AssertionError 异常。第二个参数是可选参数，主要用于在产生断言异常时抛出信息。

```
idx=0
while True:
    try:
        innum=eval(input("请输入一个数字："))
        assert innum! =0,"输入数据为 0"
        x =5 / innum
    except AssertionError:
        print("输入的数值为 0,请重新输入! AssertionError")
    else:
        print("计算结果为 % f" % x)
    finally:
        idx +=1
        print("已经执行了第 % d 次" % idx)
```

程序代码运行后,输入 1 和 0 的执行结果如图 7-4 所示。

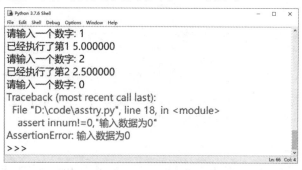

图 7-4　断言的捕获

可以看出,当输入为 0 时,断言的条件为假,断言产生 AssertionError 的异常被对应的 except 捕获,打印输出信息。

读者可能会认为产生异常时,应该先打印断言的提示信息。但实际情况并不是这样的,断言产生时要先抛出异常标志 AssertionError,然后才打印出错信息和显示断言提示信息。如果有 try……except 捕获到了 AssertionError 异常标志,则后续的出错信息将不再输出,所以断言后的提示信息也就不会打印了。

我们将上述代码修改一下

```
idx=0
while True:
        innum=eval(input("请输入一个数字："))
        assert innum! =0,"输入数据为 0"
        x =5 / innum
        idx +=1
        print("已经执行了第 % d % f" % (idx,x))
```

同样输入 1 和 0,对应的输出结果如图 7-5 所示。

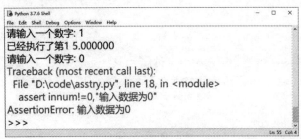

图 7-5　错误信息的优先级

在没有 try……except 捕获处理异常信息的情况下,断言产生的异常标志没有被处理,因此后续的错误信息被输出了。在输出信息的最后一行,给出了断言的提示信息。

由于断言信息的输出是以程序出错而中断为结果的,导致程序不能连续执行,所以在正式的软件设计中,通常在 try……except 中套用断言,实现对语法正确但与实际需求不符的问题的监测。

7.3　用 raise 主动产生异常

断言语句在处理中实际上包含了一个条件判断语句,但是,如果程序代码自身就是条件判断,同时又需要在条件成立时产生异常指示,那么可以用 Python 中的主动异常产生方法,利用 raise 显示的引发异常。raise 语句的格式为

```
raise [Exception [, args [, traceback]]]
```

这里给出一个简单的例子,判断 x 是否大于 6,如果大于 6 则给出提示信息。注意,raise 主动抛出的异常,也是以中断程序为代价的。

```
>>> x =13
>>>if x > 6:
    raise Exception('x 不能大于 6。x 的值为：{}'.format(x))
Traceback (most recent call last):
  File"<pyshell#4>", line 2, in <module>
    raise Exception('x 不能大于 6。x 的值为：{}'.format(x))
Exception：x 不能大于 6。x 的值为：13
>>>
```

7.4　异常处理实战

7.4.1　异常的提出

在了解了 Python 的异常处理机制之后,之前求股票滑动均值问题的程序解决方案中一

些比较难以处理的问题就有了更加人性化的处理方案,也为程序设计提供了一个缓冲。

前面我们讨论的一些问题:如果用户一次性输入了多个数值,如果用户一次性输入了多个间隔异常的数值,如果用户输入了非法字符……对于这些问题,我们通过检查用户输入的每一个字符进行了判定,如果用户输入的是非数字,则要求重新输入;如果用户一次性输入了多个数值和一次性输入了多个间隔异常的数值,由于超高的复杂性我们并没有过多的讨论,这已经不是简单的判定能够完全解决的。在这里,我们不妨稍微展开讨论一下,用户一次性输入了多个数值会带来什么问题。

首先,在正常情况下,用户按照 Python 的要求一次性输入了多个数值,数值有整数和浮点类型,每两个数值之间利用半角逗号进行了分割。这种情况下,eval 函数能够正常处理,并将其识别为一个元组,每个数值都是元组中的一个元素。但是,在 Python 中,元组是不能直接四则运算的,所以要从元组中提取出数值,和其他单独输入的数值组成列表,处理的过程比较简单。

其次,用户没有按照 Python 的要求一次性输入了多个数值。那么,没有按照 Python 要求的情况可能是:用户输入的数值之间没有间隔;用户用空格或者其他非半角逗号字符作为数值间隔;用户在部分数值之间添加了分隔符,而另一部分没有分隔符。不管是哪一种情况,想要顺利地将数值解开几乎是不可能的任务,需要从其他角度去思考和解决。

在学了异常处理之后,我们可以基于反向思维利用异常处理来解决这些问题。

首先,可以确定输入数据必须是实数,同时股票收盘价不会是 0 和负数,因此输入不能是 0 和负数。

其次,股票收盘价的取值范围并没有明显的区间,可能很大,但不会所有的股票都很大;或者说,如果输入了很大的一个值,虽然是非 0 的正实数,但是依然需要主动告警。

最后,如果输入了一个非法的实数,则需要主动告警。例如,输入了多个数值但是没有分隔符号,或者输入了多个数值但分割符号混乱等。

以上就是我们在知道代码的适用场景之后给出的一系列可能发生的异常情况,利用异常处理方法,在我们可以知道问题的时候就提示用户输入产生了什么问题,而进一步解决可以待问题进一步明了之后再处理。

7.4.2 异常的整理

罗列出一系列的异常情况之后,我们需要对这些异常进行整理。整理工作主要包括两方面:一方面是排列优先顺序,让异常处理的效率更高;另一方面是选择合适的异常处理方式,确定是异常捕捉还是主动地产生异常。

7.4.1 小节的三种情况都是需要基于用户的输入字符串来处理的,分析后我们可以看出这三个问题之间是有一定关联关系的,而这些关联关系决定了问题分析的优先级。

首先,用户输入的内容必须是一个合法的实数,不可以有很多个小数点,也不可以有其他非数值形式的字符,甚至可以限定必须是十进制的实数。必须是合法实数限制了用户一次只能输入一个数值,也限制了用户对分隔符的随意使用。同时,一个合法的实数在字符串状态下是可以转换为浮点类型的,所以,用户输入是否合法这个问题实际上应该最先处理。可以利用是否能够正确地转换为浮点类型,来判断用户的输入是否合法。显然,这里必须使用主动产生异常的方式。

其次,如果输入是一个合法的实数,可以继续判断其界限。我们可以对其设定一个定义域,比如(0,10000),如果实数超出了这个范围,都将主动产生异常。

这两个主动产生的异常结合数据输入模块中对字符 U/u 和 Q/q 的检测判定,就能够完整覆盖用户的输入情况。但是,这两种情况的处理是有明显区别的,对字符 U/u 和 Q/q 的检测判定无论产生哪种结果,都有对应的处理方式;而我们主动产生的异常,只有提示用户重新输入信息。这两种不同的处理方式,对于用户感受来说区别并不大,因为程序是有响应的,并没有崩溃。同时,造成的原因是用户的输入不符合既定的程序需求。

7.4.3　修正异常发生情况

接下来,我们将异常监测功能添加到数据输入函数中,请读者注意异常监测和原有的条件判断之间的逻辑关系。这种处理层次并不是保持不变,不同的处理层次代表了不同的优先处理顺序,也代表了不同的处理目的。

设计后的数据输入部分的判定流程图如图 7-6 所示。这里我们将用户输入的多数值问题和间隔符号问题利用浮点类型转换实现判定,将输入字符串利用 float() 转换为浮点类型,如果转换正常,则用户仅输入了一个数值;否则用户输入了多个数值。随后继续进行输入数值的区间判定。

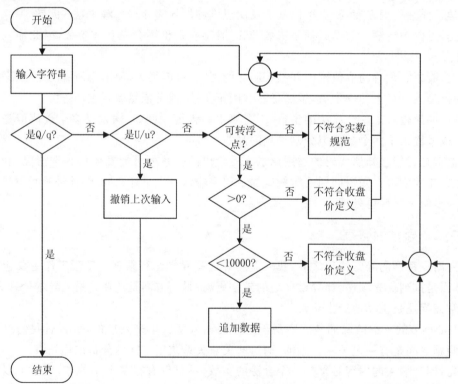

图 7-6　数据输入流程图

对应的代码修改如下

```python
def DataInput():
    '''

    问题:输入一个数值,在 turtle 中以七段数码管的方式显示出来
    输入:0—9 中的一个个位数
    输出:turtle 绘制的七段数码管
    ---------------------------------------
    1.循环输入数据一次一个浮点数。
    2.输入 Q 或 q 表示输入结束。
    3.输入 U 或 u 表示撤销前次输入。
    4.将所有输入数据存入数据列表,进行均值计算。
    5.滑动计算数据均值,滑动窗口为 3。
    6.如果列表数据少于三个,退出程序。
    7.在一行打印输出均值计算结果。
    '''

    num=[]  #定义数值序列
    ma3=[]  #定义均值序列
    Numin=input('请输入一个数值,结束请输入\'Q or q\',撤销请输入\'U or u\':')
    while(True):  #循环输入数据,直到接收到 Q 或 q
        if ((Numin=='Q')or(Numin=='q')):
            break  # 如果数值数量大于等于 3 个,允许进行数值计算。
        elif ((Numin=='U')or(Numin=='u')):  # 用户输入 u/U 撤销前次输入
            if num==[]:  # 如果数值列表为空
                print("当前还没有输入数值!")  #打印提示信息
            else:
                num.pop()  #如果数值列表非空,删除最后一个数值。
            Numin=input('请输入一个数值,结束请输入\'Q or q\',撤销请输入\'U or u\':')
        else:
            try:
                fNumin=float(Numin)
                assert fNumin>0,"输入数值不符合收盘价定义"
                assert fNumin<10000,"输入数值不符合收盘价定义"
            except:
                print("请输入一个实数范围的收盘价!")
            except AssertionError :
                print("输入数值不符合收盘价定义")
            finally:
                num.append(fNumin)  # 追加输入数值到列表
                Numin=input('请输入一个数值,结束请输入\'Q or q\',撤销请输入\'U or u\':')
    #数据输入完成,处处为 num 序列
    return num
```

执行上述 DataInput 函数，并打印最终的输入结果，如图 7－7 所示。

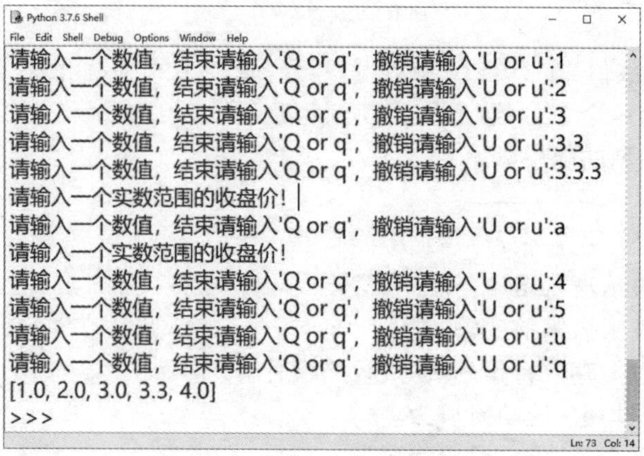

图 7－7 增加异常处理的函数

可见，输入正常的整数 1、2、3 都能正常地转换为浮点数后追加进入数值列表，输入正常的浮点数 3.3 也能正常追加进入数值列表，而输入非法实数 3.3.3 时，由于不能正常转换为浮点数，产生了异常。如果知道异常名称，可以直接指定对应的 except 进行处理；如果不知道异常名称，则可以利用默认的 except 进行处理，但其他的异常就需要指定名称了。这里就是默认的 except 进行处理后输出的信息，提示用户"请输入一个实数范围的收盘价！"随后又输入了非数值的字符 a，得到了同样的处理结果。

最终的数值列表反映了程序代码设计达到了设计要求。读者可以思考一下，如果数据输入函数要求增加支持正常的一次输入多个数值的需求，应该怎么设计呢？

小结

程序出现错误的原因有很多，包含语法错误、运行错误和逻辑错误等。良好的程序应当能够对用户的不当操作做出提示，并且能尽可能多地识别程序的运行状况，针对性地选择处理策略和处理措施。

Python 提供了一整套异常处理方法，在一定程度上提升了程序的健壮性，同时能将晦涩难懂的原始错误信息转换为友好的提示信息，并呈现给用户，提升了用户的体验感受。

习题

1. 认真阅读下列代码，完成练习。

（1）写出对应的伪代码。

（2）画出对应的流程图。

（3）添加异常监测代码，完成异常监测。

```
def MA(datainlist,WindowWidth):
    listnum=len(datainlist)
    avglist=[]
    for idx in range(listnum-WindowWidth):
        numsum=0
        for sidx in range(WindowWidth):
            numsum=numsum+datainlist[idx+sidx]
        else:
            avglist.append(numsum/WindowWidth)
    else:
        return avglist
```

2. 本章最后给出了数据输入函数 DataInput 的异常监测控制代码,请添加功能支持:＊＊用户一次性输入多个以逗号分隔的数值。

第 8 章

文件操作

本章将介绍如何利用普通的文本文件来管理数据。有了文本文件的帮助，我们可以将股票数据按照一定的格式排列在文本文件中，利用字符串分割功能在代码中实现数值的拆分，这样就可以方便地使用数据了，既避免了手动输入的烦琐，也避免了在代码中添加数据的臃肿，同时还增加了灵活性。

8.1 文件的概念

文件是软件创建的符合一定格式的存储在计算机存储设计上的一个单一的流。多个文件按照一定的形式组织成计算机操作系统中负责管理和存储文件信息的文件系统。

按照一定形式组织成的文件系统和文件就像葡萄藤和葡萄的关系。文件系统对文件进行统一的管理，负责为用户建立文件，存入、读取、修改、转存文件，控制文件的存取和删除、撤销等操作。

文件按照逻辑结构可以分为流文件和记录文件。流文件中的数据是一串字符流，没有结构，或者流信息的存储结构没有公开，用户看到的是一串无规则的字符流。记录文件是由若干的逻辑记录组成，每一条记录内部可以分为若干条数据条目，记录和记录之间可以存在或者不存在逻辑关系，但是数据条目一定是按照一定的需求组织和整理的。

按照文件内容是否能够阅读，文件又可以分为文本文件和二进制文件。文本文件中的内容可以是流文件类型，也可以是记录文件类型，但是所有的字符都是可识别的，如 ASCII 字符集的字符。二进制文件的内容是不可识别的，如果一定要打开，则会看到一些比较混乱的字符。如果用专用的二进制编辑器软件打开后，则会将二进制的编码按照 4 位一个组成 16 进制的代码显示。

Python 支持的文件形式中，最主要的就是文本文件和二进制文件。

对于记录类型的文本文件，每一个条目都有固定格式，条目和条目之间按照行的先后顺序进行排列。通常情况下，文本文件中以行为单位进行操作，如果需要以记录条目为单位进行操作，则需要读入多行内容后在代码中通过拼接操作实现记录条目信息的整合。而存入记录条目信息，也需要将记录的条目按照先后顺序一行行地存入文件中。

每当需要对文件操作时，我们会通知电脑的文件系统需要操作的文件名称，并通过一些指令参数告诉文件系统我们需要怎样操作文件。文件操作结束后，我们会通知文件系统关闭文件。文件的基本操作流程如图 8-1 所示。

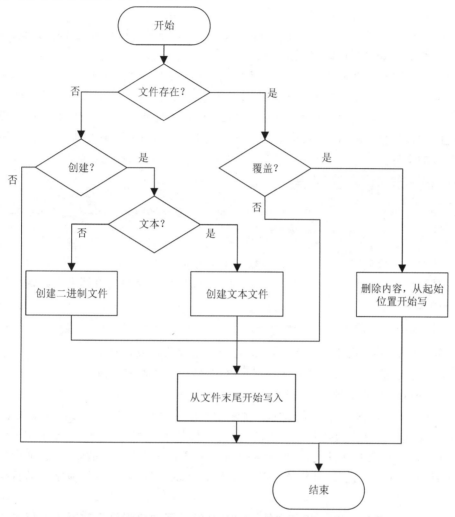

图 8-1 文件的基本操作流程

需要注意的是,覆盖和追加的区别在于文件内容的写入位置,如果是新文件,则两者不存在区别,都是从文件头部开始写入。如果是已有内容的文件,则追加从文件尾部开始写入,不影响先前的内容;覆盖则需要先删除原先内容后从文件头部开始写入,达到覆盖的效果。有很多读者认为,覆盖是不删除原先内容,而是直接从文件头部开始写入,这是不对的。

8.2 文件的打开和关闭

所有的高级计算机编程语言在进行文件操作时,都是通过操作系统中的文件管理系统来操作文件,语言自身并不控制文件在存储介质上的存储规范。这种类似于"遥控"的操作就像我们利用遥控器看电视一样,每当我们需要操作电视,都需要先"打开",看完了之后再"关闭",至于电视到底怎么打开、关闭的,我们并不关心。计算机高级语言操作文件也一样,我们通过给文件系统发送打开、关闭等命令,剩下的具体操作由文件系统完成,文件系统操作完成后,计算机高级语言将会收到文件系统的反馈信息；从反馈信息中，计算机高级语言将会得知操作是否成功，并将对应的提示信息反馈给程序编写者。

在 Python 中，无论对文件进行什么操作，也都需要按照先打开后关闭的步骤。接下来，我们先学习在 Python 中打开文件的方法。

在 Python 中打开文件使用的是内置函数 open()，由于一个文件不能重复打开，所以在打开文件之前一定要确定文件当前是关闭状态。文件无法打开时，操作系统中的文件管理系统会给出错误，open()函数会抛出 OSError。如果文件正常打开，操作系统中的文件管理系统会给出对应的文件信息，open()函数会返回一个文件对象到程序中，程序就可以利用该文件对象操作对应的文件。

open()函数的完整语法格式为

```
open(file, mode = 'r', buffering = −1, encoding = None, errors = None, newline = None, closefd = True, opener = None)
```

虽然涉及的参数非常多，但是在大多数应用中并不需要全部修改，所以 open() 函数最常用的形式是只给出两个参数：文件名(file)和模式(mode)，其他的参数都采用默认配置。简化后的语法格式为

```
open(file, mode = 'r')
```

（1）file：必要参数，用于给出文件名称，可以带绝对路径或相对路径。

（2）mode：可选参数，用于给出文件打开模式，默认为文本覆盖模式。

（3）buffering：可选参数，用于设置文件内容缓冲区，如果没有缓冲区，则写入内容直接被写入文件，而不管写入内容的容量大小，产生过于频繁的存储介质操作，降低操作效率。

（4）encoding：可选参数，用于设置文件内容采用的字符编码集，Python 采用 Unicode 编码集，默认为最小的 ASCII 编码集，但大多数情况都要受到操作系统的影响，比如中文文件的编码就不是 ASCII 了。注意，虽然 ASCII 和 utf8 两者的编码范围相同，但字符的具体编码有差别。

（5）errors：可选参数，用于指定文件无法打开时返回的错误级别和对应的标准错误处理程序。越是底层的错误，在不同系统中的差异性越大，所以，既定的错误名称不一定能够跨平台使用，除非定义了比较高层次的错误名称。例如，OSError 是比较高层次的错误名称，而 FileNotFoundError 就是比较低层次的错误名称。

（6）newline：可选参数，用于指定换行符的转换方式，仅适用于文本模式。newline = None 时，表示换行符由操作系统决定。

（7）closefd：可选参数，用于指定文件最后是否可以被关闭，如果是用文件名打开的文件就必须关闭，否则下次无法打开；如果打开的是文件对象，如多人协同操作的文件，就不能关闭，否则会影响其他操作。

（8）opener：可选参数，用于指定文件打开的文件开启器，即程序代码与文件系统之间的文件传输通道，默认为操作系统控制。

由于文件的操作需要和文件管理系统对接，同时还需要兼顾跨平台操作，所以这些控制参数的设置非常麻烦，需要具备较多的计算机系统知识和对应操作系统知识才能完整的操作。读者目前只需要完整掌握前两个参数的使用方法即可，同时后续的参数在跨平台时是不能忽

略的,这一点需要注意。

在这里,我们重点介绍一下 mode 参数,mode 参数控制的是文件的操作方法,具体包含文件的模式、打开的方法、操作的方法等,具体内容如表 8-1 所示。

表 8-1 文件打开模式

模式	描述
t	文本模式,如果文件打开没有设定文件类型的 mode 参数,则默认文件是文本文件
b	二进制模式
x	写模式,新建一个文件,如果该文件已存在则会报错
+	打开一个已有文件进行更新,可以读取,也可以写入。不可以单独使用,必须配合新建、读取、写入、追加使用。使用该模式时,所有的操作都从文件开头开始
r	以只读方式打开文件。文件的指针将会放在文件的开头。如果文件打开没有设定读写方式的 mode 参数,则默认文件是只读模式,不能写入。文件不存在时会出错
w	打开一个文件只用于写入。如果该文件已存在则打开文件,并从开头开始编辑,即原有内容会被删除。如果该文件不存在,创建新文件
a	打开一个文件用于追加。如果该文件已存在,文件指针将会放在文件的结尾。也就是说,新的内容将会被写入到已有内容之后。如果该文件不存在,创建新文件进行写入
rb	以二进制格式打开一个已有文件用于只读。文件指针将会放在文件的开头。这是默认模式。一般用于非文本文件,如图片等
r+	打开一个已有文件用于读写。文件指针将会放在文件的开头。文件不存在时会出错
rb+	以二进制格式打开一个已有文件用于读写。文件指针将会放在文件的开头。一般用于非文本文件,如图片等
wb	以二进制格式打开一个文件只用于写入。如果该文件已存在则打开文件,并从开头开始编辑,即原有内容会被删除。如果该文件不存在,创建新文件。一般用于非文本文件,如图片等
w+	打开一个文件用于读写。如果该文件已存在则打开文件,并从开头开始编辑,即原有内容会被删除。如果该文件不存在,创建新文件
wb+	以二进制格式打开一个文件用于读写。如果该文件已存在则打开文件,并从开头开始编辑,即原有内容会被删除。如果该文件不存在,创建新文件。一般用于非文本文件,如图片等
ab	以二进制格式打开一个文件用于追加。如果该文件已存在,文件指针将会放在文件的结尾。也就是说,新的内容将会被写入已有内容之后。如果该文件不存在,创建新文件进行写入
a+	打开一个文件用于追加。如果该文件已存在,文件指针将会放在文件的结尾。文件打开时会是追加模式。如果该文件不存在,创建新文件用于读写
ab+	以二进制格式打开一个文件用于追加。如果该文件已存在,文件指针将会放在文件的结尾。如果该文件不存在,创建新文件用于读写

上面的所有文件操作模式中,前面 7 个是基本模式,其他的是组合模式。尤其要特别注意

的是"＋"操作,该操作包含两种功能,首先,如果文件不存在则创建该文件;其次,是一种补齐操作,使用该操作后,文件都处于可读可写状态,且都从文件头部开始。但和追加操作合并时,仍然是从文件尾部追加。

8.3　文件的操作方法

当文件被打开之后,通常可以进行的操作有:读取文件内容和向文件写入内容。读取时又可以分为一次读完整个文件,一次读一行内容或者读取若干行内容,写入时可以一次写入一行或者一次写入多行内容,还可以控制写入内容的大小等。接下来,我们具体解释一下这些方法。在下面的介绍中,file 表示文件类型。

(1)file.close():文件关闭方法。关闭后的文件不能再进行读写操作。

(2)file.flush():文件缓冲区清理方法。直接把内部缓冲区的数据立刻写入文件,不受操作系统的控制。

(3)file.read([size]):文件读取方法。可选参数 size 指定可以从文件读取的字节数,如果未给定或为负,则读取所有文件内容。

(4)file.readline():文件读取整行的方法。一次从文件读取一行内容,包括结尾的回车换行字符。

(5)file.readlines([size]):读取至少包含 size 个字符的行的内容,实际读取值可能比 sizeint 较大,因为不会将一个字符串元素拆分。如果 size 小于 0 或者没有,则会读取所有的行。

(6)file.seek(offset):从指定字符开始读取文件内容。offset 指定的是字符的数量。

(7)file.write(str):将字符串 str 写入文件,返回的是写入的字符长度。write 方法不会主动在写入内容后添加回车换行符。

(8)file.writelines(sequence):向文件写入一个字符串列表 sequence,如果需要换行,则要自己加入每行的换行符。

8.4　文件的读取和写入

接下来,我们看看 Python 中文件读取与写入的具体代码,从 open 函数的介绍中我们知道,文件打开时有可能会产生错误,所以不要忘记添加一个文件错误异常的捕捉。为了避免忘记关闭文件,我们利用 try……finally,这样每次程序运行完成就会自动关闭文件。综上,文件打开的代码如下

```python
try:
    f = open("test.txt",'a+')
    #文件内容具体操作代码
except:
    print("出现错误!")
finally:
    f.close()
```

（1）文件名中没有文件路径，则要求文件必须和程序代码文件在相同目录中。

（2）模式参数是"a＋"，表示如果文件存在则进行追加；如果文件不存在则创建后打开进行追加；"＋"的使用避免了文件不存在时产生错误的问题。

（3）文件打开后将文件对象传递给变量 f，之后以 f 的名义进行的操作都相当于对应文件的操作。

此时的文件还是个空文件，我们尝试向文件中写入一些内容。我们在不同的打开方式下尝试写入字符串' hello world1 '，看看操作的结果如何。如果出现问题，将尝试修改文件操作模式，以对比不同模式之间的差异。为了表述更连续，这里将采取渐进式的讲述。

```
#以' r '方式打开，写入' hello world1－r '。
try:
    f = open("test.txt",'r')
    #文件内容具体操作代码
    f.write('hello world1－r')
except:
    print("出现错误!")
finally:
    f.close()
```

执行结果打印了蓝色字体的"出现错误!"信息，说明模式' r '打开的文件是不能够写的。后续红色字体描述的错误是因为 finally 部分无论前面是否出错都会运行。如图 8－2 所示。

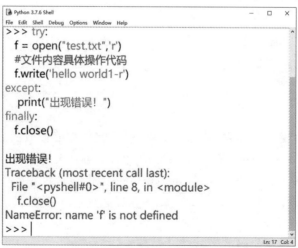

图 8－2 读模式的文件不能写

以' r＋'方式打开，写入' hello world1－r＋'。为了捕捉文件不存在的错误，我们添加了对应的错误处理 except 代码。

```
try:
    f = open("test.txt",'r+')
    ＃文件内容具体操作代码
    f.write('hello world1－r+')
except (FileNotFoundError or OSError):
    print("文件不存在!")
except:
    print("出现错误!")
finally:
    f.close()
```

运行的结果如图 8－3 所示。

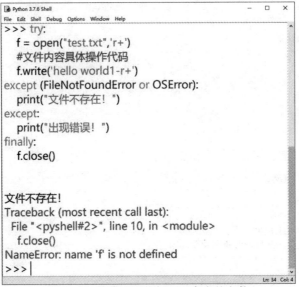

图 8－3　读模式不能打开不存在的文件

首先打印出来了"文件不存在"的提示信息,表示我们需要读取的文件"test. txt"并不存在。后面的红字表示由于文件不存在,无法打开,也没有办法关闭。

以' w '模式打开一个文件,并写入' hello world1-w ',代码如下

```
try:
    f = open("test.txt",'w')
    ＃文件内容具体操作代码
    f.write('hello world1-w')
except (FileNotFoundError or OSError):
    print("文件不存在!")
except:
    print("出现错误!")
finally:
    f.close()
```

代码正常执行结束,test.txt 文件被创建,并被写入' hello world1-w '。为了验证,我们再次读取一次,添加读取并打印的代码。

```
try:
    f = open("test.txt",'w')
    #文件内容具体操作代码
    print(f.read())
    f.write('hello world1-w')
except (FileNotFoundError or OSError):
    print("文件不存在!")
except:
    print("出现错误!")
finally:
    f.close()
```

运行结果出错,错误被 try……except 捕捉后提示"出现错误!"看起来不是文件是否存在的问题。在这里,我们使用了文件读取的 read 方法读取文件内部内容,该函数不会产生错误异常信息。那么,问题应该出现在文件模式' w '上,初步估计是' w '模式仅仅能够实现文件写入,而不能进行文件读取,是一种单向操作,所以必须给' w '模式添加读模式,才能实现双向的读取与写入。给' w '模式添加读模式的方法是添加一个'+'符号。同时,在写入内容后也添加一个'+'号,表示该内容是在' w+'模式下写入的。代码如下

```
try:
    f = open("test.txt",'w+')
    #文件内容具体操作代码
    print(f.read())
    f.write('hello world1-w+')
except (FileNotFoundError or OSError):
    print("文件不存在!")
except:
    print("出现错误!")
finally:
    f.close()
```

运行结果如图 8-4 所示。

图 8-4　读取写模式文件输出为空

可见,在本该输出的位置上显示为空,多次运行后依然是空;每次运行代码后都会向文件中写入一行字符串'hello world1-w+',但是却不能读出任何内容。

为了进一步验证问题所在,我们尝试利用函数 readlines()一次性读取所有文件内容。代码如下

```python
try:
    f = open("test.txt",'w+')
    ♯文件内容具体操作代码
    print(f.readlines())
    f.write('hello world1-w+')
except (FileNotFoundError or OSError):
    print("文件不存在!")
except:
    print("出现错误!")
finally:
    f.close()
```

运行的结果如图 8-5 所示。

图 8-5　写模式打开的文件会被覆盖

与 read 函数不同的是,readlines 函数的返回值是一个空的列表。这说明当 readlines 函数读取文件时,文件中的内容是空的,并没有任何字符串。读者可以看看前面讲述的'w+'模式的操作方法介绍。在'w+'模式中,可以写和读。如果文件存在,则在打开时文件内容会被清除,然后从文件头部开始写入。因为这种操作顺序,每次我们利用'w+'打开文件时,test.txt文件的内容被清理后再读取,就造成了读取内容为空的现象。由此可知,在 Python 中,使用'r+'或者'w+'都不能完美地同时读和写。接下来,我们尝试另外一种文件访问模式'rw'。

以'rw'模式新建并打开文件进行读和写,代码如下

```
try:
    f = open("test.txt",'rw')
    #文件内容具体操作代码
    print(f.readlines())
    f.write('hello world1—rw')
except (FileNotFoundError or OSError):
    print("文件不存在!")
except:
    print("出现错误!")
finally:
    f.close()
```

执行的结果仍然是出现错误,如图 8-6 所示。

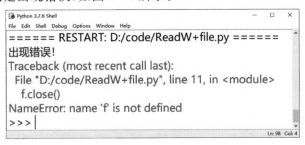

图 8-6　读写模式的文件写入会出错

由于前面使用了'w'模式,已经创建过 test. txt 文件,而这里出现的错误信息是"出现错误!",所以,这个错误的原因是对文件的读或者写的问题。看来,'rw'模式也不能解决文件从无到有的问题,甚至文件存在时也会出错。

接下来尝试'a'模式,创建新文件,先写后读文件。代码如下

```
try:
    f = open("test.txt",'a')
    #文件内容具体操作代码
    print(f.readlines())
    f.write('hello world1—a')
except (FileNotFoundError or OSError):
    print("文件不存在!")
except:
    print("出现错误!")
finally:
    f.close()
```

在'a'模式下,多次尝试了不同代码组合的情况,具体如下:

①第一次运行后文件 test. txt 被创建,字符串'hello world1—a'被写入,因为是第一次,不

知道是否处于追加状态,但是显示的运行结果却是"出现错误!"。

②第二次运行时注释了读取代码,仅保留写入代码,运行结果不出错,同时,字符串' hello world1－a2 '被写入文件。

③第三次运行时注释了写入代码,仅保留读取代码,运行结果出错。

从上面的三次测试可以看出,文件操作的' a '模式是偏重于写入的,文件不支持读取操作。

下面尝试' a＋'模式,创建新文件,先写后读。代码如下

```
try:
    f = open("test.txt",'a+')
    ♯文件内容具体操作代码
    f.write('hello world1－a+')
    print(f.readlines())
except (FileNotFoundError or OSError):
    print("文件不存在!")
except:
    print("出现错误!")
finally:
    f.close()
```

执行后的结果如图 8－7 所示。

图 8－7　追加模式的文件无读出内容

至此,我们终于发现了一种包含创建、写入和读取三种功能的文件操作模式' a＋'.执行的结果中,虽然读取内容是一个空的列表,但是至少没有出现任何错误。

为什么会出现一个空列表呢? 最开始的' a＋'模式保证了当文件不存在时创建一个新文件,并赋予读的权限,因此不存在没有文件的情况;写操作在读操作的前面,按照 Python 的执行顺序,可以保证写代码在读代码之前运行,那么读操作没有读出写入内容的第一个原因可能是:写命令执行了,但是内容并没有被真实写入文件,而是在文件关闭之前才写入的。文件关闭命令在读命令之后,所以造成了读命令没有结果,但是文件内部却有内容的情况。

为了避免这个情况,我们想起了文件缓冲区。文件缓冲区是为了避免频繁的单次少量写入文件造成操作系统效率下降,而将写入文件的内容先缓存起来,直到达到缓冲区门限或者文件关闭之前才一次性地写入文件。为此,我们利用 flush 方法关闭文件缓冲区,再看看结果。代码如下

```
try:
    f = open("test.txt",'a+')
    #文件内容具体操作代码
    f.write('hello world1-a+')
    f.flush()       #刷新缓冲区,强制将缓冲区内容写入文件
    print(f.readlines())
except (FileNotFoundError or OSError):
    print("文件不存在!")
except:
    print("出现错误!")
finally:
    f.close()
```

运行的结果依然不乐观,读取的内容仍然是一个空的列表,并没有读出写入的内容。但是,现在可以排除文件没有写入的问题了。

除了写入问题之外,我们还注意到了另一个问题,即文件的指针位置问题。'a'模式的介绍中说追加模式的指针在文件的最后,我们前面并没有在意,因为一个新文件里面并没有内容,文件的最后也就是文件的开头,同时写入的内容也是正确的,所以我们认为能够读出正常内容。但是,这一切的想法都是建立在一个基础之上,这个基础是:文件有读和写两个指针,写指针根据写的动作走,读指针跟着读的动作走。我们认为写完内容之后,虽然写指针运动到了文件的最后,方便下一次追加,但是读指针依然在文件的开始位置。

到底是不是这样呢? 如果文件读指针真的在文件头部位置没有变化,那应该能够读取出来内容。但是,如果文件只有一个指针呢? 读指针也和写指针一样在文件的最后,那么从文件的最后开始读取肯定是读不到内容的。为了验证这个问题,我们尝试利用 seek 函数将文件的指针移动到文件的开头。代码如下

```
try:
    f = open("test.txt",'a+')
    #文件内容具体操作代码
    f.write('hello world1-a+1')
    f.flush()          #刷新缓冲区,强制将缓冲区内容写入文件
    f.seek(0)          #将文件指针移动到第 0 个字符处
    print(f.readlines())
except (FileNotFoundError or OSError):
    print("文件不存在!")
except:
    print("出现错误!")
finally:
    f.close()
```

运行结果显示正确地读出了文件的内容,但读出的内容较多,原因是前几次写入文件的内容没有被清除。如图 8－8 所示。

图 8－8　调整指针后可读出文件内容

可见,文件确实只有一个指针,并不区分读和写。既然这样,如果在'a＋'模式中将文件指针从最后移动到前面,是否能够改变内容追加的位置呢?

我们尝试在写入之前调整文件指针到第 10 个字符' d '哪里,然后写入字符串'hello world1－a＋2',然后再将指针调整到 0 字符后读取全部内容,看看字符串是否被写入了第 10 个字符的位置。代码如下

```python
try:
    f = open("test.txt",'a+')
    ♯文件内容具体操作代码
    f.seek(10)        ♯将文件指针移动到第0个字符处
    f.write('hello world1－a＋2')
    f.flush()        ♯刷新缓冲区,强制将缓冲区内容写入文件
    f.seek(0)        ♯将文件指针移动到第0个字符处
    print(f.readlines())
except (FileNotFoundError or OSError):
    print("文件不存在!")
except:
    print("出现错误!")
finally:
    f.close()
```

运行的结果如图 8－9 所示。由于运行结果与设想不同,所以分情况多运行了几次。

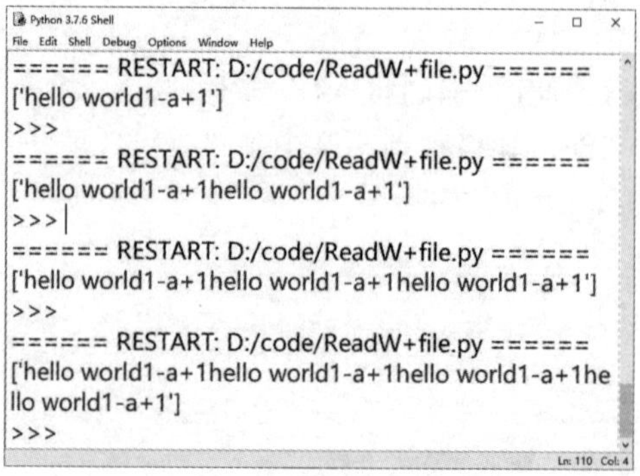

图 8－9　强制刷新缓冲区

第一次运行结果为第一次读入。

第二次运行结果为第二次读入,本期望利用 seek 函数调整写指针位置,让字符串' hello world1－a＋2 '能够写在字符串' hello world1－a＋1 '的中间位置,但很显然,第二次的运行结果并没有收到预期效果。

第三次运行前利用 seek 函数调整写指针位置,但是运行结果显示,写操作依然在最后开始写入。

第四次运行前利用 seek 函数调整了读指针位置,运行结果显示读指针确实被调整了,同时写指针并没有发生变化。

从这几次的运行结果看,' a '模式下文件地写并不受 seek 函数控制,仅仅读指针会受到控制。

接下来,在' w＋'模式中利用 seek 函数调整文件指针读取文件内容。受到指针调整的启发,尝试在' w＋'模式下调整文件指针进行读取,为了统一,也将文件指针设置到 10。代码如下

```
try：
    f = open("test.txt",'w＋')
    ♯文件内容具体操作代码
    f.seek(0)
    f.write('hello world1－w＋2')
    f.flush()
    f.seek(10)
    print(f.readlines())
except (FileNotFoundError or OSError)：
    print("文件不存在!")
except：
    print("出现错误!")
finally：
    f.close()
```

运行结果达到预期,读出字符串为' d1－w＋2 '(见图 8－10),字符' d '在字符串' hello world1－w＋2 '中的索引编号为 10,符合代码中 seek 函数的定义。

图 8－10 调整指针为 10 读出文件内容

8.5　文件读写应用举例

我们在前面介绍了文件操作的各种模式,为了让大家尽快熟悉文件使用,这里将引入前面计算股票收盘价滑动均值的例子。

原先股票收盘价的输入需要手动输入,股票均值的输出是打印输出。如果将原先的处理流程用同样的方式表示,如图 8-11 所示。

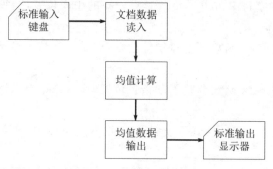

图 8-11   均值计算流程图

在这里,我们将从文本文件中读取股票收盘价,并将均值计算结果存入文本文件中保存。相对于手动输入数据,从文件中读取和存入数据的处理流程稍有区别,图 8-12 可以表示文件读写与原始程序的关系。

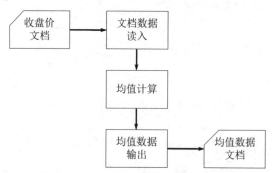

图 8-12   以文档为输入输出的均值计算

8.5.1   股票数据文件分析

下面是本书采用的一个例子,数据文件中包含了一只股票的一些简单信息,包括时间、股票代码等一系列内容,虽然内容较多,但是却很有规律。第一行给出文件包含的所有数据的名称;从第二行开始按照名称顺序以逗号为分隔符给出对应的数据。

知道数据给出的顺序规律后,相当于获得了数据的索引编号。每读出一行内容,就可以将其拆分后按照索引编号提取相应的字符串。字符串提取之后,根据需求保留相应内容,就可以组织成字符串列表送给滑动均值计算模块了。此时,我们不再考虑是否有多个数值输入,也不再考虑多个数值之间是否有分隔符号。这是格式化的数据带来的优势。结合文件操作模式,我们给出一个代码框架

```
try:
    f = open("000001.csv",'r')
    #文件内容具体操作代码
    #读取文件内容
    #拆分读入内容
    #提取所需信息
    #整理所需信息
    #存入字符串列表
except (FileNotFoundError or OSError):
    print("文件不存在!")
except:
    print("出现错误!")
finally:
    f.close()
```

在这个框架中,首先打开需要读取的文件,因为仅仅是读取,所以文件操作模式选择了'r',这样在够用的情况下,还可以防止其他的非读取操作破坏数据文件。

8.5.2　文件读取方法分析

文件打开后,就可以开始读取文件中的内容了。前面我们介绍了三种内容读取方法 read、readline 和 readlines。

(1)file.read():一次性读取所有内容作为一个字符串。如果文件内容很多,则对应的字符串也很长,甚至在 IDLE 中不能正常显示其内容。例如,本例中使用的数据文件利用 read 函数读取后的打印结果如图 8-13 所示。文件内容太多太长,导致 IDLE 可能出现异常。同时,read 函数读取的内容是一个字符串,我们需要的收盘价数据所在位置必须要推算才能获得。另外,使用文件就是为了用较小的计算机资源处理数据,将所有的数据都读入,和将数据直接写在代码里就没有太大的区别了,所以,这里不建议使用 read 函数读取文件内容。

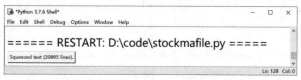

图 8-13　文档内容太多 IDLE 不显示

(2)file.readlines():一次性读入所有的文件内容,但用每一行内容作为一个字符串拼接为字符串数组。所以,利用 readlines 读入的内容和 read 读入的内容一样多,两者只是内容的表现形式有差别,也同样占用计算机资源,在此不建议使用。

(3)file.readline():一次性读入一行内容作为一个字符串。注意,这里的行一般是指利用换行回车'\r\n'结尾的行。利用 readline 可以一次读入一个数据条目,然后将其拆分后提取所需数据。要做到这一点,需要在文本文件中按照一定的格式组织文件内容。在这里,我们建议利用 readline 多次少量地读取文件内容。

如果文件内容已经组织好了,利用 readline 进行读取时一次读取一行内容,而文件指针会自动指向下一行内容,所以可以继续采用 readline 而不用其他过多操作。基于此,我们可以利用循环操作,每次读取文件中一行的内容,经过拆分整理后提取我们需要的收盘价,这样占用的计算机资源最少。

那么,我们用什么循环呢?对应的循环条件又是什么?如果用 for 循环,我们必须知道总共需要读取多少次。如果用 while 循环,我们必须知道什么条件代表文件已经读完了。

很明显,如果我们不能将文件全部读出来统计,是无法知道文件总共有多少行的,因此,for 循环并不适合在这里使用。那么,到底什么条件可以表示文件已经读完了呢?在这里,给大家介绍一个计算机系统的术语——文件结束(end of file,EOF),在操作系统中表示资料源没有更多的资料可读取。通常,在文本的最后存在此字符表示资料结束。这个字符属于文件控制字符,就像回车和换行符一样,但是它的优先级更高。通常在 Windows 操作系统中用 ASCII 码中的替换字符(Control-Z,代码 26)表示文件结束,这个符号不属于正常文本内容,因此 Python 在读入 EOF 时不会返回这个编码,而是返回一个空内容,表示当前读取没有正常文本。

在这里,我们以"空"作为文件结束的标志,作为 while 循环的判定条件,代码如下

```
try:
    f = open("000001.csv",'r')
    ♯文件内容具体操作代码
    stockinfo=f.readline()
    while stockinfo! ='':
        ♯文本拆分与整理代码
        stockinfo=f.readline()♯ 更新判定条件
except (FileNotFoundError or OSError):
    print("文件不存在!")
except:
    print("出现错误!")
finally:
    f.close()
```

大家要切记:使用 while 循环时,在 while 循环体执行的最后一行需要更新判定条件!

确定了循环,我们就可以利用循环将文本内容一次一行地读入了。

接下来根据读入内容的规律,提取需要的内容。在这里,我们尝试读入一行内容,看看需要处理的文本内容是什么类型和格式,然后确定提取方案。读入一行的办法是利用 while 循环前的那一行读入代码,将其读入的内容显示出来。while 循环部分则被先注释掉,或者在循环体中添加一个 break 用来退出 while 循环。但是,文本文件的情况不明,贸然使用 break 可能会出现问题,所以建议使用♯将 while 部分先注释掉。代码如下

```
try:
    f = open("000001.csv",'r')
    #文件内容具体操作代码
    stockinfo=f.readline()
    print(stockinfo,type(stockinfo))
#     while stockinfo! ='':
#          #文本拆分与整理代码
#          stockinfo=f.readline() #更新判定条件
except (FileNotFoundError or OSError):
    print("文件不存在!")
except:
    print("出现错误!")
finally:
    f.close()
```

8.5.3　数据处理方法分析

上述代码运行的结果如图 8-14 所示,可见,读取内容为字符串类型。我们很简单地就可以发现规律:所有的字段名称都是中文;长度不同;相邻字段之间利用半角逗号进行分隔;总共 12 个字段名称;收盘价的索引编号为 3。

图 8-14　字段打印结果

综合以上获得的信息,可以确定提取方案如下:
(1)读取内容为字符串类型,可以使用字符串的方法和函数。
(2)读取内容用半角逗号分隔,可以作为 split 函数的分隔参数。
(3)分割后的结果为列表,可以直接利用[3]提取所需的收盘价信息。
(4)提取后的内容可以直接追加进新字符串列表。
根据上述方案,结合 Python 的简单易学的特性,写出的对应代码如下

```
closev=[]
colsev.append(stockinfo.split(',')[3])
```

第一行代码定义了一个列表,名称为 closev。定义列表的目的在于存放我们提取的收盘价。

第二行代码是从读取字符串 stockinfo 用半角逗号拆分后形成的列表中提取第 3 个元素,也就是收盘价。①stockinfo.split(',')实现了用半角逗号拆分字符串 stockinfo,得到的结果是

个列表。②stockinfo. split(',')[3]实现了从上一部的列表中提取索引编号为 3 的元素,也就是收盘价。③colsev. append(stockinfo. split(',')[3])实现了将收盘价追加进列表。

将这两行代码和其他代码合并后如下(要注意,第一行代码属于变量定义,因为需要在使用之前完成定义,所以放在第一行)

```
closev=[]
try:
    f = open("000001.csv",'r')
    #文件内容具体操作代码
    stockinfo=f.readline()
#    print(stockinfo,type(stockinfo))
    while stockinfo! ='':
        #文本拆分与整理代码
        closev.append(stockinfo.split(',')[3])
        stockinfo=f.readline() #更新判定条件
except (FileNotFoundError or OSError):
    print("文件不存在!")
except:
    print("出现错误!")
finally:
    f.close()
    print(len(closev))
```

在数据文件中,我们保存了从 1990 年上海证券交易市场开市以来的所有上证指数日数据,这里无法输出每一行内容中的收盘价,所以在代码的最后一行添加了新的代码,用于输出收盘价数值的个数。运行结果如图 8-15 所示。

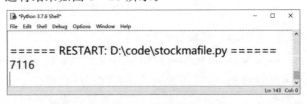

图 8-15　打印数据总行数

最后的输出结果为 7117 个数据,去掉第一个收盘价,还剩下 7116 个数据。

8.5.4　数据获取代码的函数化

至此,利用文件获取股票收盘价数据已经完成。如果读者有自己的数据文件,可以将代码中的文件名替换成自己的文件名,即可用这个代码提取文件内容,但是要注意收盘价的索引编号。

对于找不到文件名和索引编号的读者,我们利用函数将文件名和索引编号提取出来放在参数列表里,你只需要修改它们就好了。在这里,我们直接给出完整代码

```python
def closefileread(filename,closeidx):
    # filename:收盘价存放文件
    # closeidx:收盘价对应的索引编号
    closev=[] #定义收盘价存放列表
    try:
        f = open(filename,'r') #以只读方式打开收盘价存放文件
        #文件内容具体操作代码

        stockinfo=f.readline()
        while stockinfo! ='': #利用'空'判定文件结束
            closev.append(stockinfo.split(',')[closeidx])
            stockinfo=f.readline()
    except (FileNotFoundError or OSError):
        print("文件不存在!")
    except:
        print("出现错误!")
    finally:
        f.close()
        return closev
def main(): #定义测试函数
    print(len(closefileread('000001.csv',3)))
if _name_=='_main_': #仅在当前文件中运行有效
    main()
```

　　上述代码的运行结果如图 8－16 所示,得到的收盘价数值个数与前面的运行结果一致,表明收盘价文件读取代码函数化成功。

图 8－16　用函数读取数据长度

8.5.5　数据获取与滑动均值合并

读者还记得我们前面介绍过的滑动均值计算函数吗?

```
def MA(datainlist,WindowWidth):
    ♯计算滑动算数平均值,仅接受数值列表
    ♯ datainlist:均值计算数据
    ♯ WindowWidth:滑动窗口大小
    listnum=len(datainlist)
    avglist=[]
    for idx in range(listnum-WindowWidth+1):♯确定窗口起点索引
        numsum=0
        for sidx in range(WindowWidth):
            numsum=numsum+datainlist[idx+sidx]♯累加窗口中的数值
        else:
            avglist.append(numsum/WindowWidth)♯计算算数平均值
    else:
        return avglist
```

在滑动均值计算函数中,我们采用两个 for 循环完成滑动算数平均值计算。但是,这个函数仅接受数值列表,而我们前面改编的数据读取函数的输出却是字符串列表,两个函数对不上。在编写程序时,这个问题是经常遇到的,因为我们必须针对某一种需求编写程序,如果需求改变,则必须变更程序。这种操作带来了很大的麻烦,那就是原先定义的函数可能很多地方都在用,一旦改变了原始函数,则有可能其他使用的地方会出现问题。为了避免其他地方出问题,我们经常采用的方式是写一个"中间件",实现两个或者多个函数之间的衔接。或者,我们可以给某个函数多添加几个返回值,让其可以适用于不同的场合,每个调用场景选择适合自己的返回值就行。又或者,我们可以直接修改原始函数,以适合大多数的应用场景。

在这里,我们先将文件读入函数修改为多个返回值的函数。前面介绍函数时,我们给大家介绍了函数可以有多个返回值,可以在不同的地方返回不同的值,也可以在一个地方返回多个值。更具体的实现方法有很多,比如可以要求用户输入想要的类型,根据类型选择返回值;也可以直接给出多个返回值,让用户自己选择。在这里,我们尝试一次输出两种返回值,让用户自己选择需要的返回值。

具体修改的方法为:判断提取的数值是否可以被转换为浮点数,如果能转则表明该数值有效(对于有效数值,将数值的字符串形式追加进入字符串列表;对于有效数值,将数值的浮点形式追加进入数值列表)。如果不能转则跳过该次循环,进行下一次读取。

注意,这里采用是否能够完成类型转换作为判定条件,当转换不成功时会产生异常,异常的优先级较高,平常的 if 复合语句无法在异常状态继续执行,所以必须采用 try⋯⋯except 进行处理。修改后的代码如下

```python
def closefileread(filename,closeidx):
    # 读入文件中的数据
    # filename:文件名
    # closeidx:所需数据的索引编号
    # closevs:字符串类型的列表
    # closevn:浮点数值类型的列表
    closevs=[]
    closevn=[]
    try:
        f = open(filename,'r')
        # 文件内容具体操作代码

        stockinfo=f.readline()
        while stockinfo! ='':
            closev=stockinfo.split(',')[closeidx]
            try:
                if float(closev):
                    closevs.append(closev)
                    closevn.append(float(closev))
            except:
                continue
            finally:
                stockinfo=f.readline()
    except (FileNotFoundError or OSError):
        print("文件不存在!")
    except ValueError:
        print("类型出现错误!")
    except:
        print("出现错误!")
    finally:
        f.close()
        return closevs, closevn
def main():
    print(len(closefileread('000001.csv',3)[0]),
          len(closefileread('000001.csv',3)[1]))
if _name_=='_main_':
    main()
```

接下来,我们修改 main 函数的定义,将数据读入和滑动均值计算函数连接起来

```
def main():
    print(len(closefileread('000001.csv',3)[0]),
            len(closefileread('000001.csv',3)[1]))
    closevn=closefileread('000001.csv',3)[1]
    print(len(MA(closevn,5)))


if _name_=='_main_':
    main()
```

main 函数中利用 closevn 变量作为实际参数,将数据读入返回的索引为 1 的元素传递给滑动均值计算函数。在此要注意多函数返回值的提取方法,多个返回值之间构成一个列表,所以只需要按照索引提取需要的返回值就好。在这里,我们用[1]的方式直接提取索引编号为 1 的数值列表返回值。同时,定义滑动均值窗口为 5,那么均值计算结果应该比原始数据少 4 个。代码运行结果如图 8 - 17 所示。

图 8 - 17　窗口为 5 的滑动均值数据结果数量

从结果的数量上看,结果复合预期。

8.5.6　文本文件的写入

我们在前面介绍了从文本文件中读入收盘价数据并进行滑动均值计算,接下来介绍如何将均值结果写入文件。

在文件的方法和函数中,有两个负责写入的函数。①file. write(str):将一个字符串写入文件,不换行。②file. writelines(sequence):将一个序列写入文件,不换行。这两种方法都是将字符串写入文件,不同的是 write 一次写入一个字符串,而 writelines 一次将一个字符串列表中的所有字符串写入文件,如果需要在字符串之间换行,则需要自己添加换行符。如果要写入文件的是一个字符串,则两种方法没有区别。

滑动均值计算的结果为一个数值列表,要将数值列表写入文件有两种选择,一种是将数值列表当作一个字符串写入文件;另一种是将数值列表中的每一个数值先转为字符串,然后再写入文件。第一种方法用 write 合适,第二种方法用 write 和 writelines 都合适。

在这里,我们选择第二种方案,先将所有的数值转换为字符串,在写入文件时添加上方便阅读的格式信息,比如字符对齐和换行。将所有的需求和对应方法罗列出来,具体如下:

(1)将所有的数值转换为字符串。利用循环从数值列表中提取数值,转换为字符串。

(2)给字符串添加对齐。这里采用小数点对齐,比如数据总共 9 位,小数点后 5 位。

(3)每次写入时需要利用'+'操作,给字符串末尾拼接回车符'\n'。

罗列完成后仔细阅读几遍,发现(2)应该在(1)的前面,因为数值需要先截取然后再转换为字符串,或者可以考虑别的方法,但是要注意这个问题。

接下来我们写出对应的代码,假设这里的均值列表为 closema,在实际函数中修改为形式参数即可。

```
for i in range(len(closema)): #构建循环序列
    f.write("{0:0>15.5f}\n".format(closema[i]))
```

其中,"{0:0>15.5f}\n"表示一个字符串。'\n'表示在字符串最后有个回车换行;'15.5f'表示数值长 10 位,其中小数点后 5 位,数据是浮点形式;'0:'表示取后面 format 参数中的索引编号为 0 的那个元素,这里就一个参数,即均值数值;'0>'表示数值转为字符串后靠右侧对齐,左侧的空位用 0 填充。

"{0:0>15.5f}\n".format(closema[i])完整的含义是,将 closema[i]以浮点数显示,总位数(包含小数点)15 位,其中小数部分 5 位,数值不够 15 位时靠右侧对齐,左侧空位用 0 补齐。

整理后,完整的函数代码如下

```
def mafilewrite(filename,writelist): #文件写入
    # filename:写入文件名
    # writelist:写入数值列表
    f = open(filename,'w') #以写模式打开文件,不能读。
    for i in range(len(writelist)): #构建循环列表
        f.write("{0:0>15.5f}\n".format(writelist[i])) #转换数值写入文件
    f.close() #关闭文件
```

将函数加入文件中,并在 main 函数中调用其处理,将均值列表数据写入文件。代码如下

```
def main():
    print(len(closefileread('000001.csv',3)[0]),
          len(closefileread('000001.csv',3)[1]))
    closevn=closefileread('000001.csv',3)[1]
    print(len(MA(closevn,5)))
    mafilewrite('000001MA5.txt',MA(closevn,5))
```

执行结束后,打开文件'000001MA5.txt',前 5 行内容如下

```
000003052.14146
000003071.65212
000003077.50880
000003088.44450
000003092.40096
```

显然,数据都按照既定的格式要求进行了正常输出。下面是整个程序的完整代码。读者可以自行更换自己的文件名,尝试调试运行,直到输出正确。

```
def closefileread(filename,closeidx):
    # 读入文件中的数据
    # filename:文件名
    # closeidx:所需数据的索引编号
    # closevs:字符串类型的列表
    # closevn:浮点数值类型的列表
    closevs=[]
    closevn=[]
    try:
        f = open(filename,'r')
        #文件内容具体操作代码

        stockinfo=f.readline()
        while stockinfo! ='':
            closev=stockinfo.split(',')[closeidx]
            try:
                if float(closev):
                    closevs.append(closev)
                    closevn.append(float(closev))
            except:
                continue
            finally:
                stockinfo=f.readline()
    except (FileNotFoundError or OSError):
        print("文件不存在!")
    except ValueError:
        print("类型出现错误!")
    except:
        print("出现错误!")
    finally:
        f.close()
        return closevs, closevn
def MA(datainlist,WindowWidth):
    # 计算滑动算数平均值,仅接受数值列表
    # datainlist:均值计算数据
    # WindowWidth:滑动窗口大小
    listnum=len(datainlist)
    avglist=[]
```

```python
    for idx in range(listnum-WindowWidth+1): # 确定窗口起点索引
        numsum=0
        for sidx in range(WindowWidth):
            numsum=numsum+datainlist[idx+sidx] # 累加窗口中的数值
        else:
            avglist.append(numsum/WindowWidth) # 计算算数平均值
    else:
        return avglist
def mafilewrite(filename,writelist):
    # filename
    # writelist
    f = open(filename,'w')
    for i in range(len(writelist)):
        f.write("{0:0>15.5f}\n".format(writelist[i]))
    f.close()
def main():
    print(len(closefileread('000001.csv',3)[0]),
        len(closefileread('000001.csv',3)[1]))
    closevn=closefileread('000001.csv',3)[1]
    print(len(MA(closevn,5)))
    mafilewrite('000001MA5.txt',MA(closevn,5))

if _name_=='_main_':
    main()
```

小结

Python 中的文件模式根据操作分为读、写和追加,这三者不能混用。'rw'模式并不能在读模式中打开写模式,同时'r'、'rw'和'r+'模式都不能对空文件操作。'w'和'w+'模式都能创建新文件,如果文件存在则会先清空文件后再开始写入。写入后的文件指针在文件的末尾,如果要读取写入内容,需要将指针提前。'a'和'a+'模式与'w'相关模式类似,可以创建新文件,没有增加'+'模式不能读取文件。追加操作之后,文件指针在文件最后,如果要读取写入内容,需要将指针提前。

文件的三种操作方式之间涉及文件的读指针和写指针,写指针不受调整控制,仅跟随写入操作变化;读指针可以自由的全局调整。当文件较大、内容较多时,读指针位置计算可能会变得困难,所以在使用文件时要尽量按照功能进行操作,如将文件分为读文件和写文件,避免在一个文件中进行读写混合操作。

习题

1. 下载多只股票的交易数据,尝试同时处理多只股票的滑动均值。
2. 假设每只股票的资产配置额度不同,尝试根据你求出的每只股票均值,计算你的总盈利均值。

第 **9** 章

Python 基础实战——卡拉兹猜想

在这一章,我们将尝试用 Python 实现数学领域的卡拉兹猜想。卡拉兹猜想的内容为:对任何一个自然数 n,如果它是偶数,那么把它除以 2;如果它是奇数,那么把它乘以 3 然后加 1,再除以 2。这样一直重复下去,最后一定在某一步得到 1。比如,开始的时候 $n=3$,由于是奇数,那么乘以 3 加 1,得到 10;10 是偶数,于是除以 2,得到 5;5 是奇数,那么乘以 3 加 1,得到 16;16 是偶数,于是除以 2,得到 8;8 是偶数,于是除以 2,得到 4;4 是偶数,于是除以 2,得到 2;2 是偶数,于是除以 2,得到 1。

现在计算机语言已经非常普及,不论是使用 C 语言还是使用 Python 语言,很简单的几句程序语言,就可以对任意给定的自然数 n 进行验证,当然,几乎不需要对程序进行什么优化。在这里,我们借助 Python 语言,编写一个证明卡拉兹猜想的程序,为卡拉兹猜想的验证贡献一份自己的力量。

9.1 问题整理

仔细审阅卡拉兹猜想的介绍说明,我们可以发现一些基本信息。

卡拉兹猜想可以简化。对于偶数需要除 2,而奇数需要乘 3 加 1 后除 2。这里我们可以将奇数后面的除 2 省略,因为奇数乘 3 加 1 后就是偶数,那么下一步就可以借用偶数的除 2 处理。这样的简化可能会加长卡拉兹猜想的处理步骤,但是问题并不大。当然,大家也可以不简化。

简化后的核心思想是:对于偶数除 2,对于奇数乘 3 加 1,此时的函数是一个二值函数,可以用公式表示为

$$F(n) = \begin{cases} n/2, & \text{if}(n\%2 = 0) \\ 3n+1, & \text{if}(n\%2 = 1) \end{cases}$$

卡拉兹猜想的输入是正整数,由于 1 和 2 可以心算验证,所以我们可以认为卡拉兹猜想的输入范围是大于 2 的所有正整数。

知道了这些信息后,我们尝试编写一个程序来验证卡拉兹猜想。但是,原始的"卡拉兹"只是一个核心思想,我们需要给卡拉兹猜想设定一个输入和输出,这样,我们的程序才完整。

我们定义卡拉兹猜想的编程问题如下:输入一个大于等于 3 的正整数,输出其完成卡拉兹猜想需要的步数。在这里稍微解释一下,解释中我们采用 IPO 方法。①输入:任意一个大于等于 3 的正整数;②处理:卡拉兹猜想;③输出:输入数值从第一次运算开始到最后变为 1 所经

历的计算次数。

利用 IPO 的方法,大家应该可以理解我们提出的问题了,但可能有部分读者对步数不理解。下面我们利用一个图来表示步数的概念。假设我们输入了一个正整数 12,那么 12 的卡拉兹问题的处理过程如图 9-1 所示。

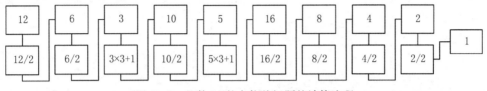

图 9-1　整数 12 的卡拉兹问题的计算流程

12 是偶数,所以除 2 得 6,这是第一步;6 是偶数,所以除 2 得 3,这是第二步;以此类推,通过 9 步,将正整数 12 化简到 1。这里经过的 9 次计算就是我们所说的步数。

9.2　问题分析

接下来,我们尝试将问题拆分为更适合编程的问题点。在这里,我们依然采用 IPO 的方式先列出来,然后再逐一讨论需要注意的地方。

I:输入一个大于等于 3 的正整数。

P:卡拉兹猜想。如果是偶数,除 2;如果是奇数,乘 3 加 1。

O:输出卡拉兹猜想进行的步数。

第一个问题点是输入一个正整数。在 Python 中给后续程序传递数值的方法至少有两种:

(1)利用 input 函数输入。要注意,input 函数获得的是一个字符串,需要将其转换为整数后再送给卡拉兹猜想进行四则运算,否则会报告错误。输入时要注意紧跟提示符后输入数据并回车,而不是在其他位置输入。利用 input 函数的好处是每次都可以输入不同的数值,缺点是需要掌握 input 函数的用法。

(2)直接给变量赋值。直接给变量赋值的好处是在程序中直接赋值,操作非常简单、直观,修改维护代码非常方便;缺点是程序的扩展性比较差,用户需要先修改,再运行程序。

上述两种方法各自有优缺点,大家可以选择熟悉的一种使用,后面的代码中我们使用第一种数据输入方法。所以有

```
数值=input("请输入要做卡拉兹猜想的数值!")
```

第二个问题点是卡拉兹猜想的计算过程。根据卡拉兹猜想的定义,我们可以很自然地想到用选择结构来对应卡拉兹猜想中奇数、偶数的二分选择。对于奇数和偶数的优先级问题,暂时可以不考虑。这是因为大于等于 3 的正整数中,奇数、偶数的数量近乎相等,所以我们不考虑处理优先级的问题,只是按照习惯将偶数的判断放在前面。也就是

```
如果 输入数值 是 偶数
    除 2
否则
    乘 3 加 1
```

在卡拉兹猜想中,如果当前步骤的结果不是1,那么需要在当前结果上继续运行卡拉兹猜想计算,这个重复的过程直到计算的结果为1才停止。所以,这就要求我们要在程序中添加一个循环结构,和前面的选择结构共同组成卡拉兹猜想的处理过程。但是,要注意数据之间的关系。即

```
当 当前结果 不等于 1
    如果 当前结果 是 偶数
        当前结果＝当前结果 除 2
    否则
        当前结果＝当前结果 乘 3 加 1
```

在上面的伪代码中,出现了一个变量"当前结果"。这个变量在程序刚开始运行的阶段,承载的是输入数值;在程序运行的过程中,承载的是每一次的运行结果。同时,这个变量还作为判定条件出现在循环条件中。

第三个问题点是输出的处理步骤数量怎么得到,以什么方式输出?在原始卡拉兹猜想中,并不关心具体的处理步骤数量,所以需要我们在程序的合适位置进行添加。既然是步骤数量,那么我们可以用变量 i 来表示。难点是在什么位置添加这个变量,并通过它的累加来记录步骤数量。

我们先要搞清楚要记录的步骤数量在程序中是什么。通过前面的伪代码我们可以知道,卡拉兹猜想的核心部分是一个选择语句,每次选择语句执行后,一次卡拉兹猜想的计算步骤就完成了,所以,我们应该将记录运行步骤的代码添加在选择语句之后。像这样

```
当 当前结果 不等于 1
    如果 当前结果 是 偶数
        当前结果＝当前结果 除 2
    否则
        当前结果＝当前结果 乘 3 加 1
    运行步骤 ＝ 运行步骤 ＋ 1
```

至此,我们已经记录下了一个数值做卡拉兹猜想所需要的运行步骤数量,接下来只需要利用 print 函数将其打印出来即可。

9.3　伪代码的整理

接下来,我们将数据输入、卡拉兹猜想的算法和运行步骤的输出都用伪代码的形式展示出来。

```
数值＝input("请输入要做卡拉兹猜想的数值!")
当 当前结果 不等于 1
    如果 当前结果 是 偶数
        当前结果＝当前结果 除 2
    否则
        当前结果＝当前结果 乘 3 加 1
    运行步骤 ＝ 运行步骤 ＋ 1
print(运行步骤)
```

简单合并到一起之后,读者可能发现了一些问题。下面我们逐一分析这些问题,并立即改正。

第一个问题:第一行的数值变量和后续的伪代码描述并不符合。

为什么呢?这是因为最开始我们考虑数据输入的时候,侧重点是如何确定要做卡拉兹猜想的数值并将其输入程序中,选取的方式是利用 input 函数从键盘输入,输入的结果直接放在了一个名称为数值的变量里面,并没有考虑到后面怎么使用这个数值。在这里,我们必须将前后变量名进行统一,才能增强伪代码的易读性和程序思路的连贯性。统一的方法就是将保存输入数据的变量名和执行卡拉兹猜想的变量名统一起来,这里我们都将其修改为卡拉兹变量。

```
卡拉兹变量＝input("请输入要做卡拉兹猜想的数值!")
当 卡拉兹变量 不等于 1
    如果 卡拉兹变量 是 偶数
        卡拉兹变量＝卡拉兹变量 除 2
    否则
        卡拉兹变量＝卡拉兹变量 乘 3 加 1
    运行步骤 ＝ 运行步骤 ＋ 1
print(运行步骤)
```

第二个问题:变量的初值问题。

我们发现在阅读代码的时候,运行步骤这个变量凭空就出现了,并且开始了累加。但是,并没有给出运行步骤开始累加的初始数值。这个问题在编写程序中是一个很普遍的问题,很多编程初学者经常会忘记给累加变量赋值。累加变量运行步骤和前面的卡拉兹变量虽然都是变量,但其实并不一样。卡拉兹变量承载的是用户从键盘输入的一个数值,我们不需要考虑它的初始值,因为无论它的初始值是什么都会被用户输入值替换;而运行步骤这个变量并没有类似的赋值操作,这就给后续的累加带来一些问题,在没有初始值的情况下,累加结果将不能准确反映真实情况。所以,我们必须要给出运行步骤这个变量的初始值。这里,我们给出的初始值为 0。

```
卡拉兹变量＝input("请输入要做卡拉兹猜想的数值!")
运行步骤 ＝ 0
当 卡拉兹变量 不等于 1
    如果 卡拉兹变量 是 偶数
        卡拉兹变量＝卡拉兹变量 除 2
    否则
        卡拉兹变量＝卡拉兹变量 乘 3 加 1
    运行步骤 ＝ 运行步骤 ＋ 1
print(运行步骤)
```

在这里,要注意设置运行步骤的初始值 0 的位置,这个位置非常关键,我们放在了第二行。其表示的意思是在卡拉兹变量进行卡拉兹猜想之前先给运行步骤清零,随后每一次卡拉兹问题的操作都会使得运行步骤加 1。有些读者可能想把这个赋初始值的操作放在当循环的后面,认为只要在如果操作的前面就可以。这是不可取的,因为这个位置是包含在当循环之内的,意味着每次运行步骤累加 1 之后都会被再次赋值为 0,进而导致最后的输出结果为 0。

经过这两次修正后,Python 实现卡拉兹猜想的伪代码已经完成。这里我们采用添加注释的方式,将原始问题和伪代码合并

```
♯输入一个大于等于 3 的正整数,输出其完成卡拉兹猜想需要的步数。
♯输入一个大于等于 3 的正整数
卡拉兹变量＝input("请输入要做卡拉兹猜想的数值!")
运行步骤 ＝ 0
♯进行卡拉兹猜想
当 卡拉兹变量 不等于 1
    如果 卡拉兹变量 是 偶数
        卡拉兹变量＝卡拉兹变量 除 2
    否则
        卡拉兹变量＝卡拉兹变量 乘 3 加 1
    运行步骤 ＝ 运行步骤 ＋ 1
♯输出其完成卡拉兹猜想需要的步数
print(运行步骤)
```

合并之后我们发现,原始问题中的"输入一个大于等于 3 的正整数"在伪代码中并没有体现。为此我们可以将伪代码修改为

```
♯输入一个大于等于 3 的正整数,输出其完成卡拉兹猜想需要的步数。
♯输入一个大于等于 3 的正整数
print("下面输入的数值将会做卡拉兹猜想,请输入一个大于等于 3 的正整数!")
卡拉兹变量＝input("请输入要做卡拉兹猜想的数值!")
运行步骤 ＝ 0
♯进行卡拉兹猜想
当 卡拉兹变量 不等于 1
    如果 卡拉兹变量 是 偶数
        卡拉兹变量＝卡拉兹变量 除 2
    否则
        卡拉兹变量＝卡拉兹变量 乘 3 加 1
    运行步骤 ＝ 运行步骤 ＋ 1
♯输出其完成卡拉兹猜想需要的步数
print(运行步骤)
```

在这里,我们直接利用 print 函数在获取数据之前打印提示信息,告诉用户应该输入什么样的数值。

9.4　流程图的绘制

　　伪代码是整理程序设计思路的一个过程,伪代码到真实的 Python 语言代码还有一段距离,是不能直接像代码一样运行的,而处于伪代码和真实程序之间的过程就是流程图的绘制。

　　绘制一个流程图,既能再次整理问题思路,也能检查伪代码的完整程度,同时还能给后续的程序编写提供完整的模板。可以说,流程图在程序设计过程中起到了承上启下的重要作用。如果流程图绘制出来存在死循环或者死语句,那么在伪代码中肯定存在没有考虑到的漏洞。如果按照流程图编写程序时发现程序实现十分困难,那么流程图肯定没有按照 Python 语言的语法规则去绘制,进而说明伪代码编写时没有考虑到 Python 语言的特性。比如,Python 语言中没有 do……until……的循环结构,那么在伪代码中就要尽量避免使用。

　　伪代码、流程图和程序代码之间是互相关联、逐步细化的,每一个环节都异常重要。接下来,我们尝试将伪代码变为流程图。在转换的过程中,我们仅将有效代码进行转换。

　　设定流程图的开始和结束,这是很重要的一步,每一个流程图都有自己的开始与结束,用来表示流程图的流向和边界。这一步很简单,我们直接将开始/结束的标记放在图上就好。如图 9 - 2 所示。

图 9 - 2　流程图的开始和结束符号

　　将伪代码转换为流程图时,需要按照功能来转换,所以我们必须清晰地确定每一行伪代码在流程图中的表示符号是什么。比如第一行打印语句,它是一个独立输出语句,因为涉及输出,因此我们可以采用表示数据输入与输出的平行四边形。将其添加到流程图中,如图 9 - 3 所示。

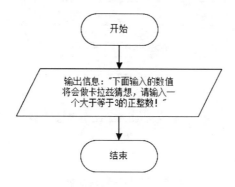

图 9 - 3　第一步输出提示信息

第二行伪代码从键盘输入数据，在流程图中也需要使用数据符号，但是要注意和上一句打印提示信息之间的区别。同时，这一句还包含了将输入数据传递给内部变量的操作，遇到这种操作时要注意。在流程图设计中可以出现具体变量，也可以不出现具体变量。没有具体变量的流程图仅仅是一个事件发展过程的描述；而包含具体变量的流程图则可能涉及具体的量化操作，同时这个量化操作还可能是重复性的。因此，一旦决定在流程图中增加具体变量，就要保证变量名称不重复，一个变量名具有唯一用途，从而避免对流程图的误读。这里我们给出变量名称，保持伪代码和流程图的一致性，如图 9-4 所示。

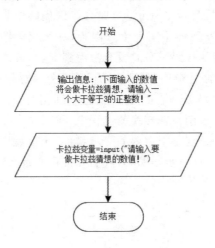

图 9-4　获取输入数据

伪代码的第三行是所有代码中最简单和最重要的一行。从代码结构上来说，这一行简单的赋值，为正确地计算出结果奠定了基础。从流程图结构上来说，这一行属于代码内的流程语句，没有输入与输出，所以可以使用流程符号，如图 9-5 所示。

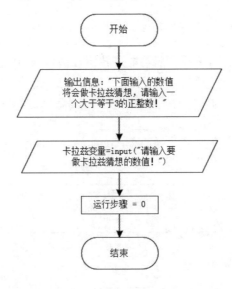

图 9-5　初始化内部数据

从伪代码的第四行开始,进入了一个复合语句块——卡拉兹猜想处理部分,这里是一个难点。很多读者在将伪代码转换为流程图时,总是搞不清楚这种循环和选择嵌套在一起的部分该怎么处理。这里告诉大家一个简单的方法,在流程图的标准符号中并没有循环结构和选择结构,仅有对应条件语句的判定符号。因此,我们在转换伪代码时不用考虑循环结构和选择结构的问题,而是要看有没有判定的行为。需要判定就用判定符号,然后按照顺序绘制判定符号的分支即可。

伪代码中当的后面就是一个针对卡拉兹变量的判定条件,因此需要用到判定符号,我们先将判定符号添加到流程图中。这个判定符号代表了伪代码里面的循环条件,当条件成立时就会进入循环,而条件不成立时不会进入循环。现在我们还没有处理到后续的代码,可以认为条件不满足时程序退出不做任何操作,所以将条件不满足的情况连接到结束符号,如图 9-6 所示。

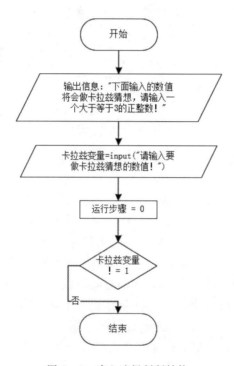

图 9-6　建立选择判断结构

第五行伪代码是一个标准的选择结构语句,在流程图中对应判定符号。选择结构的两个分支与判定符号的两个输出端对应,而判定条件就是选择条件“卡拉兹变量是偶数”的真与假。每一个条件分支后的运算对应着流程图的过程符号。需要注意的是,第五行代码是进入循环以后才能执行的,因此必须是“卡拉兹变量 不等于1”的条件为真。在流程图中,必须接在循环判定符号的真输出端。将其添加到流程图,如图 9-7 所示。

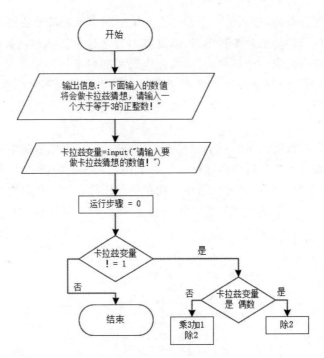

图 9-7　进行卡拉兹计算

接下来是伪代码的第九行,运行步骤累加的代码。这行代码在层次上与第五行的选择判定代码是一个层次,不论选择判定执行哪个分支之后都会执行第九行代码,所以在流程图中需要将选择判定的两个分支都连接到第九行代码对应的过程符号上。

这里有一点需要特别注意,Python 是解释型语言,前一行代码执行完会跳到下一次需要执行的代码。读者可以考虑一下:当第九行代码执行完成之后,下一次执行的代码是什么呢?有的读者会说执行第十行,有的读者会说执行第四行,到底执行哪一行呢?这里需要读者对循环结构有较深的理解。第九行代码是循环体语句的最后一行,它执行完成之后,整个循环体执行结束,但并不意味着循环结束,因为循环是否结束是由循环判定条件来确定的,所以无论卡拉兹变量的结果是多少,都会去执行第五行的代码。如果判定卡拉兹变量仍然大于1,则继续进入循环去执行循环体;如果判定卡拉兹变量已经等于1,则退出循环,这样就循环处理了卡拉兹变量。

在流程图上连接后的结果如图 9-8 所示。

接下来是第十行伪代码,打印输出运行步骤。这一行代码从层次结构上看,要比第九行高一个层次,与当循环在同一个层次。有很多读者看到这里会认为,无论当循环是否执行了循环内容,在当循环运行完成之后,都会运行第十行代码。所以,应该将当循环的真假输出端都连接到第十行代码对应的过程符号上,就像图 9-9 那样。

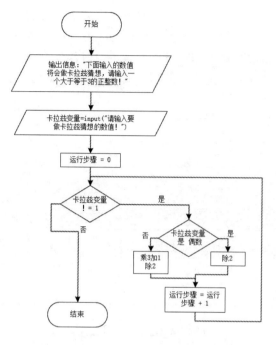

图 9-8　完成卡拉兹流程

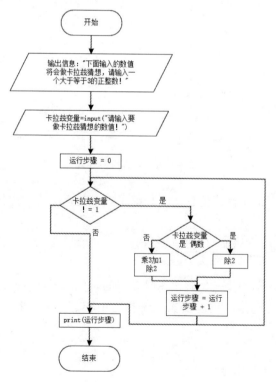

图 9-9　添加卡拉兹输出

但是,当循环的条件判定成立,就会执行循环体中的语句,执行完成之后会再次对循环条件进行判定,所以,是不可能直接从属于循环体代码的第九行直接去执行第十行代码的。也就是说,只有当循环执行完成之后,即循环条件不满足的时候才会执行第十行代码。所以,第十行代码的过程符号只有当循环判定符号的"否"端才会连接,而"真"端是不会连接的。真实情况如图 9 - 10 所示。

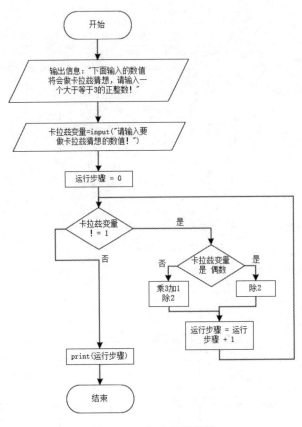

图 9 - 10   调整符号连接

到这里,伪代码就全部转换为流程图了。除了选对流程图符号之外,读者还需要注意以下几点:

(1)流程图中没有循环结构。伪代码中的循环和选择在流程图中需要用向上反馈和向下反馈来实现。

(2)流程图中的层次结构是通过判定符号实现的,对应着伪代码中的循环和选择。

(3)要特别注意伪代码中的层次关系。流程图中相邻的两个符号,在伪代码中可能相距很远。

9.5   Python 代码的编写

流程图绘制完成后,一定要和伪代码反复比对,直到确定没有问题。从使用效果上来说,伪代码和流程图都可以直接转换为 Python 代码,这和程序规模有直接关系。当程序规模较小,像这里的卡拉兹猜想的核心部分仅有 10 行左右的代码,层次结构也不复杂,可以尝试将伪代码直接修改为 Python 代码。当程序结构比较复杂时,伪代码在整体结构上的层次感比流程图差了很多。所以,流程图适用于绝大多数的情况。

接下来,我们尝试给大家介绍如何将伪代码和流程图转换为 Python 语言代码。无论采用哪种方式,大家都要记住:根据当前信息,选对 Python 的基础语法元素。

9.5.1　从伪代码到 Python 语言代码

我们先尝试将伪代码直接转换为 Python 语言代码,将伪代码中的所有元素逐一转换为 Python 语言的基础语法元素。

1.伪代码第一行

```
print("下面输入的数值将会做卡拉兹猜想,请输入一个大于等于 3 的正整数!")
```

由于上面的伪代码特别简单,所以在写的时候,我们特地按照 Python 语言的语法进行了描述。它其实就是一条有效的 Python 语言代码,加上 Python 语言的语法高亮后是这样的

```
print("下面输入的数值将会做卡拉兹猜想,请输入一个大于等于 3 的正整数!")
```

Python 语言很自然地将关键字、字符串和括号等语法元素识别出来了。

2.伪代码第二行

```
卡拉兹变量＝input("请输入要做卡拉兹猜想的数值!")
```

这一行代码是从键盘接收信息并保存在变量里面的。基于 Python 支持中文命名的特点,我们在编写的时候同样也向 Python 语言靠拢,直接利用 Python 语言书写了伪代码,加上 Python 语言的语法高亮后是这样的

```
卡拉兹变量＝input("请输入要做卡拉兹猜想的数值!")
```

Python 语言同样识别出了所有的语法元素。

3.伪代码第三行

```
运行步骤 ＝ 0
```

和前两句相同,这也是用 Python 语法写的伪代码。加上 Python 语言的语法高亮后是这样的

```
运行步骤 ＝ 0
```

Python 语言同样识别出了所有的语法元素。

4.伪代码第四行

```
当 卡拉兹变量 不等于 1
    如果 卡拉兹变量 是 偶数
        卡拉兹变量＝卡拉兹变量 除 2
    否则
        卡拉兹变量＝卡拉兹变量 乘 3 加 1
    运行步骤 ＝ 运行步骤 ＋ 1
```

在这里,我们没有选择一行而是选择了六行代码。因为这六行代码属于一个循环复合语句,是一个整体。或者你可以这样理解:从伪代码的第一个层次上理解,整个伪代码只有五行,而这就是第四行。只有当我们看到伪代码的更深层次时才会发现,伪代码有第二和第三两个层次。所以,我们深入第二、第三两个层次进行转换。

(1)循环复合语句的第一行。

当 卡拉兹变量 不等于 1

这一句包含了一个完整的循环语句,有 Python 关键字,有判定条件,缺失的是 Python 的基础语法元素冒号(:),所以,我们将所有信息转换为对应的 Python 关键字、判定条件,再加上冒号即可。转换后是这样的

while(卡拉兹变量 ! = 1):

我们将"当"换成了 Python 关键字"while",将"不等于"换成了 Python 关系操作符"! =",给条件判定表达式加上括号进行强调和保护,同时在最后添加了冒号,表示下面带有一个缩进的语句都属于循环体。

(2)循环复合语句的第二行。

如果 卡拉兹变量 是 偶数
　　卡拉兹变量=卡拉兹变量 除 2
否则
　　卡拉兹变量=卡拉兹变量 乘 3 加 1

循环复合语句的第二行又是一个选择复合语句,选择复合语句包含条件为"真"和"假"两个分支,很明显,要使用选择结构的 if……else……形式。作为选择结果的两行都是简单的带有部分 Python 语法的表达式,可以比较简单地转换为 Python 代码。稍微麻烦的是选择判定条件,这个选择判定条件中包含着一些不明显的信息,需要我们小心谨慎地处理。

卡拉兹变量 是 偶数

这个伪代码包含了三个部分:卡拉兹变量、是、偶数。这三个部分在 Python 中都没有明确的语法元素对应,说明这三个部分需要做一些改编,或者用 Python 的基础语法元素组合而成。

第一个部分——卡拉兹变量,是我们自己定义的一个变量类型,由于 Python 支持中文命名,所以不用改动。

第二个部分——是,在 Python 语法中并没有对应的描述,所以需要转换。通常我们在思考"谁是不是谁?"的问题时,总会在脑海中将两个影像进行对比,如果发现两者一致就确认了谁就是谁。而这个一致,我们还可以用相等来表示。所以,这里的"是"可以用 Python 语言关系操作中的相等判定符号"= ="来表示。

第三个部分——偶数,在 Python 语言中找不到对应的描述,我们在这里选择一种常用的表达式:被 2 除后没有余数的数值就是偶数。这样,我们从"判定一个数是否是偶数",转换为"判定这个数除 2 后的余数是不是等于 0",而这对应着 Python 语言中的数学运算的提取余数操作和相等关系判定。

将以上三部分合并起来之后的 Python 语言代码是

((卡拉兹变量 % 2)== 0)

这里有两层括号,内层括号表示 Python 语言中的提取余数操作,其中的%就是 Python 语言提取余数的操作符,含义是提取卡拉兹变量除 2 后的余数;外层括号中,利用相等判定操作符== 对提取出的余数和 0 进行了相等判定。

到这里,我们就将"卡拉兹变量是偶数"这样一个伪代码的表述方式,转换为了 Python 语言表示的"卡拉兹变量除 2 后余数等于 0"这样一个等价判定。

(3)选择复合语句的合成。

我们已经将选择判定条件转换完成了,接下来将选择复合语句完整地转换出来,也就是将 if……else……转换过去,转换后的结果如下

```
if ((卡拉兹变量 % 2)== 0):
    卡拉兹变量=卡拉兹变量 除 2
else:
    卡拉兹变量=卡拉兹变量 乘 3 加 1
```

此时,还有选择后的语句没有转换为 Python 语言,在这里我们不加语法高亮了。这里要注意几点:首先是缩进。上面的循环复合语句是第一层没有缩进,这里的选择结构复合语句属于循环体,是第二层,所以必须有缩进。其次是语法元素冒号。这里的选择复合语句包含真、假两个端口,因此在两个地方都需要包含冒号,一个都不能少。最后是选择结果的缩进。无论真还是假成立,后续执行的语句都属于第三个层次,都必须有对应的缩进。

选择结构中包含的两条语句都非常简单,仅涉及基础的四则运算,我们直接将其转换为 Python 语言

```
if ((卡拉兹变量 % 2)== 0):
    卡拉兹变量=卡拉兹变量 / 2
else:
    卡拉兹变量=卡拉兹变量 * 3 + 1
```

(4)循环体最后一行。

```
运行步骤 = 运行步骤 + 1
```

这是记录运行步骤的核心描述,每次运行都需要累加 1。这里采用了 Python 语法进行伪代码表述,所以不用转换,可以直接当作代码使用,但是要注意前面的缩进。

5.伪代码最后一行

```
print(运行步骤)
```

这一行完成运行步骤的输出,这里采用了 Python 语法进行伪代码表述,所以不用转换,可以直接当作代码使用。但是要注意,这一行代码已经和循环复合语句以及更前面的语句属于同一个层次,所以前面没有缩进。

完整的转换结果如下

```
print("下面输入的数值将会做卡拉兹猜想,请输入一个大于等于 3 的正整数!")
卡拉兹变量＝input("请输入要做卡拉兹猜想的数值!")
运行步骤 = 0
while(卡拉兹变量 ! = 1):
    if ((卡拉兹变量 % 2)== 0):
        卡拉兹变量＝卡拉兹变量 / 2
    else:
        卡拉兹变量＝卡拉兹变量 * 3 + 1
    运行步骤 = 运行步骤 + 1
print(运行步骤)
```

9.5.2　从流程图到 Python 语言代码

上面给大家介绍了如何将伪代码编写为 Python 语言代码,接下来我们介绍如何将流程图编写为 Python 语言代码,大家要注意两者之间的区别。

卡拉兹问题的完整流程图如图 9－11 所示,图中包含有流程图的固定结构、流程图符号以及流程图符号组合出来的信息,我们要转换的就是流程图符号组合出来的信息,而不是某个流程图符号或者流程图结构。

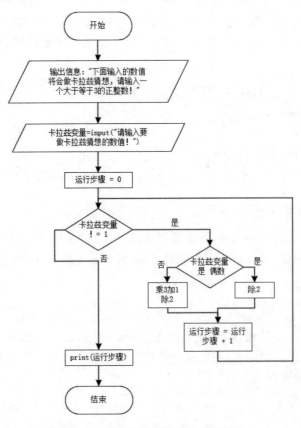

图 9－11　卡拉兹问题的完整流程图

用流程图这种符号化的格式来描述问题,目的是为了整理解决问题的思路,发现思路中的缺陷并进行弥补。而整个解决问题的思路是由流程图符号之间的关联关系来表达的,所以最终需要将流程图的关联关系转换成 Python 语言。

要注意,这里并不是说流程图的结构没有用,结构是用来提醒我们一些固定结构的。比如,看到流程图中有判定符号,就需要考虑到程序代码中会有条件判定语句,进而知道程序代码中应该存在选择结构或者循环结构。但是,流程图中一些和 Python 语言无关的结构没有用,比如开始/结束符号,它们在 Python 语言中并没有对应的语法元素。

接下来,我们介绍如何将流程图转换为 Python 语言。

第一步:找到开始符号。开始符号是流程图的最初始位置,所有的内容都在开始符号之后,解决问题所需要的一些条件限定与准备工作都写在开始符号之后。所以,开始符号之后一般是一些变量定义、变量赋值、数值获取等内容。卡拉兹猜想问题也不例外,开始符号之后的三个流程图符号分别是两个数据符号和一个流程符号,对应的功能是

1.打印输出提示信息
2.请求输入内容并保存
3.变量赋初值

这三个的功能都非常简单,只需要找到 Python 中对应的基本语法功能来实现就可以。

利用 print 函数打印输出提示信息,即

```
print("下面输入的数值将会做卡拉兹猜想,请输入一个大于等于 3 的正整数!")
```

利用 input 函数获取输入内容并保存到变量,即

```
卡拉兹变量＝input("请输入要做卡拉兹猜想的数值!")
```

命名变量并利用赋值符号“＝”进行赋初值,即

```
运行步骤 = 0
```

第二步:顺着流程图的箭头向后继续找,经过赋值流程符号之后是一个判定符号。流程图的判定符号对应着 Python 语言中的两种结构:if……else 选择结构和 while 判定结构。具体是哪种结构呢? 我们在这里给出一个简单的判定方法:如果判定符号的一个分支的最终输出回到了判定符号之前,随后又输入判定符号中,这就是一个 while 循环;如果判定符号的两个分支中仅有一个带有较多内容,另一个分支几乎没有内容,则很大概率是 while 循环;如果判定符号的两个分支都带有较多的内容,则很大概率是 if……else 选择结构;如果判定符号的两个分支最终在某个流程图符号相遇了,这就是一个选择结构。

仔细观察遇到的第一个判定语句,两个输出分支中,是分支的内容明显多于否分支语句,估计是 while 循环。再观察两个分支的最终输出方向,否分支距离结束符号非常近,通过一个过程符号就到达了结束符号;是分支则是经过很多内容之后又回到了判定符号的输入端,继续进入判定符号。根据这两点可以判定:这个判定符号对应着 while 语句的判定条件;是分支最终回到判定符号的输入端,所以是分支的内容为循环体,需要添加一个缩进;否分支内容在循环体之外,没有缩进,和 while 语句对齐,层次相同。

依据这些内容,我们将判定符号对应的 while 循环语句添加进入代码,与前面的过程语句合并为

```
print("下面输入的数值将会做卡拉兹猜想,请输入一个大于等于 3 的正整数!")
卡拉兹变量＝input("请输入要做卡拉兹猜想的数值!")
运行步骤 ＝ 0
while（卡拉兹变量！＝1）:
　　 ♯是分支语句
♯ ＊ ＊ ＊ ＊ ＊ ＊预留一个空行分割循环体 ＊ ＊ ＊ ＊ ＊ ＊
♯否分支语句
```

在这里要注意是、否分支语句的对应位置,是分支多一个缩进,表示是 while 的循环体语句,需要循环操作。在是、否分支之间添加了一个空行,用来分割循环体语句和高层次语句。

第三步:经过一个判定符号之后,选择一个分支进行转换。通常优先选择内容简单的分支,比如这里的否分支。

否分支内容很简单,只有一个打印输出变量内容的过程语句,可以直接用 print 函数实现,我们将其添加到否分支语句注释的位置。

```
print("下面输入的数值将会做卡拉兹猜想,请输入一个大于等于 3 的正整数!")
卡拉兹变量＝input("请输入要做卡拉兹猜想的数值!")
运行步骤 ＝ 0
while（卡拉兹变量！＝1）:
　　 ♯是分支语句
♯ ＊ ＊ ＊ ＊ ＊ ＊ ＊预留一个空行分割循环体 ＊ ＊ ＊ ＊ ＊ ＊
♯否分支语句
print（运行步骤）
```

添加完成后,后面就是流程图的结束符号,预示着整个流程图结束,而刚才添加的打印语句就是整个程序代码的最后一句,不允许有代码出现在它的后面,这一点一定要注意。

第四步:将否分支写完之后就是是分支了。顺着是分支的箭头向后,发现相邻的第一个流程图符号又是判定符号,还是需要按照前面讲过的方法来进行判定。分析发现:判定符号两个输出端的内容相当,没有"轻重"差别;并没有哪个输出端在最后又回到当前判定符号的输入端;两个输出端在一个流程符号中相遇了,同时从输入端进入了这个流程符号。结合这三点,我们认为这是一个选择结构,判定符号中的内容就是选择结构的条件语句,是分支就是条件为真时的执行语句,否分支就是条件为假时的执行语句。

这里有一个重要问题:选择结构到哪里结束呢? 根据之前所学内容,真分支和假分支将会在下一个流程图步骤那里汇聚在一起。所以,如果在流程图上看到某个判定符号的两个输出分支在某个流程图符号的输入端汇聚了,就说明判定符号对应的内容结束了。

由此可知,选择结构的真分支后的语句是过程符号"除 2",假分支后的语句是"乘 3 加 1除 2",对应的代码转换是:将判定符号中的判定条件作为选择结构的条件语句;将是分支下的流程符号内容作为条件为真时的执行语句;将否分支下的流程符号内容作为条件为假时的执行语句。

综上,对应的代码是

```
print("下面输入的数值将会做卡拉兹猜想,请输入一个大于等于 3 的正整数!")
卡拉兹变量＝input("请输入要做卡拉兹猜想的数值!")
运行步骤 = 0
while(卡拉兹变量 ！＝1):
    ♯是分支语句
    if((卡拉兹变量 % 2)＝＝0):
        卡拉兹变量＝卡拉兹变量 / 2
    else:
        卡拉兹变量＝卡拉兹变量 ＊ 3 ＋ 1
♯ ＊ ＊ ＊ ＊ ＊ ＊预留一个空行分割循环体＊ ＊ ＊ ＊ ＊ ＊ ＊
♯否分支语句
print(运行步骤)
```

　　第五步:选择结构部分到这里就结束了,但是作为循环判定符号的是分支还没有结束,在选择结构步骤之后还有一个步骤。

　　这个流程符号对应的内容比较简单,仅仅是一个累加操作而已,但是要注意它在整个代码中的层次关系。这个流程符号对应的操作,已经不属于选择结构,而是选择结构执行完成后的内容,所以在语法层次上和选择结构相同。同时,这个流程符号属于循环判定符号的是分支,所以又属于循环结构体。将其添加到代码中的位置如下

```
print("下面输入的数值将会做卡拉兹猜想,请输入一个大于等于 3 的正整数!")
卡拉兹变量＝input("请输入要做卡拉兹猜想的数值!")
运行步骤 = 0
while(卡拉兹变量 ！= 1):
    ♯是分支语句
    if((卡拉兹变量 % 2)＝＝0):
        卡拉兹变量＝卡拉兹变量 / 2
    else:
        卡拉兹变量＝卡拉兹变量 ＊ 3 ＋ 1
    运行步骤 = 运行步骤 ＋ 1
♯ ＊ ＊ ＊ ＊ ＊ ＊预留一个空行分割循环体＊ ＊ ＊ ＊ ＊ ＊ ＊
♯否分支语句
print(运行步骤)
```

　　至此,从伪代码和从流程图转换到 Python 代码就都完成了。

小结

　　伪代码是对不成熟的思路进行整理的一种方法。将脑海中的思路一点点地记录下来,根据思路设定一定的语法结构,根据习惯用一些特殊的表达方式都是允许的。伪代码是一种文

字描述，可以借鉴最终语言的语法结构进行描述，以方便后期转换和加深理解。同时，虽然伪代码不是很易懂，但是比较容易修改和维护。读者可以利用合适的编辑工具编辑伪代码，也可以利用纸笔和编辑符号维护伪代码。

如果伪代码经过多次维护后已经影响到你对问题结构的理解，你需要重新将伪代码梳理一遍。如果你将伪代码梳理三遍之后，没有发现问题漏洞，就可以将其转换为流程图了。

流程图是对成熟思路进行整理的一种方法。它利用一系列固定的符号来表达解决问题的思路。由于符号之间的连接关系非常简单，因此流程图很容易发现思维中的一些逻辑问题，如"死循环"和"死语句"。

对于简单问题，一个流程图就可以解决问题。对于复杂问题，可能需要若干个流程图组合在一起才能将问题描述清楚。此时，需要先利用顺序流程图在总体结构上将问题分割开，然后将每一个步骤都细化为一个功能完备的闭环流程图。所谓功能完备，就是一个功能不能分割在两个子流程图中。例如，选择结构的是、否分支就不能分别处于两个子流程图；循环体语句也不能分别处于两个子流程图。闭环流程图是指一个子流程图的输入和输出要尽可能的少，要收敛，不能发散。

习题

1. 尝试输入 n 个正整数，对它们进行卡拉兹猜想后，输出使用计算步骤最多的那个正整数。

2. 尝试输入 n 个正整数，对它们进行卡拉兹猜想后，输出中间结果最大的那个正整数。

3. 尝试输入 n 个正整数，对它们进行卡拉兹猜想后，输出所有中间结果的统计结果，至少包含最大值、最小值、均值和标准差。

4. 尝试输入 n 个正整数，对它们进行卡拉兹猜想后，输出那些不包含在中间结果中的输入整数。

第 **10** 章

Python 可视化之 Matplotlib

我们已经介绍过 Python 的基本语法和基本的问题分析方法,但是在遇到和数据相关的问题时,有时仍然会拿不定主意采用什么方法,这是因为我们对数据不了解。对数据加深了解的最好方法就是直观地观看数据在二维空间和三维空间的分布情况,根据数据的分布来选择最好的处理方法。

本章介绍 Python 使用最广泛的可视化库 Matplotlib。Matplotlib 是一个用于在 Python 中创建静态、动画和交互式可视化的全面库。

10.1 Matplotlib 扩展库安装

Matplotlib 扩展库在标准 Python 的安装包中并没有包含,所以我们需要自行安装这个扩展包。如果你已经将 Python 的扩展包安装源更换为国内的清华源,那么安装就变得很方便了。如果还没有更换,可以参考前面章节的内容,这里我们建议国内使用 Python 的读者更换为国内的安装源。

Matplotlib 扩展库的安装过程非常简单,在 Windows 系统中以管理员身份打开命令提示符窗口,Mac OS 系统是 Terminal 窗口。安装命令如下

```
pip install matploblib
```

在命令提示符窗口中输入安装命令,如图 10-1 所示。

图 10-1 在命令提示符窗口中输入安装命令

Matplotlib 扩展库还需要很多相关联的扩展库,上述命令利用 pip 工具一次性地将所有相关扩展库安装完成。本书安装结束后 pip 给出的安装信息为

```
Successfully installed cycler-0.10.0 kiwisolver-1.1.0 matplotlib-3.2.1 numpy-1.18.2
```

从中可以看出,除了 Matplotlib 之外,还有 NumPy、cycler 等扩展库也被连带安装了。

10.2　Matplotlib 扩展库介绍

Matplotlib 扩展库中包含从基本的图形类别到图形的详细设置的方方面面,图 10-2 是一个 Matplotlib 的例子。

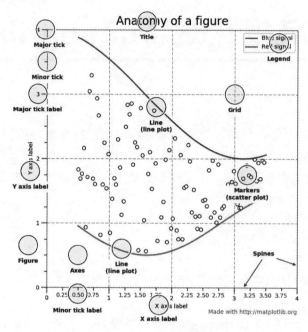

图 10-2　Matplotlib 图的各种组件

上图是一个普通的数据图,图中所有画圈的地方都是可以通过 Matplotlib 配置的。

Matplotlib 扩展库支持绘制的图形有几十个种类,包含有 2D 图、3D 图、交互图等。下面是一些例图,有柱状图、条形图、折线图、点阵图、饼图等,接下来,我们将选择一些常用图形给大家一一演示。

10.3　Matplotlib 图形绘制演示

我们先来看一下简单的线条图、柱状图。对于每一幅图,我们会先给出代码,在代码中包含有注释,同学们可以结合注释和代码找到对应图元素的控制方法。

10.3.1　柱状累积图

柱状累积图是柱状图的一种扩展,普通柱状图适合表示分组之间的数值大小,并以最高柱突显出最大数值。柱状累积图则是将组内每个类别分别显示,并纵向排列在一柱上。图 10-3 中的五根柱子显示了五个小组的得分情况;同时每个小组内部还按照性别进行了区分,深色代表男性得分,浅色代表女性得分;男女得分的顶部黑线表示数据的标准差。

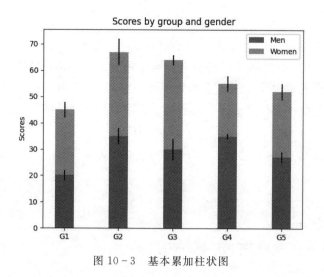

图 10 - 3　基本累加柱状图

图 10 - 3 中的所有内容都可以基于默认的 Matplotlib 扩展库配置实现,Python 中绘制柱状图使用 bar 函数,其语法格式如下(注意,我们这里介绍的是 bar 函数的基本常用参数,还有很多参数大家可以查看官方文档)

```
bar(labels, heights, width, yerr, bottom,label)
# labels:数据对应标签,横轴标签。
# heights:要显示的数据,就是每个标签的高度。
# width:每柱宽度占柱宽度的百分比。
# yerr:在垂直方向显示的误差。
# bottom:数据的累积基础值。
# label:数据的图例标签。
```

接下来,我们利用 bar 函数绘制累积柱状图,先绘制男性数据,后绘制女性数据,女性数据以男性数据为基础,形成最终的柱状累积图。

1. 扩展库调用

Matplotlib 中有很多的模块,绘图模块的名称为 pyplot,所以这里主要调用 pyplot 模块。

```
import matplotlib.pyplot as plt
```

2. 数据配置

图 10 - 3 中的数据是自己编写的模拟数据,但要注意的是,Matplotlib 要求以列表形式表现数据。这里我们给出男性数据、女性数据、男性数据标准差和女性数据标准差,在 Python 中用方括号表示列表。

```
men_means = [20, 35, 30, 35, 27]
women_means = [25, 32, 34, 20, 25]
men_std = [2, 3, 4, 1, 2]
women_std = [3, 5, 2, 3, 3]
```

3. 图形设定

在 Python 中，累积图实际上是将两个子图叠加在一起实现的，因此要先设定子图。累积图本质上是柱状图，而柱的宽度是可调整的。通常情况下，Python 已完全显示为标准设定画布的大小、柱的宽度，但是某些情况下会显得图形不够协调，所以我们这里限定每柱的宽度为每柱份额的 35%，并给每个柱分配一个标签作为横轴上实现每组的名称，给纵轴设定标签表明数据的类型和/或单位，最后给出图的总标题和对应图例。

```
fig, ax = plt.subplots()
width = 0.35
labels = ['G1', 'G2', 'G3', 'G4', 'G5']
ax.set_ylabel('Scores')
ax.set_title('Scores by group and gender')
ax.legend()
```

4. 绘制男性分数柱状图

绘制柱状图使用的是 pyplot 模块中的 bar 方法。这里将上述配置内容按照 bar 方法的参数一一给出，按照位置实现实际参数的传递。

```
ax.bar(labels, men_means, width, yerr=men_std, label='Men')
```

5. 绘制女性分数柱状图

女性分数和男性分数要实现累积效果，则需要给女性分数指定底层数据，也就是和什么数据累积。在这里，我们指定女性数据以男性均值数据为底，也就是累积在男性均值之上，实现累积效果。

```
ax.bar(labels, women_means, width, yerr=women_std, bottom=men_means, label=
'Women')
```

6. 显示图形

前面 5 个步骤都是对图形的数据准备、图形的配置和设置。所有准备工作完成后，图形可以利用 Matplotlib 的 show 方法一次性地显示出来，即可得到最终的显示效果。

```
plt.show()
```

前面说过，Matplotlib 的默认配置字体是不支持中文的，如果需要支持中文，需要指定一种能够兼容中文的字体，如"微软雅黑、宋体、楷体"等。指定的命令如下

```
plt.rcParams['font.sans-serif'] = ['Microsoft YaHei']
```

利用 rcParams 指定完成后，我们将所有的标签、标题都换成中文，运行后得到图 10-4。

如果没有女性数据，就是普通的柱状图；那么，将图形更改为水平的，就成了条形累积图。需要注意的是，从垂直的柱形图变为水平的条形图需要做一点修改。

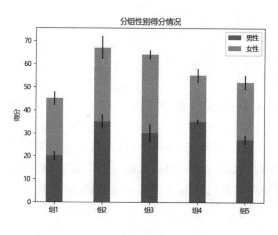

图 10 - 4　设定中文显示

10.3.2　条形累积图

绘制水平条形图使用 barh 函数,其语法内容与 bar 函数类似,可以认为是将 bar 函数中需要垂直显示的数据更改为水平显示。barh 的语法格式为

```
barh(y, width, height, xerr, left, label)
# y:在 y 轴上显示的标签
# width:要显示的数据,就是每个标签对应的数据长度。
# height:每个数据条宽度占总宽度的百分比。
# xerr:在水平方向显示的误差。
# left:数据的累积基础值。
# label:数据的图例标签。
```

这里我们直接给出完整代码,读者可以对照下面的分立代码仔细观察,看看 barh 函数和 bar 函数的用法。

```
import matplotlib.pyplot as plt        # 调用 matplotlib 扩展库
plt.rcParams['font.sans-serif'] = ['Microsoft YaHei'] # 设定中文显示字体
fig, ax = plt.subplots()        # 声明绘图窗口为子窗口
labels = ['组 1','组 2','组 3','组 4','组 5'] # 定义数据标签
men_means = [20, 35, 30, 35, 27] # 男性均值数据
women_means = [25, 32, 34, 20, 25] # 女性均值数据
men_std = [2, 3, 4, 1, 2]        # 男性数据标准差
women_std = [3, 5, 2, 3, 3] # 女性数据标准差
width = 0.35        # 条形图每个数据条的高度
ax.barh(labels, men_means, width, xerr=men_std, label='男性') # 绘制男性数据
ax.barh(labels, women_means, width, xerr=women_std, left=men_means, label='女性') # 在
男性数据右边绘制女性数据
```

```
ax.set_xlabel('得分') ♯ 设定 X 横轴标签
ax.set_title('分组性别得分情况') ♯ 设定图的标题
ax.legend() ♯设定显示图例
plt.show() ♯显示图形
```

　　代码执行后的绘制结果如图 10 - 5 所示。这个图带上了窗口的外边框，边框上还有一些菜单功能键。这里的图是屏幕截图的结果，而图 10 - 4 是保存图形后的结果。读者可能在网络或者其他书籍上经常会看到这两种图，不用奇怪，不同的表现对图本身并没有影响，只是从编辑的角度考虑时你会发现，利用"截图"功能将输出图形截图，然后粘贴到编辑软件中会比较方便。同时，还可以通过菜单将图形调整到合适的比例、展示位置等。

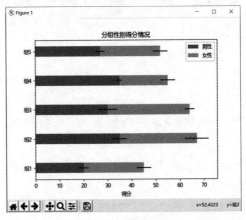

图 10 - 5　条形图

　　例如，我们需要在图上添加一些标注文本，但是图形太满没有空间，此时就可以利用四个方向箭头的图标对中间绘图区域的条形图案进行缩放和移动，以腾出空间，用于增加文字描述。当然，一旦确定图形与文字标注之间的比例、距离等比较协调，就可以通过代码将条形图的比例和文字标注的相关配置固定下来。图 10 - 6 是手动调整条形图比例后的结果。

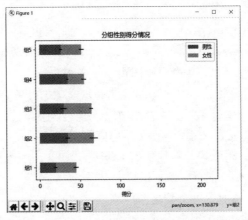

图 10 - 6　调整图形所占比例

在 Matplotlib 扩展库中,给图形添加标注使用 annotate 函数,其语法命令如下

```
matplotlib.pyplot.annotate(s, xy, xytext, arrowprops, fontsize, *args, **
kwargs)
# s:要标注的字体
# xy:箭头尖端位置
# xytext:标注文本左下角位置
# arrowprops:箭头格式
# fontsize:标注文本字号
```

在 Matplotlib 扩展库中,设定图形显示范围使用 xlim 和 ylim 函数,其语法命令如下

```
matplotlib.pyplot.xlim(xmin,xmax)
matplotlib.pyplot.ylim(ymin,ymax)
# min:坐标轴显示的最小值
# max:坐标轴显示的最大值
```

根据手动调整的结果,我们利用配置函数在代码中添加下列代码,实现条形图的缩放,并添加标注文本。

```
ax.annotate(s="迟日江山丽,\n 春风花草香。\n 泥融飞燕子,\n 沙暖睡鸳鸯。", # 要标
注的字体
            xy=(60,3),    # 箭头尖的位置
            xytext=(74,1), # 标注文本左下角的位置
            # 按样式配置箭头为黑色,与形状配置冲突
            # arrowprops=dict(facecolor='black', shrink=0.05),
            # 按形状设定双向箭头,与样式配置冲突
            arrowprops=dict(arrowstyle='<->'),
            fontsize=16    # 标注字体字号
            )
plt.xlim(-5,100) # 设定横轴显示范围
```

annotate 函数用于控制文本标注和箭头样式。如果仅有 s 和 xy 两个参数,则表示以默认文本格式在 xy 位置显示 s 文本,无箭头;如果添加了 xytext 和 arrowprops 两个参数,则可以按照设定格式显示箭头;如果有 fontsize 参数,则能控制标注文本的字号。annotate 函数还有很多其他参数,这里不再一一列举,读者可以查询相关手册。同时,还需注意以下几点:

(1)在代码中给出了两种 arrowprops 参数的设定方式,第一种是按照样式设置,比如颜色、边框、粗细、与文本的距离等;第二种是按照形式设置,比如无箭头的线段、单向箭头、双向箭头、虚线箭头等形式。

(2)如果标注文本太长,可以在其中添加换行符号"\n"实现文本换行,但是 xy 或 xytext 指定的位置对于多行文本来说是最左下角那个字的左边。

(3)在条形图中,X 横轴的坐标可以按照所体现的数值设定,比如这里的 74 和 63;但是 Y

纵轴是按照条的编号指定的,以最下方的条编号为 0 向上依次递增,比如 xytext 的 1 表示从下向上第二条的编号,xy 的 3 表示从下向上第四条的编号。

通过鼠标缩放,我们发现当 X 横轴显示范围在 -5 到 100 时,图形中的空白区域比较适合放置标注文本,因此,我们可以在代码中直接设定图形横轴的显示范围为(-5,100),以此来实现条形图的缩放,当然,对于柱状图就是缩放 Y 纵轴了。

最终的结果如图 10-7 所示。

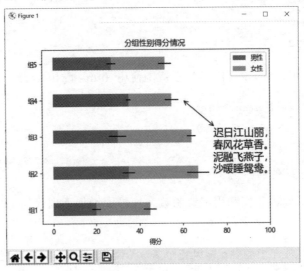

图 10-7　插入文本注释

10.3.3　折线图

折线图最擅长表示某一数据跟随时间的变化情况,或者一个二维数据的时间变化情况。对于一维数据,通常将数值大小表示在纵轴上,而横轴用于表示时间;对于二维数据,通常将两个变量分别安置在 X 横轴上和 Y 纵轴上,通过数据点之间的连线,来反映数据之间的先后关系;如果是三维数据,则需要在三维空间中进行展示,同样利用数据点之间的连线反映数据之间的关联关系。

1. 折线图命令的配置

折线图的绘制命令为

```
matplotlib.pyplot.plot(*args, scalex=True, scaley=True, data=None, **kwargs)
```

具体的命令为

```
matplotlib.pyplot.plot([x], y, [fmt], *, data=None, **kwargs)
matplotlib.pyplot.plot([x], y, [fmt], [x2], y2, [fmt2], ..., **kwargs)
```

上述命令中,用方括号括起来的参数为可选参数。x 表示在 X 横轴上显示的数据,如果没有则用数值序号代替。fmt 是折线图线形样式的各种配置参数,包括连线样式设置和数据点样式设置。

要注意:绘制折线图时,必须保证数据元素在 X 轴向和 Y 轴向上的数量一样。

我们通常使用的折线图绘制命令如下

```
import matplotlib.pyplot as plt
plt.plot(x, y)            ♯用默认格式绘制 x 和 y 的数据
plt.plot(x, y, 'bo')      ♯用蓝色小圆表示数据点
plt.plot(y)               ♯用 y 的元素编号作为 X 轴数据
plt.plot(y, 'r+')         ♯用红色加号表示数据点
```

如果你认为默认线形不符合你的要求,你可以更改连线的样式,但需要注意,设置的方式有多种,尽量不要混合使用。如下代码就是一个需求的两种不同配置方式,切记不要混合使用。

```
plt.plot(x, y, 'go--', linewidth=2, markersize=12)
plt.plot(x, y, color='green', marker='o', linestyle='dashed',      linewidth=2,
markersize=12)♯
```

2. 多数据折线图

在实际应用中,经常需要在一幅图中绘制多个数据,以实现数据之间的对比。在 Matplotlib 扩展库中,实现多数据折线图有两种方式,第一种是在真实绘制数据之前利用 plot 命令绘制所有要展示的数据,命令如下

```
plt.plot(x1, y1, 'bo') ♯绘制第一条数据
plt.plot(x2, y2, 'go') ♯绘制第二条数据
plt.show()                ♯最终正式展示数据
```

第二种方法是在一条绘制命令中同时配置若干条数据信息和线形格式,命令如下

```
♯用绿色^绘制(x1,y1),用绿色-绘制(x2,y2)
plt.plot(x1, y1, 'g^', x2, y2, 'g-')
```

接下来我们给出实例,该实例绘制出的结果如图 10-8 所示。在这个实例中,我们利用圆表示数据点,利用实线连接数据点。

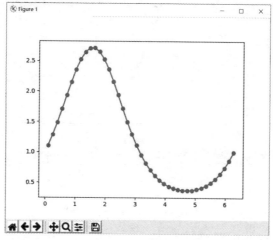

图 10-8　折线图

实例的代码如下，我们利用 14 行代码给变量 x,y 赋值了数据，真实绘制折线图的代码是最后三行。同时，我们利用'—ro'配置数据点用圆表示，连线用实线表示。

```
x＝[0.1,0.25457963,0.40915927,0.5637389,0.71831853,0.87289816,
1.0274778,1.18205743,1.33663706,1.49121669,1.64579633,1.80037596,
1.95495559,2.10953522,2.26411486,2.41869449,2.57327412,2.72785376,
2.88243339,3.03701302,3.19159265,3.34617229,3.50075192,3.65533155,
3.80991118,3.96449082,4.11907045,4.27365008,4.42822972,4.58280935,
4.73738898,4.89196861,5.04654825,5.20112788,5.35570751,5.51028714,
5.66486678,5.81944641,5.97402604,6.12860567,6.28318531]
y＝[1.10498683,1.28638841,1.48860305,1.70633924,1.93115757,2.15156296,
2.35372172,2.52284638,2.64510234,2.70969264,2.71065097,2.64788748,
2.52720475,2.35927974,2.15788679,1.93781443,1.71294765,1.49486448,
1.29209894,1.11003229,0.95124924,0.81615126,0.70364081,0.61174673,
0.53812353,0.4804078,0.43644636,0.40442535,0.38293206,0.3709766,
0.36799442,0.37384318,0.38880149,0.41357117,0.44927975,0.49747353,
0.5600855,0.63935511,0.73767062,0.85730223,1]
import matplotlib.pyplot as plt
plt.plot(x, y,'—ro',label="正弦")
plt.legent()
plt.show()
```

接下来，我们将图形各种元素补齐，并将原始数据分成前、后两组，用不同的线形样式绘制在同一幅图形中。最终结果如图 10-9 所示。

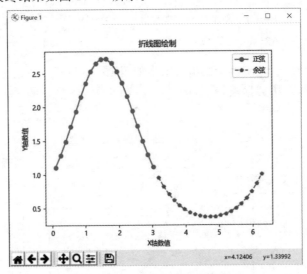

图 10-9   组件齐全的折线图

在这里，我们将数据分成左、右两部分，第一部分用实线和圆的样式，第二部分用虚线和五边形的样式。具体的代码如下

```
#数据见上段代码
import matplotlib.pyplot as plt
plt.rcParams['font.sans-serif'] = ['Microsoft YaHei']
plt.plot(x[0:20], y[0:20],'-ro',label='正弦')
plt.plot(x[20:], y[20:],'--gp',label='余弦')
plt.title("折线图绘制")
plt.xlabel("X轴数值")
plt.ylabel("Y轴数值")
plt.legend()
plt.show()
```

3. 折线图子图

当数据的定义域或者某个变量的取值范围接近时,我们采用在同一幅图中进行多数据展示来实现数据对比。当数据定义域或取值范围差异较大时,我们就需要在不同的图中分别对数据进行绘制,然后将坐标轴刻度设置为相同,从而观察两组数据之间的差异。最好的方法是在一个图形中分别绘制两个子图,将两个子图关联在一起,并且刻度对齐。

接下来,我们介绍如何实现折线图子图的绘制。最简单的子图绘制命令并没有绘制柱状图那样复杂,仅仅需要最简单直接的命令即可。在介绍子图绘制方法之前,我们需要先介绍一下子图的索引。当子图较多时,我们通常将子图有规律地排布为 n 行 m 列的模式,比如 2 行 2 列的 4 张子图等。Matplotlib 中绘制子图使用的函数是

```
subplot(行,列,子图编号)
#行:总共有几行图
#列:总共有几列图
#子图编号:当前使用几号子图
```

子图编号的顺序是"从左向右,从上到下"的方式,左上角为第一张子图,右下角为最后一张子图。上面例子中的两段数据如果分布在 2 行 2 列子图的第一和第三位置,则结果如图 10-10 所示。

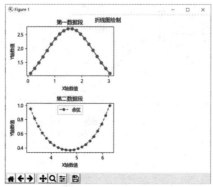

图 10-10　subplot 子图

　　注意:子图模式下总图的标题设置命令发生了变化;在利用子图形显示时,子图轴标签、标题等内容可能会出现重叠,需要进行优化。具体代码如下

```python
import matplotlib.pyplot as plt
plt.rcParams['font.sans-serif'] = ['Microsoft YaHei']
plt.suptitle("折线图绘制")  # 设置总图标题
plt.subplot(2,2,1)  # 使用 1 号子图
plt.plot(x[0:20], y[0:20],'-ro',label='正弦')
plt.title("第一数据段")
plt.xlabel("X轴数值")
plt.ylabel("Y轴数值")
plt.subplot(2,2,3)  # 使用 3 号子图
plt.plot(x[20:], y[20:],'--gp',label='余弦')
plt.title("第二数据段")
plt.xlabel("X轴数值")
plt.ylabel("Y轴数值")
plt.legend()
plt.tight_layout()  # 自动优化标题、标签之间的重叠现象
plt.show()
```

　　如果子图的大小不一致,但整体图形是完整的,比如第一行有两个图,第二行只有一个图的情况,就需要对子图进行单独配置了。例如图 10－11 的排版格式中,编号 1 和 2 的两张图是将整个图分为 2 行 2 列后的 1 号和 2 号图,这两张图的子图编号设置不变;第三张图的子图编号设置就发生变化了,因为第三张图是将整个图分为 2 行 1 列后的第二张图。

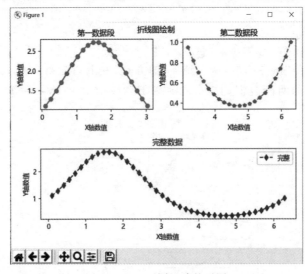

图 10－11　不同尺寸的子图

图 10－11 的代码如下

```
import matplotlib.pyplot as plt
plt.rcParams['font.sans-serif'] = ['Microsoft YaHei']
plt.suptitle("折线图绘制")
plt.subplot(221) #第1张图为2行2列模式下的第1张图
plt.plot(x[0:20], y[0:20],'-ro',label='正弦')
plt.title("第一数据段")
plt.xlabel("X轴数值")
plt.ylabel("Y轴数值")
plt.subplot(222) #第2张图为2行2列模式下的第2张图
plt.plot(x[20:], y[20:],'--gp',label='余弦')
plt.title("第二数据段")
plt.xlabel("X轴数值")
plt.ylabel("Y轴数值")
plt.subplot(212) #第3张图为2行1列模式下的第2张图
plt.plot(x, y,'--bd',label='完整')
plt.title("完整数据")
plt.xlabel("X轴数值")
plt.ylabel("Y轴数值")
plt.legend()
plt.tight_layout()
plt.show()
```

　　上面的子图是比较简单的子图设置方式,适用于子图比较规则,并且子图的尺寸相同的情况。当子图尺寸不同时,就不能采用简单的 subplot 函数了,例如下面这种情况,见图 10 – 12。

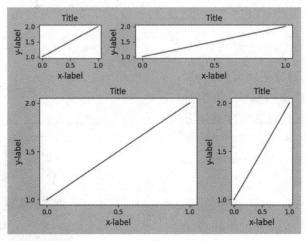

图 10 – 12　子图大小示意图

　　如图 10 – 12 所示,完全搞不清楚后面三张图的大小关系了。此时我们需要用 suplot2grid 函数来实现子图位置的划分。如果将 3 行 3 列的子图用编号表示,则可以表示为

```
(0, 0),(0, 1),(0, 2)
(1, 0),(1, 1),(1, 2)
(2, 0),(2, 1),(2, 2)
```

此时,以最终子图的左上角编号为起点对子图进行行列扩展,就可以得到图中的子图大小。它的代码如下

```
♯ 原始 1 号图
ax1 = plt.subplot2grid((3, 3), (0, 0))
♯ 0 行 1 列 2 号子图扩展 2 列占用原始 2、3 子图
ax2 = plt.subplot2grid((3, 3), (0, 1), colspan=2)
♯ 1 行 0 列 4 号子图扩展 2 行 2 列占用原 4、5、7、8 子图
ax3 = plt.subplot2grid((3, 3), (1, 0), colspan=2, rowspan=2)
♯ 1 行 2 列 6 号子图扩展 2 行占用原 6、9 子图
ax4 = plt.subplot2grid((3, 3), (1, 2), rowspan=2)
```

4. 同时输出多个独立图

使用图形的另外一种情况是将不同阶段的数据处理结果分别在不同的图中输出,此时就不能在同一个图中打印不同的数据了,必须重新打开一张图进行打印。对应的命令是

```
plt.figure(图编号)
```

例如,下面的代码新创建一个编号为 2 的图,后续所有的图形都将绘制在 2 号图中,直到新开另一张图。

```
plt.figure(2)
```

前面我们基于柱状图和折线图对 Matplotlib 扩展库中的图形基本设置方法做了介绍,下面将重点介绍图形绘制命令,其中的线形、颜色、数据点等基本配置将不再描述。

10.3.4 直方图

折线图最适合观察数据的时间趋势,柱状图最适合观察数据的最大、最小分布,直方图是最适合观察数据内部具体分布的图形。例如,下面的直方图(见图10-13)模拟了一个智商值的分布情况。

1. 直方图与柱状图的不同

直方图看起来和柱状图非常相似,都是用柱来表示数据。虽然直方图和柱状图看起来差别不大,但从根本上来说,两者反映的问题是完全不同的。具体的不同点有以下几个方面:

(1)创建的函数不同。柱形图的创建

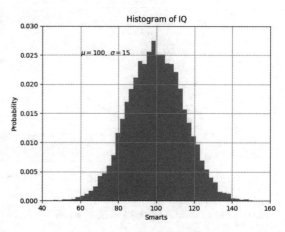

图 10-13 直方图

函数是 bar 或者 barh,而直方图适用函数 hist;同时,两者的参数有很多不同。

(2)反映内容不同。柱状图反映的是数据的个体情况;每一个数据都用一柱表示,柱之间不能更换顺序。直方图反映的是数据的分组情况;通过指定分组区间范围,将所有的数据分隔成组,用柱来表示每组包含数据的数量。

(3)累积方式不同。柱状图的累积方式是以一组数据为底,另一组数据累积其上。直方图的累积方式还可以从 0 到 100%,将所有数据自身累积。

以上是几点简单的不同,更多的不同需要通过函数仔细对比。接下来,我们通过函数的参数介绍,向大家展示直方图函数的使用。hist 函数的语法如下

```
matplotlib.pyplot.hist(x, bins = None, range = None, density = False, weights =
None, cumulative=False, bottom=None, histtype='bar', align='mid', orientation=
'vertical', rwidth=None, log=False, color=None, label=None, stacked=False,
*, data=None, **kwargs)
```

- x:要处理的数据。如果分组定义和数据分布一致,则可能每一个数据单独成组。
- bins:数据分组定义。两端定义可以是开区间,中间必须是闭区间,不能出现漏洞。
- range:设定数据 x 中用于直方图的数值范围,范围以外的数值不参与直方图绘制。
- density:设定是否以概率密度图显示直方图,默认为否。为真时,直方图面积之和为 1。
- weights:设定每个 bin 的权重值,默认为否。
- cumulative:设定直方图在密度图中是否实现累积,累积的最终结果为 100%。
- bottom:设定本次直方图的底,形成的结果类似于累积直方图。
- histtype:设定直方图的形式,默认为柱状图。
- align:设定每一柱的对齐方式,默认为居中对齐。
- orientation:设定直方图方向,默认是垂直直方图,也可以设置为类似条形图的水平直方图。
- rwidth:设定每一柱的宽度比例,默认为 100%。
- log:设定是否采用 log 对数坐标刻度,默认为否。
- color:设定数据集颜色,每个数据集使用一个颜色,通常用在多数据集中。
- label:数据集标签,用于产生图例,每个数据集一个。
- stacked:是否遮挡。当设定为真时,如果没有设定 bottom,则所有数据都从水平开始排列,形成前后遮挡的效果;如果设定 bottom,则以 bottom 数据为底,在其上显示当前数据,数据之间基本不遮挡。

2.直方图实例

下面我们给出上述直方图结果的代码。在代码中调用了扩展库 NumPy,并使用其中的随机数产生方法产生了 10000 个随机整数。设定随机种子的目的是保证种子一样的情况下产生相同的随机数。

```python
import numpy as np
import matplotlib.pyplot as plt
# Fixing random state for reproducibility
np.random.seed(19680801)
mu, sigma = 100, 15
x = mu + sigma * np.random.randn(10000)
# the histogram of the data
n, bins, patches = plt.hist(x, 50, density=True, facecolor='g', alpha=0.75)
plt.xlabel('Smarts')
plt.ylabel('Probability')
plt.title('Histogram of IQ')
plt.text(60, .025, r'$ \mu=100,\ \sigma=15 $')
plt.xlim(40, 160)
plt.ylim(0, 0.03)
plt.grid(True)
plt.show()
```

为了演示不同参数配置的效果,我们新添加一列数据,并配置两次绘制直方图,代码如下

```python
import numpy as np
import matplotlib.pyplot as plt
# Fixing random state for reproducibility
np.random.seed(19680801)
mu, sigma = 100, 15
x = mu + sigma * np.random.randn(10000)
x2 = mu + 10 * np.random.randn(10000)
# the histogram of the data
n2, bins2, patches2 = plt.hist(x2, 50,
                               range=None,
                               density=True,
                               weights=None,
                               cumulative=False,
                               bottom=None,
                               histtype='bar',
                               align='mid',
                               orientation='vertical',
                               rwidth=None,
                               log=False,
                               color='g',
```

```
                                  label='Child',
                                  stacked=False)
n, bins, patches = plt.hist(x, 50,
                                  range=None,
                                  density=True,
                                  weights=None,
                                  cumulative=False,
                                  bottom=n2, ♯以前一次直方图为底
                                  histtype='bar',
                                  align='mid',
                                  orientation='vertical',
                                  rwidth=0.8, ♯每柱宽度 80%
                                  log=False,
                                  color='r', ♯红色柱
                                  label='Adult',
                                  stacked=True) ♯少遮挡
plt.xlabel('Smarts')
plt.ylabel('Probability')
plt.title('Histogram of IQ')
plt.text(60, .025, r'$ \mu=100,\ \sigma=15 $')
plt.legend()
plt.tight_layout()
plt.show()
```

在上述代码中,新产生 10000 个均值为 100,标准差为 10 的数据作为儿童的智商分布,对应成人智商分布。以儿童智商分布为底,在其上堆叠成人智商分布直方图,最后绘制的直方图如图 10 - 14 所示。

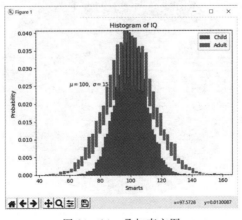

图 10 - 14　叠加直方图

仅设定 bottom 而不设定 stacked 时的效果如图 10-15 所示。

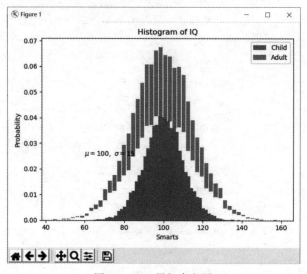

图 10-15　累加直方图

10.3.5　饼图

饼图非常适合用来表示各部分与整体的关系,这个关系可以是数值关系或者比例关系。饼图的扩展方向有很多,比如子母饼图、圆环图、分离饼图和旭日图。①子母饼图:如果数据中某一部分数值相对较小,则可以将数值较小的部分在子母饼图中显示。②圆环图:如果有多个数据集,则可以用多圈的圆环图实现数据集之间的对比。③分离饼图:如果想强调数据集中的某一个,则可以将元素从整体饼图中分离开,用以特别强调。④旭日图:如果数据集是元组或者字典类型,并且嵌套在一起,则可以用旭日图分层表示。

图 10-16 是一个常见的分离饼图,利用分离的形式对 Hogs 部分进行了强调。

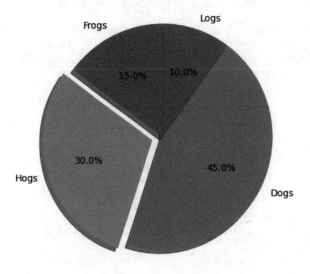

图 10-16　饼图

图 10 - 16 对应的代码如下

```
import matplotlib.pyplot as plt
# Pie chart, where the slices will be ordered and plotted counter-clockwise:
labels = 'Frogs', 'Hogs', 'Dogs', 'Logs'
sizes = [15, 30, 45, 10]
explode = (0, 0.1, 0, 0)  # only "explode" the 2nd slice (i.e. 'Hogs')
fig1, ax1 = plt.subplots()
ax1.pie(sizes, explode=explode, labels=labels, autopct='%1.1f%%',
        shadow=True, startangle=90)
ax1.axis('equal')  # Equal aspect ratio ensures that pie is drawn as a circle.
plt.show()
```

绘制饼图的核心代码语法如下,这里我们对常用配置进行解释。

```
matplotlib.pyplot.pie(x, explode=None, labels=None, colors=None, autopct=
None, pctdistance=0.6, shadow=False, labeldistance=1.1, startangle=None, ra-
dius=None, counterclock=True, wedgeprops=None, textprops=None, center=(0,
0), frame=False, rotatelabels=False, *, data=None)
# x:需要显示的数值
# explode:每个数值对应饼片的偏离程度
# labels:每个饼片的标签
# colors:每个饼片的颜色,如果颜色少于饼片的数量,则颜色循环。
# autopct:自动饼片标签
# pctdistance:标签与饼片中心距离
# shadow:是否需要阴影
# labeldistance:标签距离
# startangle:饼图起始角度,默认 0°方向。
# radius:饼图半径,为 1 时取默认值。
# counterclock:指定排列顺序,默认逆时针。
# wedgeprops:饼片边框等样式。
# textprops:饼片标签属性,
# center:饼图中心
# frame:饼图是否需要边框
# rotatelabels:标签旋转
```

在下方的代码中,我们设置饼图颜色为红色和绿色两种,少于饼片数量,所以饼片会循环使用颜色;设置数据标签格式为 1 位整数 2 位小数的浮点数;设定饼图半径为 0.5,更加突出阴影;设定顺时针显示饼片;设定饼图中心在坐标系的(0,10)点;设定在饼图外面显示图形外边框;设定旋转饼片标签,指向饼图中心。

```
import matplotlib.pyplot as plt
plt.rcParams['font.sans-serif'] = ['Microsoft YaHei']
# Pie chart, where the slices will be ordered and plotted counter-clockwise:
labels = 'Frogs', 'Hogs', 'Dogs', 'Logs'
sizes = [15, 30, 45, 10]
explode = (0, 0.1, 0, 0)    # only "explode" the 2nd slice (i.e. 'Hogs')
fig1, ax1 = plt.subplots()
ax1.pie(sizes, explode=explode, labels=labels, colors=['r','g']
        autopct='%1.2f%%', pctdistance=0.6, shadow=True,
        labeldistance=1.1, startangle=90, radius=0.5,
        counterclock=False, wedgeprops=None,
        textprops=None, center=(0, 10),
        frame=True, rotatelabels=True)
ax1.axis('equal')    # Equal aspect ratio ensures that pie is drawn as a circle
plt.xlabel('饼图圆心 X 坐标在 0')
plt.ylabel('饼图圆心 Y 坐标在 10')
plt.title('饼图示例')
plt.show()
```

根据以上参数,我们修改部分参数值后得到的结果如图10-17所示,读者可以对照图 10-17 和代码进行参数测试。

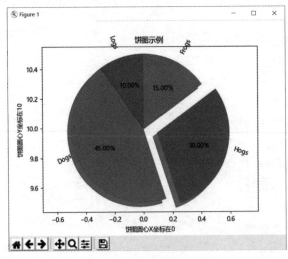

图 10-17　分离的饼图

10.4　Matplotlib 绘图实战——股票 MACD 指标

在股票信息的技术指标中,依据股票的收盘价计算滑动均值,并通过不同窗口的滑动均值之间的关联关系,对股票收盘价的未来走势进行预测一直是股票预测的重点。

10.4.1　股票收盘价绘图

我们前面介绍函数的时候,给出了股票滑动均值的计算代码,当时将计算结果存入了文件,但是存入文件后,依然无法判断滑动均值的数据内的特征。在这里,我们将滑动均值数据利用 Matplotlib 扩展库绘制成图,看看其内部的特性。下面是将原始股票收盘价绘制出图的代码和结果(见图 10-18)。

```
＃在 main 函数中添加如下代码
plt.figure(0) ＃打开一个绘图窗口
plt.plot(closevn) ＃绘制收盘价折线图
plt.show() ＃显示图形
```

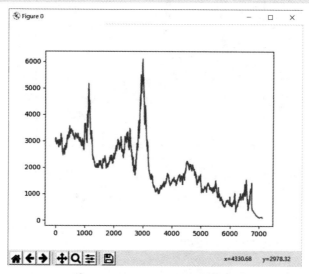

图 10-18　折线图显示股票数据

在图 10-18 中,我们没有添加过多的内容,如图例、轴标签、图标题等。接下来,我们将这些内容一一插入。代码如下

```
＃在 main 函数中添加如下代码
plt.figure(0) ＃打开一个绘图窗口
plt.plot(closevn,label＝'上证指数收盘价') ＃ 绘制收盘价折线图,并设定图例标签
plt.ylabel('收盘价(点)') ＃ 设定纵轴标签
plt.xlabel('数据编号(自 1990 年 12 月 19 日)') ＃ 设定横轴标签
plt.title('上证指数收盘点数') ＃ 设定图形标题
plt.legend() ＃显示图例
plt.show() ＃显示图形
```

　　上述每一行代码之后都添加了注释,读者可以根据注释仔细理解这些函数的语法含义。这些函数相对简单,都是以字符串为参数。读者可以将字符串修改为自己要显示的内容,运行程序后看看是否符合自己的要求。上述代码执行后的输出图形如图 10-19 所示。

　　图 10-19 中仅仅显示了原始数据,接下来,我们尝试向其中添加滑动均值数据。注意,在使用 Matplotlib 扩展库时,如果需要在一幅图中显示多个数据集,则需要将所有的数据集绘图代码写在 plt.show()的前面,如果没有特殊需求,则 plot 函数会自动给每条折线分配不同的颜色。但如果折线过多,可能会出现颜色重复或者近似的难以分辨的问题。

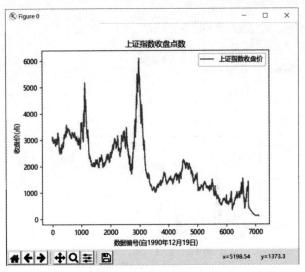

图 10-19　增加图例和标题

10.4.2　股票滑动均值 MA 绘图

　　我们利用下面的代码给收盘价数据添加 5、20、60、120 天 4 个滑动窗口的滑动均值,之前已经写好了滑动均值计算函数,这里仅仅需要在调用的时候更改窗口的实际参数即可。代码如下

```
plt.plot(MA(closevn,5),label='5 天滑动均值')
plt.plot(MA(closevn,20),label='20 天滑动均值')
plt.plot(MA(closevn,60),label='60 天滑动均值')
plt.plot(MA(closevn,120),label='120 天滑动均值')
```

　　运行的结果如图 10-20 所示。

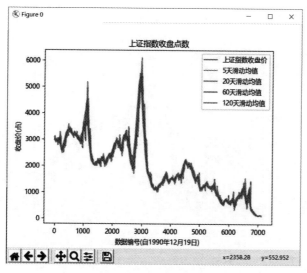

图 10-20　增加新的数据

plot 函数自动给 5 个数据集分配了颜色，但是由于数据太多，无法看清楚。那么，该如何调整呢？这里有两种方法：①从数据集入手。每个数据集只选取一部分数据，数据量少了，图形自然就不是很臃肿了。②调整图形显示。虽然数据很多，但是只显示横轴数值在 6500 之后的数据，同样减少了数据。

第一种方法需要在代码中直接设定所需数据的部分。在数据文件中，数据对应的日期顺序是倒序的，上海证券交易所开市的第一天在数据的最后。所以，如果只选取 1000 以内的数据，则可以根据列表的属性这样选，代码如下

```
plt.plot(closevn[:1000],label='上证指数收盘价') ♯ 绘制收盘价折线图，并设定
图例标签
plt.plot(MA(closevn[:1000],5),label='5 天滑动均值')
plt.plot(MA(closevn[:1000],20),label='20 天滑动均值')
plt.plot(MA(closevn[:1000],60),label='60 天滑动均值')
plt.plot(MA(closevn[:1000],120),label='120 天滑动均值')
```

我们利用了列表的整数索引方式，直接使用[:1000]选取从列表第一个元素开始的 1000 个数据，冒号表示从列表的开头起始。按照列表的索引编号，就是选择了 0~999 这 1000 个数值。这里的 1000 表示选择 1000 个数值，而不是索引编号 1000，这一点要特别注意。另外，在我们不知道数据集内部元素数量的时候，这种选择方式也可以使用。比如，要选择数据集的最后 1000 个元素，则可以使用[-1000:]，冒号表示从-1000 到最后。列表的两种索引方式大家一定要熟练掌握。上述代码运行后的结果如图 10-21 所示。

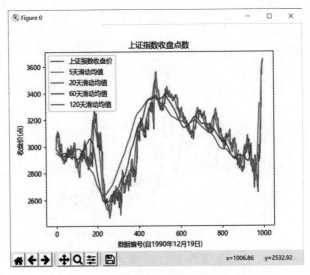

图 10-21　调整图例到合适的位置

　　根据图例,已经完全可以看出不同窗口的滑动均值之间的差异了,120 天窗口的均值明显比 20 天的均值数据平滑。

10.4.3　MACD 指标介绍

　　平滑异同移动平均线(moving average convergence divergence,MACD)指标,也称移动平均聚散指标。MACD 是查拉尔·阿佩尔(Geral Appel)于 1979 年提出的,由一快及一慢指数移动平均(exponential moving average,EMA)之间的差计算出来。"快"指短时期的 EMA,而"慢"则指长时期的 EMA,最常用的是 12 日及 26 日 EMA。MACD 指标是根据均线的构造原理,对股票价格的收盘价进行平滑处理,求出算术平均值以后再进行计算,是一种趋向类指标。

　　MACD 指标是运用快速(短期)和慢速(长期)移动平均线及其聚合与分离的征兆,加以双重平滑运算。根据移动平均线原理发展出来的 MACD,一则去除了移动平均线频繁发出假信号的缺陷,二则保留了移动平均线的效果,因此,MACD 指标具有均线趋势性、稳重性、安定性等特点,是用来识别买卖股票的时机,预测股票价格涨跌的技术分析指标 。

10.4.4　MACD 计算方法

　　关于 MACD 指标的使用方法等,我们这里不做深入介绍,这里重点介绍 MACD 指标的计算方法。

1.计算平滑系数

　　MACD 一个最大的长处,即在于其指标的平滑移动,特别是对于某些剧烈波动的市场,这种平滑移动的特性能够对价格波动做较和缓的描绘,从而提高资料的实用性。不过,在计算 EMA 前,首先必须求得平滑系数。所谓的系数,则是移动平均周期之单位数,如几天、几周等。其公式为:平滑系数=2÷(周期单位数+1)。如 12 日 EMA 的平滑系数为 $2÷(12+1)=0.1538$;26 日 EMA 的平滑系数为:$2÷27=0.0741$。

2.计算指数平均值(EMA)

求得平滑系数后,即可用于 EMA 之运算,公式如下

今天的指数平均值 ＝ 平滑系数(今天收盘指数－昨天的指数平均值)＋昨天的指数平均值

依公式可计算出 12 日 EMA,即

$$12 \text{ 日 EMA} = \frac{2 \times 今天收盘指数}{13} + \frac{11 \times 昨天的指数平均值}{13}$$

同理,亦可计算出 26 日 EMA,即

$$26 \text{ 日 EMA} = \frac{2 \times 今天收盘指数}{27} + \frac{25 \times 昨天的指数平均值}{27}$$

由于每日行情震荡波动的大小不同,并不适合以每日的收盘价来计算移动平均值,于是用需求指数(demand index,DI)代替每日的收盘指数。计算时,都分别加重最近一日的分量权数(两倍),即对较近的数据赋予较大的权值,其计算方法如下

$$DI = (C \times 2 + H + L) \div 4$$

其中,C 为收盘价;H 为最高价;L 为最低价。

所以,上述公式中的今天收盘指数,可以需求指数来替代。

3.计算指数平均的初值

当开始要对指数平均值作持续性的记录时,可以将第一天的收盘价或需求指数当作指数平均的初值。若要更精确一些,则可把最近几天的收盘价或需求指数平均,以其平均价位作为初值。此外,亦可依其所选定的周期单位数,来作为计算平均值的基期数据。

4.计算快慢均值差

当指数平均值计算完成后,即可得到两者之间的差值信号 DIF(differential value),通常用较快的 12 天指数均值减去较慢的 26 天均值。即

$$DIF = 12 \text{ 日 EMA} - 26 \text{ 日 EMA}$$

5.计算最终 MACD

获得 DIF 信号后,再对其进行窗口为 9 的滑动平均,就得到了最终的 MACD 信号。

回顾整个计算过程,我们先对每天的数据利用指数平均和加权求和进行了修正,得到了 EMA 信号,随后又对长、短期 EMA 求差值,最后对差值求滑动平均。这就是 MACD 的整个计算过程。

10.4.5　实现 MACD 的思考

接下来,我们尝试用 Python 实现 MACD 的计算,由于 MACD 指标中还涉及股票信息中的最高、最低价,因此还需要将其和收盘价一样读入程序,同时需要完成所有的指数均值计算等工作。这些工作中有很多我们之前并没有做过,具体如下。

1.多数据的读取

在前面的滑动均值代码设计中,我们实现了从文件中读取某一列数值并返回为列表的函数 closefileread(filename, closeidx),其中 filename 是文件名、closeidx 是收盘价所在的索引编号。但是,我们当时并没有设计从一个文件中读取多列的功能。目前有两种解决办法:第一种是重新修改升级代码,让其支持从文件中读取多列数值并返回,但是要注意和之前代码的兼容性问题;第二种是不修改代码,通过多次调用原始函数的方式实现从文件中读取多列数据。两

种方法各有利弊,读者可以自行衡量后进行修改。

2. 指数平均和加权求和计算 EMA

EMA 的计算涉及两个阶段,首先是计算每天交易数据的指数平均,然后利用加权求和计算当前的 EMA。那么,这里是将 EMA 的计算过程分开计算还是合并在一起计算呢? 如果分开计算,那么指数平均和加权求和可以分别形成函数,似乎使用更广泛些。具体采用什么方式,读者可以自行设计。

考虑好上述两个问题,就可以开始设计了。在这里,我们采用的方案是,利用数据读取函数多次从文件中读入收盘价、最高价和最低价,用独立函数计算指数均值和加权求和,利用现有 MA 函数计算滑动均值,最后绘制图形。

10.4.6　MACD 代码实现

在这里,我们用伪代码来整理一下完整的过程,代码如下

```
问题:计算 MACD
输入:上证指数交易数据
输出:MACD 绘图
---------------------------------------
# 读取收盘价、最高价、最低价
closedata = closefileread(文件名,收盘价列索引编号)
highdata  = closefileread(文件名,最高价列索引编号)
lowdata   = closefileread(文件名,最低价列索引编号)
# 计算指数均值
closedataidx = (2 * closedata+highdata+lowdata)/4
# 计算加权均值
ema12[-1]=closedataidx[-1]
ema26[-1]=closedataidx[-1]
ema12[i]=(2/13) * closedataidx[i]+(11/13) * ema12[i-1]
ema26[i]=(2/27) * closedataidx[i]+(25/27) * ema26[i-1]
# 计算 DIF 信号和 MACD 信号
DIF = ema12-ema26
MACD=MA(DIF,9)
# 以折线图绘制 DIF 信号和 MACD 信号
plot(DIF,MACD)
# 以柱状图绘制 DIF 信号,以 0 为中心基准
BAR(DIF)
```

伪代码整理出来后,我们发现,利用函数读取数据、计算滑动均值和指数均值的计算非常简单,可以直接以代码实现。比较复杂的是加权均值的计算,由于数据中第一交易日的数据在数据列表的最后,所以在利用循环处理时需要采用倒序的处理方式,在这里,我们重点介绍利用倒序计算 EMA。我们将所有的代码定义在 main 函数下,接下来对每一行代码进行解释。

代码如下

```
def main():
    closedata  =closefileread('000001.csv',3)[1]
    highdata   =closefileread('000001.csv',4)[1]
    lowdata    =closefileread('000001.csv',5)[1]
    closedataidx =[(2*c+h+l)/4  for c,h,l in  zip(closedata,highdata,lowdata)]
    ema12=[0*x  for x in closedata]
    ema26=[0*x  for x in closedata]
    ema12[-1]=closedataidx[-1]
    ema26[-1]=closedataidx[-1]
    for i in range(-2,-len(closedata)-1,-1):
        ema12[i]=(2/13)*closedataidx[i]+(11/13)*ema12[i+1]
        ema26[i]=(2/27)*closedataidx[i]+(25/27)*ema26[i+1]
    DIF =[x-y for x,y in zip(ema12, ema26)]
    MACD = MA(DIF,9)
    SIGNAL=[x-y for x,y in zip(DIF,MACD)]
    plt.figure(0)
    plt.bar(list(range(100)),height=SIGNAL[:100],label='DIF-MACD')
    plt.legend(loc='best')
    plt.twinx()
    plt.plot(DIF[:100],'r',label='DIF')
    plt.plot(MACD[:100],'g',label='MACD')
    plt.legend()
    plt.show()
```

1. 读取数据

在这里，利用先前编写地从文件中读取数据的函数 closefileread 读取数据，通过指定不同的数据列，达到读取不同数据的目的。当然也可以重新编写一个函数，实现一次性读取多个数据。代码如下

```
    closedata  =closefileread('000001.csv',3)[1]
    highdata   =closefileread('000001.csv',4)[1]
    lowdata    =closefileread('000001.csv',5)[1]
```

上面的代码中，第一行表示读取收盘价数据，有几点需要注意：

(1)'000001.csv'是数据文件名，这里没有带文件路径，表示和当前的代码文件处于同一个目录的同一个层次。

(2)之后的 3，表示读取文件中的第三列数据，第二行的 4、第三行的 5 都表示读取对应列的数据。

(3)上面代码中的三行的最后都有一个[1]，表示从 closefileread 这个函数的若干个返回

值中选择索引编号为 1 的那个,也就是第二个。

2. 列表推导式

```
closedataidx =[(2 * c+h+l)/4  for c,h,l in  zip(closedata,highdata,lowdata)]
```

上面的代码是在计算每天的收盘价指数。在前面的分析阶段,我们知道收盘价指数需要利用收盘价、最高价和最低价计算。但是,每一个价格在读入后是一个数值列表,而数值列表之间是不能够直接以数值列表为单位进行计算的,只能将列表中的元素一个一个的拿出来计算,计算完成后将结果放入一个新列表。这个做法如果写成传统代码会比较烦琐,因为涉及 4 个列表以及循环和计算。所以,这里采用了一种比较简单的计算方式——列表推导式。

列表推导式前部是计算表达式,后部是表达式变量来源,两者共同表述了一个由表达式结果组成的新列表的产生过程。

(1)方括号前部的"(2 * c+h+l)/4"表示收盘价指数的计算公式。

(2)方括号后部的"for c,h,l in zip(closedata,highdata,lowdata)"表示变量 c,h,l 分别来自后面各自的序列。如果只有一个变量来自一个序列,则不用 zip;有多个变量多个列表就必须用 zip 了。如果列表的长度不同,则最短的列表就限制了循环的次数。

3. EMA 的计算

知道了每天的收盘价指数,就可以进一步计算指数滑动均值 EMA。本来 EMA 的计算非常简单,只是一个简单的分数乘法。但是,我们数据中较早的日期是排列在数据列表的最后,也就是索引编号很大的那一部分。而当前 EMA 的计算需要利用到当前的收盘价指数和前一天的 EMA,因此用正数索引数据无法完成。同时,根据 MACD 的计算规则,第一个 EMA 可以用收盘价指数代替。所以,这里需要构建两个 EMA 列表分别存放 12 天和 26 天的计算结果,并且要将列表的最右边一个值存放对应日期的收盘价指数,随后索引值递减并计算对应日期的 EMA,直到索引值为 0,也就是最近一天的数据。

```
ema12=[0 * x  for x in closedata]
ema26=[0 * x  for x in closedata]
ema12[-1]=closedataidx[-1]
ema26[-1]=closedataidx[-1]
for i in range(-2,-len(closedata)-1,-1):
    ema12[i]=(2/13) * closedataidx[i]+(11/13) * ema12[i+1]
    ema26[i]=(2/27) * closedataidx[i]+(25/27) * ema26[i+1]
```

上述的所有工作都体现在上面的代码中。第 1、2 行表示按照 closedata 列表的元素数量,利用列表推导式构建了新的 ema12、ema26 两个列表,这两个列表用来存放 12 天和 26 天 EMA 的计算结果。

第 3、4 行完成的工作就是将最后一天的收盘价指数存入对应的 EMA 列表的最后位置。

第 5、6、7 行完成了 EMA 的计算。最重要的是第 5 行的索引编号产生部分。"range(-2,-len(closedata)-1,-1)"表示以 -2 开始(因为 -1 已经被赋值了),"-len(closedata)-1"表示最大的索引编号是 closedata 列表的长度,由于是从右向左索引,所以添加了负号,最后一个 -1 表示从开始值到结束值之间的步进为 -1。

4. MACD 信号计算

有了 EMA,就可以产生 DIF 信号、MACD 信号以及差值信号了。在这里,我们依然利用列表推导式实现 DIF 和 SIGNAL 信号的计算,而 MACD 信号则利用之前编写的滑动均值计算函数 MA 计算得到。代码如下

```
DIF =[x−y for x,y in zip(ema12, ema26)]
MACD = MA(DIF,9)
SIGNAL=[x−y for x,y in zip(DIF,MACD)]
```

同样,zip 在这里将后面的多个列表打包形成多维度的数据矩阵,每个列表一行。变量从对应的列表获取数据。循环的次数以最短的列表为准。

5. 图形绘制

所有的数据都计算完成,就可以绘制成图,以更好地理解数据中的信息。下面的代码就是将 MACD、DIF 和两者之差 SIGNAL 信号绘制成图。

```
plt.figure(0)
plt.bar(list(range(100)),height=SIGNAL[:100],label='DIF−MACD')
plt.legend(loc='best')
plt.twinx()
plt.plot(DIF[:100],'r',label='DIF')
plt.plot(MACD[:100],'g',label='MACD')
plt.legend()
plt.show()
```

DIF 数值来源于股票的收盘价指数,和每一天的交易信息都有关系,所以除了数值大小之外,更多表达的是一种长期趋势性的信息。MACD 是 DIF 数据的滑动均值,具有同样的功能。在所有的图形中,折线图最适合用来表示数据跟随时间的变化情况,所以用折线图表示 DIF 和 MACD。这两者的差值更多的是表示两个数据之间的离差情况,我们更加关注的是数值的大小。在所有图形中,柱形图最适合表示数据的大小,并且能突出表示数据的最大值和最小值,所以用柱形图表示两者差值是最合适的。

在 Python 中绘图时,经常需要绘制多个图,所以,我们这里习惯性地利用 figure 函数声明了一个名称为 0 的图形,后续所有的图形绘制命令都绘制在这个图形里面,直到下一次利用 figure 函数声明一个新的图形。

首先,我们利用 bar 函数将 DIF 和 MACD 的差值绘制成柱状图,并给出对应的图例说明。接着,将 DIF 和 MACD 信号利用 plot 函数绘制成折线图。绘制完成之后,读者可能会发现,三个图形之间不协调,原因是数值之间的量纲相差太多。通常使用双纵轴来解决这个问题,如果变量较多,还可以使用更多的纵轴。第 4 行代码中的 twinx 函数就是设定使用图形右侧纵轴的函数,写在 twinx 函数后面的折线图将使用图形右侧的纵轴。图形绘制完成后添加图例,如图 10 - 22 所示。

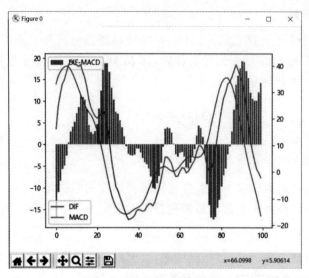

图 10 - 22　MACD 折线图

在图中,我们没有添加图形的标签和标题,请读者自行补充完整。

小结

本章介绍了几种主要的图形:柱形图、堆积柱状图、条形图、堆积条形图、折线图、直方图、饼图等,这些图形都是常用图形,可以非常方便地表现数据集内部的大小关系、趋势关系,也可以非常方便地表现数据集之间的横向、纵向对比关系。

习题

1.在中国国家统计局官方网站查询境内上市公司数(A、B 股)(家)、境内上市外资股公司数(B 股)(家)、境外上市公司数(H 股)(家)、股票总发行股本(亿股)、流通股本(亿股)5 个指标 2008—2018 年的数据,利用柱状图、折线图、饼图等比较协调地展示数据内外部关系。

2.在中国国家统计局官方网站查询黄金储备(万盎司)和外汇储备(亿美元)2 个指标 2008—2018 年的数据,利用柱状图、折线图、饼图等比较协调地展示数据内外部关系。

3.在中国国家统计局官方网站查询保险业资产总额(亿元)、财产险公司资产(亿元)、寿险公司资产(亿元)、再保险公司资产(亿元)、中资保险公司资产(亿元)、外资保险公司资产(亿元)6 个指标 2008—2018 年的数据,利用柱状图、折线图、饼图等比较协调地展示数据内外部关系。

第 11 章

Python 科学计算之 NumPy

NumPy 是一个 Python 扩展库，代表"Numeric Python"。它是一个由多维数组对象和用于处理数组的例程集合组成的库。

NumPy 是使用 Python 进行科学计算的基础扩展库。使用 NumPy，开发人员可以执行以下操作：

①数组的算数和逻辑运算。

②傅立叶变换和用于图形操作的例程。

③与线性代数有关的操作。

④更高精度的数学参数。

⑤更丰富的随机数产生。

⑥功能强大的 N 维数组对象。

⑦精密广播功能函数。

⑧集成 C/C＋和 Fortran 代码的工具。

更简单地说，Numpy 是 Python 的进阶数学计算包。使用它，Python 可以更简单便捷地对矩阵向量进行计算。NumPy 通常与 SciPy(Scientific Python) 和 Matplotlib(绘图库)一起使用。这些扩展包的官方网址为：

①NumPy 官网：http://www.numpy.org/；

②NumPy 源代码：https://github.com/numpy/numpy；

③SciPy 官网：https://www.scipy.org/；

④SciPy 源代码：https://github.com/scipy/scipy；

⑤Matplotlib 官网：https://matplotlib.org/；

⑥Matplotlib 源代码：https://github.com/matplotlib/matplotlib。

NumPy 扩展库的内容很多，这里我们仅进行简单介绍，包含 NumPy 的安装，ndarray 数组类型的介绍，排序、筛选操作，数组计算和随机数产生。

11.1　NumPy 的安装

NumPy 虽然不是 Python 官方扩展库，但仍然是开源的，这是它的一个额外的优势。

NumPy 这个名字一般出现在书面环境中，在具体使用时，名称中所有的字符都是小写的，即"numpy"。由于 NumPy 扩展库已经加入了 Python 扩展库序列,所以安装了 pip 的读者可以很方便地在 Windows 系统的命令提示符窗口中使用下面的命令安装 NumPy。注意,是用管理员身份运行命令提示符窗口,如图 11-1 所示。

```
pip install numpy
```

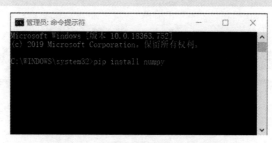

图 11-1　在命令提示符中输入命令

注意图 11-1 中命令提示符的窗口标题,其中的"管理员"字样表示当前窗口是以管理员身份运行的。NumPy 扩展库并不大,很快就会安装结束。pip 会自动安装其他相关扩展库。如果你将安装源更换为国内的源,那么安装过程会更加迅速。

由于 NumPy 扩展库安装完成后不会有任何桌面图标产生,所以很多读者都疑惑是否安装成功,此时读者可以自己尝试使用 NumPy 扩展库的简单功能测试一下,如果能够正常运行,就表示 NumPy 扩展库安装成功。比如下面的代码

```
#导入 numpy 库的所有函数和方法
from numpy import *
#产生一个对角线元素全为 1 的单位矩阵 I
eye(4)
```

运行结果如图 11-2 所示。

```
Python 3.7.6 Shell
File  Edit  Shell  Debug  Options  Window  Help
Python 3.7.6 (tags/v3.7.6:43364a7ae0, Dec 19 2019, 00:42:30) [MSC v.191
6 64 bit (AMD64)] on win32
Type "help", "copyright", "credits" or "license()" for more information.
>>> from numpy import *
>>> eye(4)
array([[1., 0., 0., 0.],
       [0., 1., 0., 0.],
       [0., 0., 1., 0.],
       [0., 0., 0., 1.]])
>>>
```

图 11-2　产生对角矩阵

从运行的结果中可以明显看出,NumPy 库已经正常安装了。同时,我们注意到 NumPy 扩展库中的矩阵是一个元素为列表的列表,每个列表元素的长度相同。如果每个列表元素的长度和子列表的数量相同,则矩阵为方阵。

11.2　NumPy 扩展库的数据类型 ndarray

通常情况下,在使用 NumPy 扩展库时,我们默认将 NumPy 扩展库简称为"np",为了和其他扩展库相区别,我们通常使用下面的调用方式。这样,所有的 NumPy 扩展库中的方法和函数将有一个统一的前缀"np"。

```
import numpy as np
```

11.2.1　NumPy 的 ndarray 对象

NumPy 中最重要的数据类型就是 N 维数组对象 ndarray。它是一系列同类型数据的集合,以 0 为下标开始进行集合中元素的索引。它具有以下两个特点:

(1)ndarray 对象是用于存放同类型元素的多维数组。

(2)ndarray 中的每个元素在内存中都有相同存储大小的区域。

11.2.2　ndarray 对象的创建

我们可以利用 NumPy 扩展库的 array 函数来创建一个 ndarray 对象,你可以认为 ndarray 是一个 n 个维度的矩阵,字母 nd 在这里表示的就是 n 个维度。

1.普通的 array 数组

array 函数的语法格式如下

```
np.array(object, dtype = None, copy = True, order = None, subok = False, ndmin = 0)
#object 必须参数,数组或嵌套的数值列表
#dtype 可选参数,数组元素的数据类型。默认为原始类型,可选 complex,float,int
#copy 可选参数,对象是否需要复制
#order 可选参数,创建数组的样式,C 为行方向,F 为列方向,A 为任意方向(默认)
#subok 可选参数,默认返回一个与基类类型一致的数组
#ndmin 可选参数,指定生成数组的最小维度
```

利用 array 函数可以构建任意类型的矩阵。例如,构建一个简单的一维矩阵可以采用下面的代码

```
import numpy as np
x = np.array([1, 2, 3])
print(x)
```

运行结果如图 11-3 所示。

除了这种直接指定数据元素,并采用 array 方法创建 ndarray 对象之外,还可以利用 NumPy 扩展库直接创建一些常用数组。NumPy 扩展库支持按照指定形状产生数组,如 3 行 4 列可以用元组(3,4)表示。为了演示方便,这里除了形状参数外,不再设定其他可选参数。

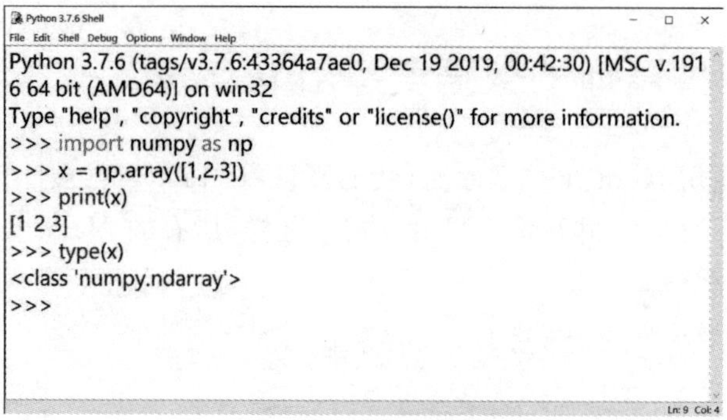

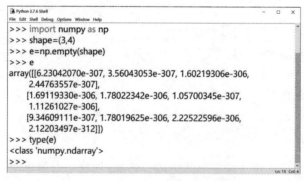

图 11-3　查看数组类型

2. 空数组

用 empty 函数创建的空数组并不空,通常会利用最小浮点数填充数组。但是要注意,不同版本的 Python,不同的 shape 指定形式,不同的参数配置可能产生不同的数值类型;相同的配置也可能产生不同的数值类型。这里需要的是数组的格式,而不是具体数值。代码如下

```
#指定空矩阵形状为 3 行 4 列
shape=(3,4)
#产生对应形状的数组
e=np.empty(shape, dtype = float)
```

运行结果如图 11-4 所示。

图 11-4　随机极小数组成的空数组

3. 全零数组

全零数组用 zeros 函数产生,全零数组中所有的元素都为 0。代码如下

```
#指定空矩阵形状为 3 行 4 列
shape=(3,4)
#产生对应形状的数组
z=np.zeros(shape)
```

运行结果如图 11-5 所示。

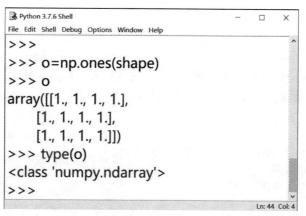

图 11-5　全零数组

4. 全 1 数组

全 1 数组用 ones 函数产生,全 1 数组中所有的元素都是 1。代码如下

```
#指定空矩阵形状为 3 行 4 列
shape=(3,4)
#产生对应形状的数组
o=np.ones(shape)
```

运行结果如图 11-6 所示。

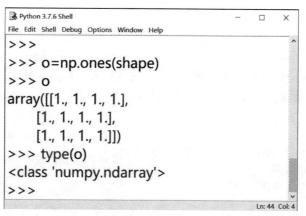

图 11-6　全 1 数组

5. 利用 arange 函数产生等差序列数组

这里的 arange 函数和前面介绍过的 range 函数非常相似,只是多了一个数值类型控制参数 dtype,其他参数和 range 函数相同。arange 主要用于知道边界和步进,但并不清楚数值元素的数量情况。arange 函数的语法格式如下

```
np.arange(start, stop, step, dtype)
# start 指定序列开始数值
# stop 指定序列结束数值,这个值不包含在数组里面
# step 指定数据步进数值
# dtype 指定数值类型,float,int,complex 可选
```

例如,产生一个从−10 到+10 步进为 2 的浮点序列可以,采用下面的代码

```
a=np.arange(−10,10,2,dtype = float)
```

运行结果如图 11-7 所示。

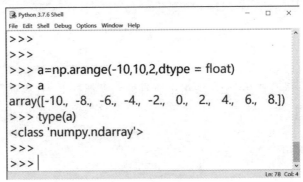

图 11-7　等差序列数组

6. 利用 linspace 产生等差序列数组

在拼写 linspace 函数名称时一定注意不是"linespace",中间的字母 e 是没有的。linspace 函数主要用于知道数组的数值范围和数量,但不清楚数值之间的具体间隔情况。例如,将一个圆分隔为 400 份,计算每份的角度值,这样的计算就适合用 linspace 函数。linspace 函数的语法格式如下

```
np.linspace(start, stop, num, endpoint = True)
# start 数组开始值
# stop 数组结束值
# num 数组元素数量
# endpoint 默认用 stop 数值作为数组最后值
```

例如,产生一个数组,包含将圆分为 7 份后每一份的角度值的代码如下

```
l=np.linspace(0,360,7)
```

默认产生的数组中使用结束值作为最后一个元素,这种方式在某种情况下会产生问题。例如,这里的圆分割问题的结果如图 11-8 所示。

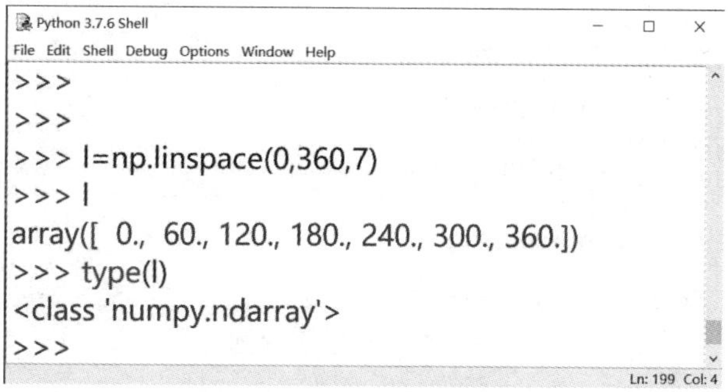

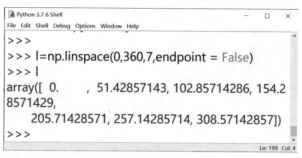

图 11-8　包含边界点的数组

由于 0°和 360°是重合的,所以实际上是将圆分成 6 份。如果要纠正这个问题,就必须将参数 endpoint 设置为 False,将 360°从数组中去掉,才能实现将圆分割为 7 份。修改后的结果如图 11-9 所示。

图 11-9　不包含边界点的数组

7. 利用 logspace 函数产生等比序列数组

NumPy 扩展库中的等比序列的产生不直接指定比例关系,而是在初始值和结束值之间按照元素个数自动分配。同时,数组的初始值和结束值是幂函数的指数,底数默认为 10,底数可以自由更换。logspace 函数的语法格式如下

```
np.logspace(start, stop, num, endpoint = True, base = 10)
# start 以 base 为底的初始值的指数
# stop 以 base 为底的结束值的指数
# num 数组中包含的元素数量
# endpoint 是否包含结束值在数组中,默认为包含
# base 初始值和结束值的底数,默认为 10
```

例如,在 1 和 100 的区间分为 3 份,将 100 包含在内的代码可以这样写

```
np.logspace(0,2,3)
```

默认是以 10 为底数,所以初始值是 1 时,指数为 0;结束值是 100 时,对应指数为 2。默认包含 3 个元素的等比数组应该是[1,10,100],比例是 10。运行的结果如图 11-10 所示。

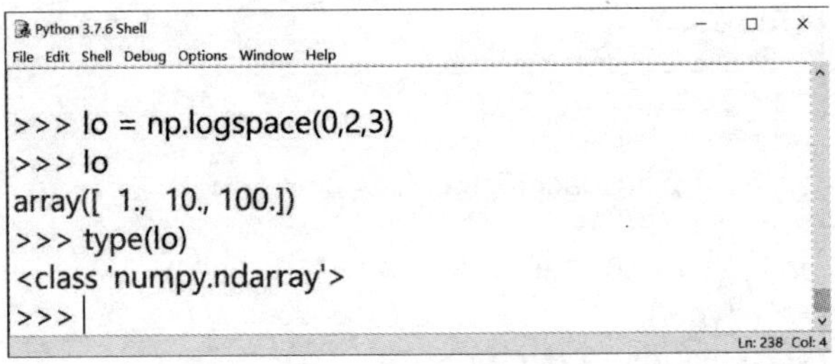

图 11-10   指数序列

如果不想包含结束值 100，需要添加 endpoint 参数，代码如下

```
np.logspace(0,2,3,endpoint = False)
```

注意，False 的首字母要大写，运行结果如图 11-11 所示。

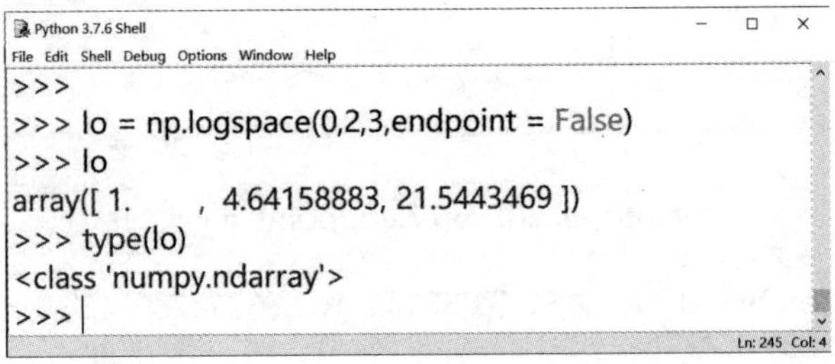

图 11-11   不包含边界点的指数数组

可以看出，比例数值为 4.64158883，而 21.5443469 再次与比例数值相乘后结果小于 100（≈100）。

11.2.3   从其他类型创建 ndarray

NumPy 也提供了从 Python 其他类型直接转换成 ndarray 的方式。

1. 从列表创建

某些时候，如果想对列表中的元素进行正常的四则运算但需要回避列表自身的加、乘操作时，可以将列表从 list 转换为 ndarray，利用 ndarray 支持四则运算的特性实现后续操作。将已有列表 list 转换为 ndarray 的示例如下

```
import numpy as np
♯将列表 list1 转换为 ndarray 格式
list1 = [[1, 2 ,3],[4, 5]]
x = np.asarray(list1, dtype = None, order = None)
print(x)
type(x)
```

上述代码运行的结果如下

```
[list([1, 2, 3]) list([4, 5])]
numpy.ndarray
```

2. 从流类型创建

某些时候,我们需要将现有资源的一部分提取出来组成新的数据类型,或者动态地获取某一类型的数据,此时需要采用动态的方法进行类型转换,可以在 NumPy 库中使用 frombuffer 实现。如果结合默认函数 array、bytearray 等,能够将更加复杂的数据转换为 ndarray。frombuffer 的例子如下

```
# 以流的形式读入
# np.frombuffer(buffer, dtype = float, count = -1, offset = 0)
# buffer 需要转换的现有数据
# dtype 转换类型
# count 转换数量,负数表示全部
# offset 从左侧开始跳过的元素数量,实现部分选择。
import numpy as np
# 将字符串 s 转换为 ndarray 格式
s = 'Hello World'.encode()
x =  np.frombuffer(s, dtype='S1', count=5, offset=6)
print(x)
type(x)
```

上述代码执行结果如下

```
[b'W' b'o' b'r' b'l' b'd']
    numpy.ndarray
```

3. 利用迭代器创建

除了转换现有类型或者部分转换现有类型之外,还有一种使用情况是:需要转换的内容来自一个可以迭代的对象或者一个函数,有可能不确定需要转换元素的数量,此时我们需要利用迭代的方式将现有元素或者未来元素逐一转换到 ndarray 中。

迭代是 Python 最强大的功能之一,是访问集合元素的一种方式。迭代器可以记住遍历的位置。迭代器从集合的第一个元素开始访问,直到所有的元素被访问完结束。迭代器只能往前,不会后退。

使用迭代器将数据转换为 ndarray,可以保证数据的完整性。转换命令 fromiter 的命令格式如下

```
np.fromiter(iterable, dtype, count=-1)
# iterable 是一个迭代器对象,给 ndarray 提供数据
# dtype 指定转换后的类型
# count 默认为-1,表示所有数据都要转换
# 从可迭代对象中,以迭代器的形式读入
import numpy as np
c = iter(range(5))
z = np.fromiter(c, dtype = float)
print(z)
```

上面的运行结果如下

```
[0. 1. 2. 3. 4.]
<class 'numpy.ndarray'>
```

11.2.4   ndarray 的形状更改

ndarray 有两个常用的属性,即 shape 和 size。shape 表示数组的维度,对于二维数组而言,就是其行数和列数;size 表示数组元素的总个数,对于二维数组而言,就是行数与列数的乘积。例如

```
import numpy as np
a = np.array([[1, 2, 3], [4, 5, 6]])
print(a.shape)
print(a.size)
```

运行后的结果为

```
(2, 3)
6
```

(2,3)表示 ndarray 对象里面有 2 行内容,每行 3 个元素;6 表示总共有 6 个元素,这 6 个元素的索引是先按行再按列。例如第二行的数值 4,就是第四个元素,如果从 0 开始索引,它就是第三个元素。

当我们需要不更改数组元素的同时更改数组的格式,可以直接指定数组的 shape,但是要注意元素的数量不能变。比如现在的(2,3)可以更改为(3,2),不能更改为(3,3)。可以参考下面的代码

```
import numpy as np
a = np.array([[1, 2, 3], [4, 5, 6]])
a.shape = (3, 2)         # 直接改变本体
print(a)
```

运行后的结果为

```
[[1 2]
 [3 4]
 [5 6]]
```

11.2.5　ndarray 的内容访问

ndarray 对象的内容可以通过索引或切片来访问和修改,与 Python 中 list 的切片操作一样。

ndarray 既可以基于下标进行切片,也可以利用内置的 slice 函数,通过设置 start、stop 及 step 参数产生一个索引数组,从原数组中切割出一个新数组。例如

```
import numpy as np
a = np.arange(8)
b = a[1:8:1]
s = slice(1,3,1)
c = a[s]
print(a)
print(b)
print(c)
```

运行后的结果为

```
[0 1 2 3 4 5 6 7]
[1 2 3 4 5 6 7]
[1 2]
```

ndarray 除了基于下标进行切片外,还有一些高级索引方式,比如布尔索引、花式索引。例如

```
import numpy as np
a = np.arange(16)
a.shape = (4, 4)
b = a[a > 6]
c = a[[3, 2, 3]]
print(a)
print(b)
print(c)
```

运行后的结果为

```
[[ 0  1  2  3]
 [ 4  5  6  7]
 [ 8  9 10 11]
 [12 13 14 15]]
[ 7  8  9 10 11 12 13 14 15]
[[12 13 14 15]
 [ 8  9 10 11]
 [12 13 14 15]]
```

除了下标索引、布尔索引和花式索引之外,如果需要在不能遗漏数组元素的情况下处理数组内的所有元素,则可以使用 NumPy 自带的迭代方法 np. nditer。

比如有一个 2 行 3 列的数组需要处理,处理时不关心先后顺序,仅仅要求不能遗漏元素,这时我们可以使用 nditer 对它进行迭代。在下面的例子中,我们使用 arange() 函数创建一个 2×3 数组。

```
import numpy as np
#产生一个2行3列的数组
a = np. arange(6). reshape(2,3)
print ('原始数组是:')
print (a)
print ('迭代输出是:')
for n in np. nditer(a):
    #打印元素,并以逗号和空格作为间隔
    print (n, end=", ")
```

运行结果为

```
原始数组是:
[[0 1 2]
 [3 4 5]]
迭代输出元素:
0, 1, 2, 3, 4, 5,
```

注意,nditer 迭代方法对数组默认的遍历顺序为先行后列,我们也可以通过参数变更遍历顺序。

11.2.6　NumPy 的其他操作

(1)判断元素对象是否全是 NaN,代码如下

```
np. isnan(array)
#判断括号内的 ndarray 数组中的元素是否全是 NaN
```

(2)将 ndarray 的对象转为 list,代码如下

```
obj.tolist()
# 将 ndarray 数组 obj 转换为 list
```

11.2.7　NumPy 对象之间的操作

1. NumPy 数组之间的运算

如果两个 ndarray——a 和 b——形状相同,即满足 a.shape==b.shape,那么 a 与 b 的算数结果就是 a 与 b 数组"对应位"做算术运算。这要求维数相同,且各维度的长度相同。这种操作类似无相加的点乘。例如

```
import numpy as np
a = np.array([1, 2, 3])
b = np.array([1, 2, 3])
c = a + b
d = a * b
print(c)
print(d)
```

运行后的结果为

```
[2 4 6]
[1 4 9]
```

2. NumPy 的广播

前面介绍了相同形状的 ndarray 对象之间的操作,对于形状不同的 ndarray 对象,也可以进行算数运算。但是,对两者的形状有两个具体要求:①两个对象的列数相同;②有一个对象行数为 1。

在上述前提下,每行的相同列的元素就是相对应的元素。两者的算数运算实际上是将仅有 1 行的对象复制扩展为多行,然后两者对应元素进行算数运算。例如

```
import numpy as np
# a 是 3 行 3 列的数组
a = np.array([[1, 2, 3], [4, 5, 6], [7, 8, 9]])
# b 是 1 行 3 列的数组
b = np.array([1, 2, 3])
# 两者对应元素相加
c = a + b
# 两者对应元素相乘
d = a * b
print(c)
print(d)
```

运行后的结果为

```
[[ 2  4  6]
 [ 5  7  9]
 [ 8 10 12]]
[[ 1  4  9]
 [ 4 10 18]
 [ 7 16 27]]
```

从结果可以看出,所谓广播,就是:当列数相同的时候,行数为 1 的 ndarray 会进行"扩行"的操作,增加的行数内容与原行的内容相同;增加的行数与多行的 ndarray 一样,最终两个 ndarray 的形状相同。

"扩行"可以通过 tile 函数手动实现,代码如下

```
# 将 obj 在行上复制 R 份,在列上复制 C 份。
# 注意这里每一份都是一个 obj。
np.tile(obj, (R, C))
```

所以,上文的广播也可以通过下面的方式来代替

```
import numpy as np
a = np.array([[1, 2, 3], [4, 5, 6], [7, 8, 9]])
b = np.array([1, 2, 3])
# 将 b 在行上通过复制 2 份扩展成 3 份。
# 将 b 在列上扩展成 1 份。
bb = np.tile(b, (3, 1))
c = a + bb
d = a * bb
print(bb)
print(c)
print(d)
```

运行后的结果为

```
[[1 2 3]
 [1 2 3]
 [1 2 3]]
[[ 2  4  6]
 [ 5  7  9]
 [ 8 10 12]]
[[ 1  4  9]
 [ 4 10 18]
 [ 7 16 27]]
```

11.2.8　ndarray 的函数

ndarray 提供了很多的数学函数、算术函数、排序函数，以便进行运算。表 11-1 中所有函数中的 obj 都代表 ndarray 对象。

表 11-1　NumPy 库的内部函数

函数语法	函数说明
np. pi	高精度 PI
np. sin(obj)	正弦
np. cos(obj)	余弦
np. tan(obj)	正切
np. arcsin(obj)	反正弦
np. arccos(obj)	反余弦
np. arctan(obj)	反正切
np. degrees(obj)	将弧度值转换为角度值
np. around(obj, decimals)	返回 ndarray 每个元素的四舍五入值，decimals 为舍入的小数位数，默认为 0
np. floor(obj)	向下取整
np. ceil(obj)	向上取整
np. add(obj1, obj2)	对应元素加运算
np. subtract(obj1, obj2)	对应元素减运算
np. multiply(obj1, obj2)	对应元素乘运算
np. divide(obj1, obj2)	对应元素除运算
np. mod(obj1, obj2)	obj1 对 obj2 求余数运算
np. reciprocal(obj)	元素取倒数，1 除对应元素
np. power(obj1, obj2)	计算以第一个参数为底，第二个参数为幂的值

11.3　NumPy 排序、条件筛选函数

NumPy 提供了多种排序的方法：快速排序、归并排序和堆排序。这些排序函数实现不同的排序算法，每个排序算法的选取在于执行速度、最坏情况性能、所需的工作空间和算法的稳定性。这些方法嵌套在不同的函数中，通过参数可以选择排序类型。

11.3.1　numpy. sort( )

numpy. sort( ) 函数返回输入数组的排序副本，其格式如下

```
numpy.sort(arr, axis, kind, order)
```

参数说明如下：

①arr：要排序的数组；

②axis：排序方向，axis＝0 表示按列排序，axis＝1 表示按行排序；

③kind：默认为'quicksort'（快速排序）、'mergesort'（归并排序）、'heapsort'（堆排序）；

④order：如果数组包含字段，则是要排序的字段。

sort 排序示例如下

```
import numpy as np
arr = np.array([[4,7],[9,2]])
print ('我们的数组是:')
print (arr)
print ('调用 sort() 函数:')
print (np.sort(arr))
print ('按列排序:')
print (np.sort(arr, axis =   0))
#在 sort 函数中排序字段
dt = np.dtype([('name',  'S10'),('age',   int)])
arr = np.array([("rule",21),("apple",25),("river",  17),  ("amy",27)], dtype = dt)
print ('我们的数组是:')
print (arr)
print ('按 name 排序:')
print (np.sort(arr, order =   'name'))
```

运行后的结果为

```
我们的数组是:
[[4 7]
 [9 2]]
调用 sort() 函数:
[[4 7]
 [2 9]]
按列排序:
[[4 2]
 [9 7]]
我们的数组是:
[(b'rule', 21) (b'apple', 25) (b'river', 17) (b'amy', 27)]
按 name 排序:
[(b'amy', 27) (b'apple', 25) (b'river', 17) (b'rule', 21)]
```

11.3.2　numpy. argsort( )

numpy. argsort( ) 函数返回的是数组值从小到大的索引值，而不论数组的维度。默认情

况下，对于多维数组按照行排序。例如

```
import numpy as np
arr = np.arange(10,1,-1)
print ('我们的数组是:')
print (arr)
print ('调用 argsort() 函数后的索引:')
print (np.argsort(arr))
idx = np.argsort(arr)
print ('用索引重构原数组:')
print (arr[idx])
print ('使用循环重构原数组:')
for i in idx:
    print (arr[i], end=" ")
print()
```

　　运行后的结果如下

```
我们的数组是:
[10  9  8  7  6  5  4  3  2]
调用 argsort() 函数后的索引:
[8 7 6 5 4 3 2 1 0]
用索引重构原数组:
[ 2  3  4  5  6  7  8  9 10]
使用循环重构原数组:
2 3 4 5 6 7 8 9 10
```

　　对于多维数组，在重新构建数组时会按照索引对数组进行复制和重构。例如

```
import numpy as np
arr = np.array([[4,7],[9,2]])
print ('我们的数组是:')
print (arr)
print ('调用 argsort() 函数后的索引:')
print (np.argsort(arr))
idx = np.argsort(arr)
print ('用索引重构原数组:')
print (arr[idx])
print ('使用循环重构原数组:')
for i in idx:
    print (arr[i], end=" ")
```

运行后的结果如下

```
我们的数组是：
[[4 7]
 [9 2]]
调用 argsort() 函数后的索引：
[[0 1]
 [1 0]]
用索引重构原数组：
[[[4 7]
  [9 2]]
 [[9 2]
  [4 7]]]
使用循环重构原数组：
[[4 7]
 [9 2]] [[9 2]
 [4 7]]
```

上面用索引重构数组时,发现结果中包含了两个行顺序不同的原始数组,原因是构建数组的索引是一个数组。索引数组中的每一行表示一个新数组的顺序,行中的元素对应每一行的顺序,0表示第一行,1表示第二行,所以就产生了两个行顺序不同的数组。要注意的是,利用循环构成的数组,在某些情况下是混乱的,这里的输出显然不符合 Python 的数组语法,如果强行将重构结果赋值给变量会出错。另外要注意的是,如果数组的行列数目不同,也会出错。

11.3.3　numpy.lexsort( )

numpy.lexsort() 用于对多个序列进行排序,可以把它想象成对电子表格进行排序,每一列代表一个序列,排序时优先照顾靠后的列。例如

```
import numpy as np
name =  ('role','animal','river','amy')
eng =  ('65','77','68','97')
math = ('55','45','64','78')
tot  = ('120','122','132','175')
print('调用 lexsort() 函数:用 math 排序')
print (np.lexsort((nm,eng,tot,math)) )
print('调用 lexsort() 函数:用 nm 排序')
print (np.lexsort((eng,tot,math,nm)) )
print('调用 lexsort() 函数:用 eng 排序')
print (np.lexsort((nm,tot,math,eng)) )
print('调用 lexsort() 函数:用 tot 排序')
print (np.lexsort((nm,eng,math,tot)) )
```

运行后的结果如下

```
调用 lexsort() 函数:用 math 排序
[1 0 2 3]
调用 lexsort() 函数:用 nm 排序
[3 1 2 0]
调用 lexsort() 函数:用 eng 排序
[0 2 1 3]
调用 lexsort() 函数:用 tot 排序
[0 1 2 3]
```

11.4　NumPy 计算

接下来,我们利用 NumPy 库进行简单的计算。

11.4.1　一维矩阵的加、减、平方和三角函数

一维矩阵的加、减、平方和三角函数的示例代码如下

```
import numpy as np
a=np.array([10,20,30,40])
b=np.arange(4)  # 0,1,2,3
c=b**2  # b中元素各自的平方
d=np.sin(a)
e=np.cos(a)
f=np.tan(a)
print(a+b)
print(a-b)
print(c)
print(d)
print(e)
print(f)
print(b<3)#返回 Ture 或者 False,bool 类型的矩阵
```

运行后的结果如下

```
[10 21 32 43]
[10 19 28 37]
[0 1 4 9]
[−0.54402111  0.91294525 −0.98803162    0.74511316]
[−0.83907153  0.40808206   0.15425145  −0.66693806]
[ 0.64836083   2.23716094  −6.4053312  −1.11721493]
[ True   True   True False]
```

11.4.2 多维矩阵的乘法

多维矩阵的乘法的示例代码如下

```
import  numpy as np
a＝np.array([[1,1],[0,1]])
b＝np.arange(4).reshape((2,2))
c＝a＊b♯两个同型矩阵对应元素的乘积
c_dot＝np.dot(a,b)♯矩阵的乘法运算
c_dot_2＝a.dot(b) ♯矩阵 ab 的乘积
print(c)
print(c_dot)
print(c_dot_2)
```

运行后的结果为

```
[[0 1]
 [0 3]]
[[2 4]
 [2 3]]
[[2 4]
 [2 3]]
```

11.4.3 多维矩阵行列运算

多维矩阵行列运算的示例代码如下

```
import  numpy as np
a＝np.array([[1,2,3],[2,3,4]])♯shape＝2x4
print(a)
print(np.sum(a)) ♯15
print(np.max(a)) ♯4
print(np.min(a)) ♯1
```

```
print(np.sum(a,axis=1))  #行求和[6,9]
print(np.sum(a,axis=0))  #列求和[3,5,7]
print(np.max(a,axis=0))  #列最大[2,3,4]
print(np.min(a,axis=1))  #行最小[1,2]
```

运行后的结果为：

```
[[1 2 3]
 [2 3 4]]
15
4
1
[6 9]
[3 5 7]
[2 3 4]
[1 2]
```

11.4.4　矩阵的索引运算

argmin() 和 argmax() 两个函数分别对应着求矩阵中最小元素和最大元素的索引。相应地，在矩阵的 12 个元素中，最小值即 2，对应索引 0，最大值为 13，对应索引为 11。代码如下

```
import numpy as np
A=np.arange(2,14).reshape(3,4)
print(A)
print(np.argmin(A))
print(np.argmax(A))
print(np.mean(A))
print(A.mean())
print(np.average(A))
print(np.median(A))
print(np.cumsum(A))
print(np.diff(A))
print(np.nonzero(A))
```

运行后的结果为

```
[[ 2  3  4  5]
 [ 6  7  8  9]
 [10 11 12 13]]
0
11
7.5
7.5
7.5
7.5
[ 2  5  9 14 20 27 35 44 54 65 77 90]
[[1 1 1]
 [1 1 1]
 [1 1 1]]
(array([0, 0, 0, 0, 1, 1, 1, 1, 2, 2, 2, 2], dtype=int64), array([0, 1, 2, 3, 0, 1,
2, 3, 0, 1, 2, 3], dtype=int64))
```

11.4.5   矩阵的运算

对所有元素进行仿照列表一样的排序操作,但这里的排序函数仍然仅针对每一行进行从小到大排序操作,代码如下

```
import numpy as np
A=np.arange(14,2,−1).reshape(3,4)
print(A)
print(np.sort(A))
```

运行后的结果为

```
[[14 13 12 11]
 [10  9  8  7]
 [ 6  5  4  3]]
[[11 12 13 14]
 [ 7  8  9 10]
 [ 3  4  5  6]]
```

11.4.6   矩阵转置的两种表示方法

矩阵转置的两种表示方法的示例代码如下

```
import  numpy as np
A＝np.arange(1,10).reshape(3,3)
print(A)
print(np.transpose(A))
print(A.T)
```

运行后的结果为

```
[[1 2 3]
 [4 5 6]
 [7 8 9]]
[[1 4 7]
 [2 5 8]
 [3 6 9]]
[[1 4 7]
 [2 5 8]
 [3 6 9]]
```

11.4.7　矩阵截取

矩阵截取的示例代码如下

```
import numpy as np
a＝np.arange(1,13).reshape((3,4))
print(a)
print(np.clip(a,5,9))
```

运行后输出的结果为

```
[[ 1  2  3  4]
 [ 5  6  7  8]
 [ 9 10 11 12]]
[[5 5 5 5]
 [5 6 7 8]
 [9 9 9 9]]
```

11.5　NumPy 常用随机数产生

NumPy 扩展库中包含一些常用的随机数产生函数,例如,一定范围内的整数;[0,1)之内均匀分布的小数;标准正态分布随机数;指定均值和标准差的正态分布随机数;指定范围的均匀分布;等等。下面我们直接以示例的形式进行展示,代码如下

```
import numpy as np
print('[0,9]范围内的整数 100 个')
a＝np.random.randint(0,10,100)
print(a)
print('0 到 1(不包含 1)的均匀分布小数 40 个')
b＝np.random.rand(40)
print(b)
print('均值 0,标准差为 1 的标准正态分布数值 10 个')
c＝np.random.randn(10)
print(c)
print('成均值为 5,标准差为 1 的指定正态分布数值 100 个')
d＝np.random.normal(5,1,100)
print(d)
print('0 到 1 的均匀分布数值 20 个')
e＝np.random.random(20)
print(e)
print('0 到 1 的均匀分布数值 20 个')
f＝np.random.ranf(20)
print(f)
print('指定范围在(−1,1)之间的均匀分布数值 100 个')
g＝np.random.uniform(−1,1,100)
print(g)
```

运行的结果如下

```
-----[0,9]范围内的整数 100 个-----
[9 2 9 2 1 7 6 1 0 3 6 4 4 9 8 1 6 3 0 2 7 3 0 8 6 2 9 8 6 5 2 9 2 9 0 4 5
 4 9 6 8 9 1 5 4 0 9 7 7 6 3 9 7 5 8 9 5 8 3 6 1 8 0 9 5 6 1 1 3 3 8 1 0 0
 5 8 6 3 8 7 5 6 1 8 8 1 0 8 8 7 7 2 3 0 7 1 9 4 8 0]
-----0 到 1(不包含 1)的均匀分布小数 40 个-----
[0.85623402 0.05783177 0.64221535 0.84202659 0.99681613 0.10962128
 0.83942902 0.37085294 0.51690126 0.00403855 0.34556979 0.15785682
 0.54787725 0.50424648 0.70644951 0.91412959 0.85534386 0.87138774
 0.82841654 0.96159691 0.26015732 0.60219227 0.75641718 0.91046464
 0.80359161 0.80318768 0.63230992 0.4691706  0.23959221 0.51249744
 0.2356847  0.17634297 0.53879123 0.16046741 0.29839346 0.03700617
 0.06479189 0.04343599 0.41555037 0.17155109]
-----均值 0,标准差为 1 的标准正态分布数值 10 个-----
[ 0.02485565 −0.85787621  0.56468315  0.47178236 −0.73940436 −0.42423124
 −1.15847513 −0.13644316 −0.85834844 −1.07704528]
```

-----成均值为 5,标准差为 1 的指定正态分布数值 100 个-----

```
[3.92704768 5.39990716 3.61034983 5.35795043 5.57666891 7.21412781
 5.74825577 3.51066264 4.0159872  4.32122491 3.94735985 6.05307738
 7.17820931 4.88718777 4.58270911 3.79491817 5.88638003 6.95121334
 3.74251454 5.78115345 5.06675884 5.47418711 5.3598077  4.96046269
 4.29579494 3.62807529 3.48991213 6.3451391  6.21360143 5.32828428
 4.34411936 4.83049359 5.56541651 3.31970062 4.46446801 5.70390152
 5.05945522 4.0793952  4.8525858  4.98913141 5.34846087 4.82506694
 4.03010236 4.49336764 4.92659318 3.93387657 7.70610107 6.0748245
 3.57085021 7.36226481 6.22841956 4.96856597 4.81546737 5.08580339
 6.05569416 6.05523245 5.26366748 5.26836518 5.91319073 3.48053556
 5.40691007 6.53056527 3.89535955 6.25496334 4.43971353 4.74930375
 6.64072029 4.13057169 4.82314145 5.95600988 4.36536672 4.37641746
 5.60882997 4.88733287 4.93523536 4.95688001 3.70623956 5.09439784
 6.00352801 4.36514003 5.20360659 6.25752369 4.33350366 4.42261291
 3.56178557 5.706262   5.62373466 4.20080973 6.31281201 3.13354293
 4.27021276 5.84839654 3.73520661 4.36549219 5.88160023 6.60434493
 6.07262272 5.99612423 5.09154967 4.6864079 ]
```

-----0 到 1 的均匀分布数值 20 个-----

```
[0.55499593 0.49631262 0.80258926 0.71149443 0.93854952 0.27098675
 0.12571792 0.5504982  0.40165073 0.40627738 0.17676629 0.06153924
 0.01160847 0.02641669 0.31770028 0.43552    0.88267364 0.07108342
 0.15416246 0.95910183]
```

-----0 到 1 的均匀分布数值 20 个-----

```
[0.66061201 0.93349929 0.17873531 0.65744201 0.27025561 0.49048924
 0.57459682 0.98555045 0.22606635 0.82323888 0.94117009 0.24763012
 0.40591397 0.67028522 0.50823049 0.5837026  0.54201275 0.33126277
 0.22486726 0.65877049]
```

-----指定范围在(-1,1)之间的均匀分布数值 100 个-----

```
[-0.35564524  0.49590701  0.78280025  0.83315664  0.87201589 -0.59323724
  0.91197119 -0.00760809  0.54027523 -0.11174283  0.3403785   0.52236449
 -0.184389  -0.76956953 -0.87665369 -0.39978237 -0.74027805  0.90511819
  0.77093321 -0.11141333  0.32551462  0.10417615 -0.75930675 -0.14851216
 -0.94621697  0.27917453  0.1297967  -0.25205474 -0.45907966  0.23979463
 -0.89901402 -0.42185147 -0.84988351 -0.12578855  0.62704334  0.39450202
 -0.93103054 -0.06904264 -0.00777107  0.21378963  0.64146015  0.76147311
```

```
−0.14513672    0.49339173  −0.43858308   0.78916389    0.45429749    0.68606798
−0.88492001    0.72831356  −0.69353295  −0.95291508    0.92230358    0.03740422
 0.89205454   −0.76046949   0.48266862   0.71614314   −0.4970317     0.59175383
 0.88265635    0.54605825   0.53504868  −0.89518022   −0.82014404    0.88601677
 0.06007308   −0.19823867  −0.34275216  −0.71114143    0.90583828    0.99192821
 0.656881      0.56419304   0.99619345  −0.38018814    0.35640888   −0.34954688
 0.50825804    0.61720686   0.08617244  −0.09319727   −0.82725728    0.0926809
−0.6119857    −0.64568674   0.55244001   0.10997324    0.3086202    −0.81899564
 0.13985046   −0.047965     0.29675451   0.10376284   −0.53317636    0.07090393
−0.53600764   −0.32902965  −0.96404282   0.26906131]
```

小结

　　NumPy 是 Python 语言的一个扩展程序库，支持大量的维度数组与矩阵运算，此外也针对数组运算提供大量的数学函数库。Python 官网上的发行版是不包含 NumPy 模块的，读者需要自主安装。读者可以利用线性代数的习题练习 NumPy 库的使用。在练习的同时，请不要忘记最基础的 Python 语言语法。

习题

　　1.模拟股票收盘价产生列表 A，一个包含 100 个浮点类型元素的 1 行列表，元素范围为(7.50,14.50)。

　　2.产生列表 B，将练习1产生列表的形状调整为 5 行 20 列。

　　3.产生列表 C，包含 5 个整形元素，元素范围为[300,1000]。

　　4.产生列表 D，由列表 C 的元素与列表 B 的对应元素相乘。例如，列表 C 的第一个元素与列表 B 中的第一个子列表相乘，其他类似。

　　5.产生列表 E，由列表 D 中每个子列表的算术平均值组成。

第 12 章

Python 实战

Python 语言是一种和自然语言非常接近的语言,对于一些简单的、逻辑清晰的问题,只要能够将问题详细描述清楚,通常都可以转化为 Python 语言,然后让计算机帮我们计算后续的类似问题。因此,在遇到一个复杂问题或者需要自己归纳总结的问题时,基于 Python 语言,对问题进行分析、拆分、子问题的详细描述以及子问题之间的关联分析等就是一个重要环节,而这个环节可以理解为对问题进行的计算机程序建模。

本章我们列举统计学、证券投资学和微分方程组求解的实例,给读者演示一下 Python 是如何帮助我们解决学习中的实际问题的。

12.1 基于最小二乘法解决统计学问题

表 12-1 是某年 16 只公益股票的每股账面价值和当年红利。

表 12-1 股票分红表

公司序号	账面价值/元	红利/元	公司序号	账面价值/元	红利/元
1	22.44	2.4	9	12.14	0.80
2	20.89	2.98	10	23.31	1.94
3	22.09	2.06	11	16.23	3.00
4	14.48	1.09	12	0.56	0.28
5	20.73	1.96	13	0.84	0.84
6	19.25	1.55	14	18.05	1.80
7	20.37	2.16	15	12.45	1.21
8	26.43	1.60	16	11.33	1.07

根据表 12-1 资料:

(1)建立每股账面价值和当年红利的回归方程;

(2)若序号为 6 的公司的股票每股账面价值增加 1 元,估计当年红利可能为多少?

首先来看第一个问题,"建立每股账面价值和当年红利的回归方程",这很明显是一个回归问题。所谓回归就是根据现有数据求出数据的分布规律,然后依据求出的规律对新数据进行估计。在这里就是依据给出的 16 组数据,求出数据对应的线性或者非线性方程。

接下来看第二个问题,"若序号为 6 的公司的股票每股账面价值增加 1 元,估计当年红利可能为多少?"这个问题很明显需要依托第一个问题所得到的包含数据规律的数据方程。最简单的是将新的股价代入股价与红利的回归方程,计算得到对应的红利。当然,从统计学方法的角度,需要做各种对比和检验。

在这里,我们利用 Python 解决第一个回归方程的问题。

12.1.1   最小二乘问题

回归方程的求解有很多方法,在这里,我们介绍最简单的一种方法——最小二乘法。

"最小二乘"问题遍布于生活当中,只是平时我们没有怎么注意它。例如,我们测量温度、测量长度、测量重量时,通常会用不同的工具多次测量,并以平均值作为最终的测量结果。

例如,我们用一个温度计测量某种液体的温度,经过五次测量之后得到的温度如表 12-2 所示。

表 12-2   温度测量结果

次数	1	2	3	4	5
温度/℃	10.2	10.3	9.8	9.9	9.8

测量 5 次得到 4 个结果,那么以哪个结果为准呢? 通常我们会做一次算数平均,利用平均值作为最终的测量结果,也就是

$$\bar{C} = \frac{10.2 + 10.3 + 9.8 + 9.9 + 9.8}{5} = 10$$

此时我们认为,该液体的温度为 10 摄氏度。

这种方法是否有道理? 是不是可以用调和平均数或者几何平均数? 其实,我们还可以换一种思路来思考这个问题。

1. 最小二乘法

我们将每次测量的结果用点表示在直角坐标系中,如图 12-1 所示。

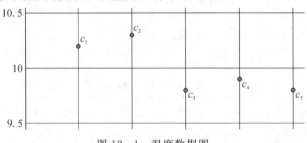

图 12-1   温度数据图

通过观察发现,5 次测量的温度似乎分布在某个值周围,猜测这个值应该在 c_1 和 c_4 之间,所以,大概绘制一条虚线表示这个值,如图 12-2 所示。

测量值分布在这个虚线值的周围,每个测量值都和这个值有一些误差,可以在图中用两点间的连线来表示测量值与估计值之间的误差,如图 12-3 所示。

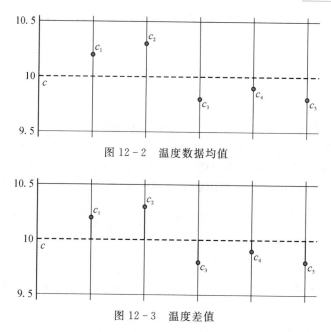

图 12 - 2　温度数据均值

图 12 - 3　温度差值

每个测试点用自身减去估计值 C 就是它和估计值之间的差值。由于这些测试点分布在估计值的两侧,所以这个差值有正有负。为了方便计算,对这些差值取绝对值。在数学中,还有一种更加方便地消除负号的方法——平方,所以可以用"平方"来代替取绝对值,有

$$|C - c_i| \rightarrow (C - c_i)^2$$

利用平方消除负号之后,所有观测点和估计值之间的误差之和为

$$\varepsilon = \sum_{i=1}^{5} (C - c_i)^2$$

由于估计值 C 是猜测的,只是估计它在测试范围之内,因此估计值 C 是可变的,对应的 ε 也是可变的。那么,到底哪个值是真实可靠的呢? 为了回答这个问题,法国数学家阿德里安-马里·勒让德(1752—1833)提出:让总的误差的平方最小的估计值就是真值。这是基于,如果误差是随机的,那么应该围绕真值上下波动。

这就是最小二乘法,用公式表述如下,这里将测量值替换为常用的 x 和 y,即

$$\varepsilon = \min \sum_{i=1}^{n} (y - x_i)^2$$

上式表示那个让 ε 最小的估计值 y 就是真值。

上式是一个二次函数,对其求导,导数为 0 的时候取得最小值,即

$$\frac{\mathrm{d}}{\mathrm{d}y}\varepsilon = \frac{\mathrm{d}}{\mathrm{d}y} \sum (y - x_i)^2$$

$$= 2 \sum (y - x_i)$$

$$= 2[(y - x_1)(y - x_2)(y - x_3)(y - x_4)(y - x_5)]$$

$$= 2[5y - (x_1 + x_2 + x_3 + x_4 + x_5)]$$

$$= 0$$

上式化简后有

$$5y = (x_1 + x_2 + x_3 + x_4 + x_5)$$

$$y = \frac{x_1 + x_2 + x_3 + x_4 + x_5}{5}$$

结果正好是算数平均数。

算数平均数只是最小二乘法的一个特例,使用范围较窄。所以,我们可以通过替换函数将最小二乘法推广到更多的应用领域。例如,有一组数据 $\{x_i, y_i, i \in Z\}$,估计数据之间的关系是 $(x, f(x))$,这里的 $f(x)$ 就是要求的真值函数,将 x 代入函数就可以得到真值。此时,可以利用最小二乘法计算使得 ε 最小的函数 $f(x)$ 即可,即

$$\varepsilon = \min \sum_{i=1}^{n} (f(x_i) - y_i)^2$$

2. 基于最小二乘的回归

通过观察,我们发现在本章给出的问题中,数值之间的关系近似于线性关系,所以假设账面价值为 $f(x)$,红利为 x,账面价值和红利之间的关系为 $f(x) = ax + b$。

将所有假设代入最小二乘表达式,有

$$\varepsilon = \sum (f(x_i) - y_i)^2$$
$$= \sum (a x_i + b - y_i)^2$$

对上式求导,当一阶导数为 0 时有最小值,所以有

$$\begin{cases} \dfrac{\partial}{\partial a} = 2 \sum (a x_i + b - y_i) x_i = 0 \\ \dfrac{\partial}{\partial b} = 2 \sum (a x_i + b - y_i) = 0 \end{cases}$$

将所有的观测数据代入方程组,计算得到对应的参数 a 和 b,即可求出回归函数 $f(x)$。

12.1.2 用 polyfit 函数直接拟合

如果没有学习 Python 和 NumPy 库,读者可能要费一番功夫才能计算出来结果,这里给大家推荐 NumPy 扩展库中的函数 polyfit。

polyfit 函数是 NumPy 扩展库中专门用来做拟合的函数,它采用的就是最小二乘多项式拟合方式,返回值就是多项式的系数。其语法格式和常用参数为

```
numpy.polyfit(x, y, deg, rcond=None, full=False, w=None, cov=False)
# x 需要拟合的自变量
# y 需要拟合的因变量
# deg 拟合多项式的阶数
```

在这里,我们直接利用 polyfit 函数对市场价值和红利进行拟合,代码如下

```
import numpy as np
x=[22.44,20.89,22.09,14.48,20.73,19.25,20.37,26.43,12.14,23.31,16.23,0.56,
0.84,18.05,12.45,11.33]
y=[2.4,2.98,2.06,1.09,1.96,1.55,2.16,1.6,0.8,1.94,3,0.28,0.84,1.8,1.21,1.07]
```

```
p=np.polyfit(x,y,1)
print(p)
import matplotlib.pyplot as plt
plt.plot(x,y,'r.',x,p[0] * np.array(x)+p[1],'g—')
```

运行后得到线性回归的参数为

```
[0.0728759   0.47977459]
```

对应的线性方程为

$$y = 0.0728759x + 0.47977459$$

将原始数据和回归直线打印成图,如图 12 - 4 所示。

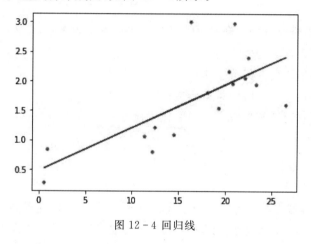

图 12 - 4　回归线

6 号公司的股票价值为 19.25 元,增加 1 元为 20.25 元。将 20.25 元代入回归方程得到红利为 1.96 元,其在图中的位置为黑点所在区域,如图 12 - 5 所示。

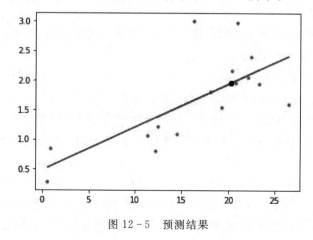

图 12 - 5　预测结果

至此,两个问题都解决完毕。另外,作为一个统计学的问题,还需要对结果进行检验,这里不再过多叙述。

12.2   债券的计算

12.2.1   债券概述

债券是政府、金融机构、工商企业等机构直接向社会借债筹措资金时，向投资者发行的，承诺按一定利率支付利息并按约定条件偿还本金的债权债务凭证。债券的本质是债的证明书，具有法律效力。债券购买者与发行者之间是一种债权债务关系，债券发行人即债务人，投资者（或债券持有人）即债权人。最常见的债券为定息债券、浮息债券以及零息债券。

与银行信贷不同的是，债券是一种直接债务关系，而银行信贷通过"存款人—银行—贷款人"形成间接的债务关系。

债券所规定的借贷双方的权利义务关系包含 4 个方面的含义，具体如下：

(1)发行人是借入资金的经济主体；

(2)投资者是出借资金的经济主体；

(3)发行人必须在约定的时间付息还本；

(4)债券反映了发行者和投资者之间的债权债务关系，而且是这一关系的法律凭证。

1.债券的基本性质

债券的基本性质如下：

(1)债券属于有价证券。

(2)债券是一种虚拟资本。债券有面值，代表了一定的财产价值，但它也只是一种虚拟资本，而非真实资本。在债权债务关系建立时，所投入的资金已被债务人占用，债券是实际运用的真实资本的证书。债券的流动并不意味着它所代表的实际资本也同样流动，债券独立于实际资本之外。

(3)债券是债权的表现。

2.债券的基本要素

债券虽有不同种类，但基本要素却是相同的，主要包括债券面值、债券价格、债券利率、付息期、债券还本期限与方式等。

(1)债券面值。债券面值包括两个基本内容：一是币种，二是票面金额。币种可用本国货币，也可用外币，这取决于发行者的需要和债券的种类。债券的发行者可根据资金市场情况和自己的需要情况选择适合的币种。债券的票面金额是债券到期时偿还债务的金额。不同债券的票面金额大小不同，但考虑到买卖和投资的方便，现在多趋向于发行小面额债券。面额印在债券上，固定不变，到期必须足额偿还。

(2)债券价格。债券价格是指债券发行时的价格。理论上，债券的面值就是它的价格。实际上，由于发行者的种种考虑或资金市场上供求关系、利息率的变化，债券的市场价格常常脱离它的面值，有时高于面值，有时低于面值。也就是说，债券的面值是固定的，但它的价格却是经常变化的。发行者计息还本，是以债券的面值为依据，而不是以其价格为依据的。

(3)债券利率。债券利率是债券利息与债券面值的比率。债券利率分为固定利率和浮动利率两种。债券利率一般为年利率，面值与利率相乘可得出年利息。债券利率直接关系到债券的收益。影响债券利率的因素主要有银行利率水平、发行者的资信状况、债券的偿还期限和资金市场的供求情况等。

（4）付息期。债券的付息期是指企业发行债券后的利息支付的时间。它可以是到期一次支付，或 1 年、半年、3 个月支付一次。

（5）债券还本期限与方式。债券还本期限是指从债券发行到归还本金之间的时间。债券还本期限长短不一，有的只有几个月，有的长达十几年。还本期限应在债券票面上注明。债券发行者必须在债券到期日偿还本金。债券还本期限的长短，主要取决于发行者对资金需求的时限、未来市场利率的变化趋势和证券交易市场的发达程度等因素。

债券还本方式是指一次还本还是分期还本等，还本方式也应在债券票面上注明。

债券除了具备上述几个基本要素之外，还应包括发行单位的名称和地址、发行日期和编号、发行单位印记及法人代表的签章、审批机关批准发行的文号和日期、是否记名、记名债券的挂失办法和受理机构、是否可转让，以及发行者认为应说明的其他事项。

3. 债券发行价格的计算

债券发行时理论上的价格是其票面价格，发行者按照票面利息付息。但是，投资者在购买债券时，会考虑当前的存款利率以及后期的机会成本等因素，从而造成债券的理论价格和其真实购买价格存在差异。真实的交易购买价格是随着供求关系、利息率的变化而变化的，其中利息率的变化是重要指标。这里的利息率一般是指与债券发行期、付息期相对应的市场利息率，而购买者还会考虑自身的期望收益率等。简单来说，购买者总是希望购买债券能够比对应的银行存款获得更多的收益。综上所述，可以将债券的当前价格定义如下：

$$P = \frac{F}{(1+y)^T} + \sum_{t=1}^{T} \frac{C_t}{(1+y)^t}$$

式中，P 表示债券的当前价格；F 表示债券的票面价格；y 表示票面利息率或者贴现率；C_t 表示第 t 期支付的利息；t 表示第 t 期；T 表示债券的最后一期。

上述公式可以解释为债券的价格是债券最后到期日支付的票面价值的现值和每期支付的利息的现值之和。值得注意的是，贴现率是由市场基础利率和买家期望收益率组合而成的。例如，银行对应存款利率是 3%，买家希望购买债券之后能够获得一个 2% 的期望收益率时，则买家希望的债券贴现率就是 5%，否则买家就会认为购买债券不如将钱存在银行。

4. 债券价格计算举例

在这里，我们用一个简单的例子来给大家展示如何利用 Python 计算债券的价格。

假设一只新发行的 3 年期债券面值 1000 元，票面利率 8%，每半年付息，贴现率 10%，求债券价格。

注意，这里出现了两个利率，一个是票面利率 8%，一个是贴现率 10%。两者的关系是债券只会按照 8% 的票面利率支付利息，而买家希望在票面利率的基础上获得 2% 的超额期望收益，所以贴现率是 10%。

根据前面的公式，计算债券的价格需要分为两部分。首先计算债券票面价值的现值。票面价值就是债券票面上印刷的价格，债券到期后债务人将支付票面价值。票面价值的现值需要利用票面利率来计算。其次计算每一次支付利息的现值。利息是按照约定的时间等额支付的，所以利息的数值计算比较简单，只需要利用票面价值和票面利率即可得到。利息的现值需要利用贴现率来计算。最后将债券的票面价值的现值与每一次利息的现值累加，即可得到该债券的现值。

5.债券价格计算的伪代码

理清债券价格计算的过程之后，将其与 Python 语言结合在一起，编写对应的伪代码。鉴于读者对伪代码已经比较熟悉，所以这里尽可能地将伪代码向 Python 代码靠拢。

第一步：设定初始值，代码如下

```
# 设定初始值
l = 0.08    # 设定票面利率为 8%
y = 0.1     # 设定贴现率 y 为 10%
T = 6       # 设定总期数，3 年期债券，半年付息一次
F = 1000    # 设定票面价值 F 为 1000
C = F * l / 12 * 6 # 设定以年利率 8% 支付的半年期利息
```

第二步：计算票面价值的现值，代码如下

```
# 票面价值的现值为未来到期支付的票面价值除存续的总期数
票面价值的现值 = F/((1+y)**T)
```

第三步：计算一期利息的现值，代码如下

```
# 利息的现值为利息值除利息的存续期数
# 某期利息的现值 = C /((1+y)^t)
# 不同期数支付的利息，对应的 t 不同，需要利用利息现值构建一个列表
for i in range(t):
    利息的现值.append(C /((1+y)^i))
```

第四步：计算债券的现值，代码如下

```
# 债券价格的现值为票面价值的现值与利息现值的和
P = 票面价值的现值 + 利息的现值
```

到这里，伪代码就写完了，读者可以自行将 4 部分的内容整合在一起理解一下。接下来，我们将其转换为正式的 Python 语言代码，代码如下

```
def bp(ct,F,y,t):
    a=ct/(1+y)**t
    b=F/(1+y)**len(t)
    return sum(a,b)
import numpy as np
y=0.1/2;F=1000;ct=1000*0.08*0.5
t=np.array([1,2,3,4,5,6])
bp(ct,F,y,t)
```

12.2.2 债券的到期收益率

债券作为固定收益证券的一种,一直以来有着广泛的应用。通常情况下,无论是具有固定收益的付息债券还是无息债券,在发行的时候都会告诉你债券的一些基本信息,同时,我们还可以在交易市场上得到该债券当前的交易价格。那么,这只债券是否值得购买? 其获利能力是否比银行存款更合适自己? 这些更深层次的信息就需要我们自己来判断了。

假设一个 1.5 年期债券,利率为 5.75%,面值为 100 美元,该债券现价是 95.0428 美元,每半年付息一次。

获得以上信息之后,我们需要进一步计算债券的到期收益率,并利用到期收益率来判断债券是否可以购买。

根据债券的价格公式,我们将债券的三次付息和最后的票面价格支付展开后,得到以下公式

$$95.0428 = \frac{c}{\left(1+\frac{y}{n}\right)^{nT_1}} + \frac{c}{\left(1+\frac{y}{n}\right)^{nT_2}} + \frac{c}{\left(1+\frac{y}{n}\right)^{nT_3}} + \frac{100}{\left(1+\frac{y}{n}\right)^{nT_3}}$$

式中,c 是每期支付的利息;T_1,T_2,T_3 是剩余付息年数;n 是利息支付频率;y 是待求的到期收益率。

上述公式中并没有使用给出的 5.75% 的利率,这是因为,这个利率仅仅是用来计算每次支付的利息才使用的。只有解开上面的等式,才能求出该债券真实的收益率。在这里,我们给出求解的 Python 程序,代码如下

```
# freq 每年付息次数
# price 交易价格
# bondprice 票面价格
# T 总周期
# interestRate 票面利息
# 定义函数 earningrate 用于计算真实收益率。由于需要求解方程,可以利用牛顿迭代来求解。
# 导入优化库
import scipy.optimize as optimize
def earningrate(price,bondprice,T,interestRate,freq,guess=0.05):
    freq = float(freq) # 将输入数值转换为浮点
    periods = T * freq    # 总支付期数
    # 每期利息=利率 * 票面值/年支付次数
    interest = interestRate/100. * bondprice/freq
    # 产生期数列表,后面的指数要乘 freq,所以这里先除 freq,结果是[0,0.5,1]
    dt = [(i+1)/freq for i in range(int(periods))] # 期数列表
    # 将求收益率的公式用 lambda 编写成函数才能利用优化求解。
    # 公式太长,所以用反斜杠表示当前行和下一行是连续的
    # 公式的第二行表示支付的三次利息的现值
```

```
#公式的第三行表示票面价格的现值
func = lambda y: \
sum([interest / (1+y/freq) * * (freq * t) for t in dt]) + \
bondprice/(1+y/freq) * * (freq * T) — price
#利用牛顿迭代对函数进行优化求解并返回结果
return optimize.newton(func, guess)
#调用函数计算收益率
ER = earningrate(95.0428,100,1.5,5.75,2)
print(ER)
```

运行上面的代码后,得到的结果为 0.09369155345239477,可知债券的到期收益率为 9.369%。

同时,在到期收益率已知的情况下,也可以反推债券的价格。在这里,我们将债券价格的计算也用函数的方式表示出来,代码如下

```
def bond_price (bondprice, T, earningRate, interestRate, freq=2):
    freq = float(freq)
    periods = T * freq
    interest = interestRate/100. * bondprice/freq
    dt = [ (i+1)/freq for i in range(int(periods))]
    price = sum( [interest/ (1+earningRate/ freq ) * * (freq * t) for t in dt]) + \
    bondprice/(1+earningRate/freq) * * (freq * T)
    return price
```

借助价格函数和收益率函数,我们可以更清楚地了解债券的价格和收益率,可以进一步计算债券的"修正久期"和"凸度",以制定交易策略,对冲风险。

12.2.3　久期

在知道了债券的价格和收益率计算方法之后,我们会发现债券市场上的主流债券的收益率通常都比同期定期存款的利息率要高。比如,有两只债券的简单信息如表 12 - 3 所示。

表 12 - 3　短期债券参数表

初始面值/元	起息日期	计息截止日	债券期限/年	利率类型	票面利率/%	计息方式	息票品种
100	1/11/2021	7/11/2021	0.4986	固定	2.0849	单利	贴现
100	2/1/2021	5/2/2021	0.2493	固定	2.6657	单利	贴现

上面两只债券的年化收益率分别为 2.0849% 和 2.6657%。息票方式均为贴现,就是卖价低于票面价值,到期后支付给购买人票面价值。如果购买人只能在上面两只债券中选择一只购买,相信所有的人都会选择第二只债券。因为第二只债券的利息率高,同时回款时间也更

短。当然,这只是针对短期的债券。当债券期限很长,债券的价格就会随着平均收益率的波动而波动,这时就需要实时地计算债券价值,在债券价值比正常值低时买入,高时卖出。比如下面两只债券,见表 12-4。

表 12-4　长期债券参数表

初始面值/元	起息日期	计息截止日	债券期限/年	利率类型	票面利率/%	计息方式	息票品种
100	4/28/2014	4/27/2034	20	固定	4.77	单利	附息
100	7/24/2014	7/23/2044	30	固定	4.76	单利	附息

上面两只债券的发行时间都是 2014 年,如果你现在要购买,就只能从别人手上买,你会如何考虑呢? 或者你觉得需要怎么计算你的购入价格呢? 该怎么计算债券的未来价值和风险呢? 我们需要考虑的有:从债券前面的价格变化考虑债券整体的风险程度;购入时要考虑已经支付的利息和后面支付的利息;购入时要考虑平均收益率的变化情况……这样看来是不是很难? 同时,如果债券前面的付息存在问题,那么后续继续持有的风险就会很大。如果你是中途从市场上买入,那么计算收益时就只能考虑后续能得到的利息。在这里,我们再用一个简单的例子给大家介绍固定收益证券常用的两个评价指标:"久期"和"凸性"。

为了便于大家理解和计算,假设你得到了 200 元压岁钱,你的两个小伙伴甲和乙都向你借 120 元,并承诺 12 个月后还你本金的同时支付利息。但是,由于竞争很激烈,甲和乙都变更了利息支付方式。如果借给甲,甲承诺未来的每个月都支付给你 1 元,最后一次支付本息 121 元,12 个月后你总共得到 132 元;如果借给乙,乙承诺前三个月每月支付 10 元,中间的 6 个月每月支付 12 元,后三个月每月支付 10 元,12 个月后你总共得到 132 元。两种支付方式的情况见表 12-5。

表 12-5　收益相同的债券

支付方式	月份												支付金额/元
	1	2	3	4	5	6	7	8	9	10	11	12	
甲	1	1	1	1	1	1	1	1	1	1	1	121	132
乙	10	10	10	12	12	12	12	12	12	10	10	10	132

这时候,你是不是很难办? 其实你可以计算一下内部收益率,也就是假设分别借钱给甲和乙获得最后的收益,谁的收益率高就该借给谁。收益率的计算公式为

$$\text{rate} = \frac{\text{FV} - \text{PV}}{\text{PV}}$$

式中,FV 表示未来值,就是你存钱到期后的总金额;PV 表示现值,就是你计划存多少钱;rate 表示利息率,就是你的存款利率。用 Python 实现的代码如下

```
FV = 132
PV = 120
rate = (FV - PV) / PV
```

将甲、乙两者支付的金额代入上述公式,计算后均得到 10% 的利息率。收益率是一样的,无论借给甲还是乙,都相当于基于 10% 的利率借款。

既然两笔借款在年这个单位上是一样的收益率,那么就改变时间粒度,放到月的时间单位上看看每月或者每期支付款项的收益率。假设分别计算借款给甲、乙后,每个月归还的款项以 2%的利息率存入银行。到年底和最后一次甲、乙支付的款项累加,哪个款项总和多,就借款给谁。如果借款给甲,我们将每个月的还款存入银行,由于甲在月末还款,所以最后一次归还的款项就不能存入银行了。计算代码如下

```
FV = 0
C=[1,1,1,1,1,1,1,1,1,1,1,121]
per=[11,10,9,8,7,6,5,4,3,2,1]
for i in range(len(per)):
    FV += C[i]*(1+0.02/12)**per[i]
FV += C[11]
```

运行结束后的结果约等于 132.11 元。更换为借款给乙后的数据,计算结果约为 133.22元。很显然,借款给乙能获得更多的收益。为了计算这个结果,我们假设了存款利率为 2%,那么新的问题又来了:当存款利率发生变化时,是否还能得到相同的结果? 如果还款方式发生变化,是否还能得到相同的结果? 如果还款的时间发生变化,是否还能得到相同的结果?

为了在债券中考虑这些问题,1938 年,F. R. 麦考利(Frederick Robertson Macaulay)提出要通过衡量债券的平均到期期限来研究债券的时间结构。具体的计算是将每次债券现金流的现值除以债券价格得到每一期现金支付的权重,并将每一次现金流的时间同对应的权重相乘,最终合计出整个债券的久期(duration)。

当利率发生变化时,利用久期可以迅速对债券价格变化或债券资产组合价值变化做出大致的估计。①久期是对资产组合实际平均期限的一个简单概括统计。②久期被看作是资产组合免疫与利率风险的重要工具。③久期是资产组合利率敏感性的一个测度,久期相等的资产对于利率波动的敏感性一致。

在债券分析中,久期已经超越了时间的概念,投资者更多地把它用来衡量债券价格变动对利率变化的敏感度,并且经过一定的修正,以使其能精确地量化利率变动给债券价格造成的影响。修正久期越大,债券价格对收益率的变动就越敏感,收益率上升所引起的债券价格下降幅度就越大,收益率下降所引起的债券价格上升幅度也越大。可见,同等要素条件下,修正久期小的债券比修正久期大的债券的抗利率上升风险能力强,但在利率下降时获得的收益也较小。

根据麦考利的具体计算方法,将其整理成计算公式,即

$$D = \sum_{t=1}^{n} \frac{\dfrac{CF_t}{(1+r)^t}}{PV_{FV}} \cdot T_t$$

式中,D 是最后的久期;T 是利息支付总期数;CF_t 是第 t 次支付的利息;r 是平均收益率;整个分子表示第 t 次利息的折现值;分母 PV_{FV} 表示最终的未来值 FV 的现值。

将甲和乙的还款金额和周期整理为列表,根据麦考利久期计算公式计算甲、乙两者的久期数值。对应代码为

```
D甲,D乙=0,0
甲=[1,1,1,1,1,1,1,1,1,1,1,121]
乙=[10,10,10,12,12,12,12,12,12,10,10,10]
T=[1,2,3,4,5,6,7,8,9,10,11,12]
rate=0.02/12
PV = 132/(1+rate)**12
for i in range(len(T)):
    D甲 += 甲[i]/(1+rate)**i/PV*T[i]/12
    D乙 += 乙[i]/(1+rate)**i/PV*T[i]/12

print(D甲,D乙)
```

在这里,我们解释一下上述代码:①定义存放甲、乙久期的变量 D 甲、D 乙,并设置初始值为 0,这里的名称为中英文混合模式;②将甲的归还金额整理为列表;③将乙的归还金额整理为列表;④将每一次还款数整理为列表,由于是以月为单位,于是在第 8、9 行又除 12 转换为以年为单位;⑤将年利率转换为月利率;⑥计算最后总收益 132 元的现值;⑦设定循环次数;⑧计算甲的久期数值;⑨计算乙的久期数值;⑩打印甲的久期和乙的久期。

将代码运行后,得到甲和乙的久期分别大约为 0.96 和 0.55。甲的久期大于乙的久期,表示在 0.96 年的时候,收回的款项和未收回的收益之间达到平衡点;乙的久期为 0.55,表示大约在 0.55 年之后,收回的款项和未收回的收益之间达到平衡点。从风险角度考虑,借给乙比借给甲的风险要小很多。如果从债券的价格和平均收益率方面来说,久期可以衡量债券价格对平均收益率变化的敏感程度。

在考虑债券时,我们通常会将债券的内部收益率和期望收益率进行比较。比如,购买一只 5 年期债券,首先,债券的票面利息率要高于同样时长的定期存款利率,如 3%。其次,我们还会考虑市场平均收益率。比如,5 年的社会通胀率为 2%。那么,我们就认为债券的实际利息率必须高于 5%,否则为什么要买债券呢?

在实际操作债券时,债券的现值就是现在债券的市场交易价,根据这个交易价格,我们可以计算债券自身的内部收益率。存款利率的变化概率可以大致推断,而市场平均收益率就很难估计。所以,绝大多数时候,我们只能在现价的基础上通过模拟收益率的变化情况推测债券价值的变化情况。为了能够将不同时间周期、不同付息方式、不同利息率的债券合并考虑,通常通过债券之间久期的对比完成债券的选择。

久期计算公式中的每期收益是根据债券利息率计算的,是已知量,而市场平均收益率是未知量。债券的现值是购买债券的参考价值,且债券的现值必将跟随市场平均收益率的变化而变化。所以,将久期公式转换为现值计算公式后,对自身收益率求导,即可得到债券现值相对平均收益率的变化关系。

利用前述的久期公式对平均收益率求导可得

$$\mathrm{PV}'(r) = \frac{\mathrm{dPV}}{\mathrm{d}r}$$

$$= \sum_{r=1}^{n} - T_t \cdot \mathrm{CF}_t \cdot (1+r)^{-t-1}$$

$$= - \frac{1}{1+r} \sum_{r=1}^{n} \frac{\mathrm{CF}_t}{(1+r)^t} \cdot T_t$$

$$= - \frac{D \cdot \mathrm{PV}}{1+r}$$

我们主要关心的是平均收益率变化对债券现值的影响,所以可将上式调整为

$$\frac{\mathrm{dPV}}{\mathrm{PV}} = - \frac{\mathrm{d}r}{1+r} \cdot D$$

优化后的公式基本上能够反映出平均收益率的变化与现值变化的关系,但还是不太明朗。我们可以做如下假设,假设存在一个修正久期

$$D^* = \frac{D}{1+r}$$

将修正久期代入上式,则

$$\frac{\mathrm{dPV}}{\mathrm{PV}} = \mathrm{d}r \cdot (-D^*)$$

将上面两个公式联系起来,同时假设我们用很小的变化量代替微分,则修正久期可以近似为

$$D^* = \frac{D}{1+r} \cong \frac{-\Delta\mathrm{PV}}{\mathrm{PV} \cdot \Delta r}$$

这个公式就是修正久期(modified duration)的计算公式 。修正久期也可以衡量债券价格相对于收益率变化的变动程度 。债券久期越长,其价格对收益率变动越敏感;相反,敏感程度越弱。

如果利用麦考利久期计算修正久期,通常很难兼顾平均收益率的变化,所以,在实际使用中,通常将债券的修正久期视作价格和收益率的一阶导数:

$$D^* \cong \frac{P^- - P^+}{2(P_0)(\Delta r)}$$

式中,Δr 是给定的一个微小的收益率变化范围;P^- 是收益率较低时的债券价格;P^+ 是收益率较高时的债券价格;P_0 是债券初始价格。注意,久期仅可衡量收益率小范围变化时债券价格的变动程度,而收益率曲线是非线性的,所以,收益率变化范围较大时得出的久期不精确。

在计算时,可以通过以下的计算方式模拟一定范围的久期:

(1)根据当前现值计算债券的真实内部收益率,这个收益率往往和票面利息率存在差异。

(2)给平均收益率设定一个微小的下跌范围,通常最大不超过 1%。

(3)计算平均收益率下跌后的现值。

(4)给平均收益率设定一个微小的上涨范围,通常最大不超过 1%。

(5)计算平均收益率上涨后的现值。

(6)计算在当前设定的平均收益率变化范围内的修正久期。

将上述过程利用 Python 代码实现后如下

```
# dr 收益率的增减幅度
def bond_mod_duration(price,bondprice, T, earningRate, interestRate, freq, dr=0.01):
    #计算收益率
    bER = earningrate(price,bondprice , T, interestRate, freq)
    #收益率下界
    ER_minus = bER - dr
    #下界收益率对应价格
    price_minus = bond_price(bondprice, T, ER_minus, interestRate, freq)
    #收益率上界
    ER_plus = ytm + dr
    #上界收益率对应价格
    price_plus = bond_price(bondprice , T, ER_plus, interestRate, freq)
    #债券久期
    mduration = (price_minus-price_plus )/(2 * price * dy)
    return mduration
```

债券久期越长,其价格对收益率变动越敏感;相反,敏感程度越弱。因此,可以根据这个规律计算多个久期的收益率变动敏感对比情况。但是,仅仅用久期似乎并不能直观地表示债券的风险程度。因此,在久期的基础上出现了凸度的概念。

12.2.4　凸度

在计算修正久期时,我们强制性地认为利率变动与价格变动之间是一种线性关系,但仔细观察债券的价格变化关系会发现,利率和价格之间并不是线性关系,而是一种非常复杂的关系,即

$$\frac{\Delta PV}{\Delta r} \neq \frac{dPV}{dr}$$

但债券现值和利率之间确实存在函数关系 $PV(r)$,在考虑了函数的非线性之后,我们将函数进行高阶泰勒展开后可得

$$\Delta PV = \frac{dPV}{dr}(\Delta r)+\frac{1}{2!}\frac{d^2 PV}{d^2 r}(\Delta r)+\cdots$$

前面我们已经近似地定义了修正久期

$$D^* \cong \frac{-\Delta PV}{PV \cdot \Delta r}$$

所以,这里定义一个新的参数指标——凸度(convexity),即用来衡量债券久期对收益率变化敏感度的指标。其近似等式为

$$\Gamma^* \cong \frac{-\Delta PV^2}{PV \cdot \Delta r^2}$$

采用和久期相同的方法对上式做转换后可得价格和收益率的二阶导数:

$$凸度 \cong \frac{P^- + P^+ - 2P_0}{(P_0)(dY)^2}$$

　　债券交易者使用凸度作为风险管理工具,以衡量投资组合的市场风险。债券久期和收益率不变时,凸度较大的投资组合受利率波动性的影响小于凸度较小的组合。其他条件相同时,高凸度债券比低凸度债券价格更高。

　　下面给出凸度的计算代码

```
def bond_convexity(price, bondprice, T, interestRate , freq, dy = 0.01):
    bER = earningRate(price, bondprice, T , interestRate, freq)
    bER_minus = bER - dy
    price_minus = bond_price(bondprice, T, bER_minus, interestRate , freq)
    bER_plus = bER + dy
    price_plus = bond_price(bondprice, T , bER_plus, interestRate, freq)
    convexity = ( price_minus + price_plus − 2 * price)/(price * dy * * 2)
    return convexity
```

　　假设求利率为 5.75,面值为 100 美元,现价为 95.0428 美元的 1.5 年期债券的凸度;求利率为 5.75,面值为 100 美元,现价为 95.0428 美元的 1.0 年期债券的凸度。代码如下

```
conv = bond_convexity(95.0428, 100, 1.5, 5.75, 2)
print(conv)
conv = bond_convexity(95.0428, 100, 1.0, 5.75, 2)
print(conv)
```

　　计算结果分别为 2.6339593903438367 和 1.3204230914798618,即第一只债券的凸度为 2.63 ,第二只债券的凸度为 1.32。相同面值、息票和到期时间的两只债券的凸度是否相同,取决于其在收益率曲线的位置。在收益率变化相同的程度下,高凸度的债券价格变化更大。所以,第二只债券由于到期日接近而凸度较低,此时收益率即使变化,对该债券交易价格的影响也更小一些。或者可以这样理解,债券到期日越接近,则债券的价格就越接近于票面价值和最后一次利息之和。

　　在债券市场上,债券的价格随着一系列的指标,甚至卖家买家的心情等多种因素实时变化,所以,实时计算当前债券价格的内涵就是我们考察债券的重要工作。

　　图 12-6 来自"wind 资讯",是一只为期 10 年的美国国债 158 分钟的交易 k 线图,每一个

图 12-6　债券分钟交易价格变化

价格箱都表示一分钟内的初始价、最高价、最低价、结束价,所以能看到相邻两个价格箱的一个价格是相同的。从价格箱的变化情况和 5 分钟 k 线的变化情况可知,这只 10 年期美国国债交易价格的变化是多么的频繁和剧烈。

小结

本章简单介绍了如何利用 Python 解决一些统计学上的问题,主要介绍了基于最小二乘法的回归。回归的方式有很多种,用回归方程可以区分为一元线性回归、多元多项式回归、岭回归等,其核心在于构建一个符合实际情况的方程,找出其在现有数据中的最优解,并对未知数据进行预测。

同时,本章介绍了一种金融产品"债券",并介绍了对于存续期不同、利息率不同、票面价值不同、付息方式不同等债券之间,如何利用久期和凸度进行对比。考虑到内容比较难以理解,这里介绍得比较简单。需要注意的是,为了编程方便,这里介绍的久期公式和凸度公式可能与"固定收益证券"课程中介绍的久期、凸度公式有所区别。

习题

表 12-6 是 10 只债券的基本信息和现值,请计算收益率变化 0.01 时对应的久期和凸度。

表 12-6 练习债券参数表

期限/年	票面利率/%	计息日	到期日	年付息次数/次	现价/元
20	4.11	5/15/2005	5/15/2025	2	105.88
50	3.48	11/21/2016	11/21/2066	2	94.42
5	1.99	4/9/2020	4/9/2025	1	95.8
50	3.73	5/25/2020	5/25/2070	2	98.98
30	4.08	10/22/2018	10/22/2048	2	105.39
1	2.89	11/19/2020	11/19/2021	1	100.59
15	3.27	11/15/2006	11/15/2021	2	100.9
1	2.15	7/16/2020	7/16/2021	1	100.12
30	4.05	7/24/2017	7/24/2047	2	104.63
30	3.97	7/23/2018	7/23/2048	2	103.19

参考文献

[1] 嵩天,礼欣,黄天羽.Python语言程序设计基础[M].2版.北京:高等教育出版社,2017.

[2] 董付国.Python程序设计基础与应用[M].北京:机械工业出版社,2020.

[3] 黄天羽,李芬芬.高教版Python语言程序设计冲刺试卷[M].北京:高等教育出版社,2018.

[4] 张颖,赖勇浩.编写高质量代码:改善Python程序的91个建议[M].北京:机械工业出版社,2014.

[5] 卢布诺维克.Python语言及其应用[M].丁嘉瑞,梁杰,禹常隆,译.北京:人民邮电出版社,2016.